全国电力出版指导委员会出版规划重点项目

火力发电职业技能培训教材

HUOLI FADIAN ZHIYE JINENG PEIXUN JIAOCAI

环保设备运行

《火力发电职业技能培训教材》编委会　编

中国电力出版社
CHINA ELECTRIC POWER PRESS

内 容 提 要

本套教材在2005年出版的《火力发电职业技能培训教材》的基础上，吸收近年来国家和电力行业对火力发电职业技能培训的新要求编写而成。在修订过程中以实际操作技能为主线，将相关专业理论与生产实践紧密结合，力求反映当前我国火电技术发展的水平，符合电力生产实际的需求。

本套教材总共15个分册，其中的《环保设备运行》《环保设备检修》为本次新增的2个分册，覆盖火力发电运行与检修专业的职业技能培训需求。本套教材的作者均为长年工作在生产第一线的专家、技术人员，具有较好的理论基础、丰富的实践经验和培训经验。

本书为《环保设备运行》分册，共3篇，主要内容包括：第一篇脱硫设备运行，详细、系统地介绍了石灰石－石膏湿法脱硫技术，包括FGD系统的原理、主要设备、各子系统的作用特性和主要参数及FGD系统的调试、启停和故障处理；第二篇除尘设备运行，分别系统地介绍了袋式除尘器、静电除尘器、湿式除尘器的原理、特性、调试、启停和故障处理；第三篇脱硝设备运行，介绍了火电厂脱硝的主要技术，重点描述SCR脱硝技术的原理、工作过程、调试、启停及运行中的常见故障处理。

本套教材适合作为火力发电专业职业技能鉴定培训教材和火力发电现场生产技术培训教材，也可供火电类技术人员及职业技术学校教学使用。

图书在版编目（CIP）数据

环保设备运行/《火力发电职业技能培训教材》编委会编. —北京：中国电力出版社，2020.5

火力发电职业技能培训教材

ISBN 978-7-5198-3771-6

Ⅰ.①环… Ⅱ.①火… Ⅲ.①火电厂－环境保护－设备－运行－技术培训－教材 Ⅳ.①TM621.7

中国版本图书馆CIP数据核字（2019）第221360号

出版发行：中国电力出版社
地　　址：北京市东城区北京站西街19号（邮政编码100005）
网　　址：http://www.cepp.sgcc.com.cn
责任编辑：曹建萍（010-63412418）　赵鸣志（010-63412385）
责任校对：黄　蓓　朱丽芳
装帧设计：赵姗姗
责任印制：吴　迪

印　　刷：三河市万龙印装有限公司
版　　次：2020年5月第一版
印　　次：2020年5月北京第一次印刷
开　　本：880毫米×1230毫米　32开本
印　　张：11
字　　数：371千字
印　　数：0001—2000册
定　　价：58.00元

《火力发电职业技能培训教材》（第二版）

编　委　会

《火力发电职业技能培训教材
环保设备运行》

编 写 人 员

主 编：张 鹏

参 编（按姓氏笔画排列）：

丁 昊　丁云花　王进军　王慧卿

朱立新　刘 进　刘玉红　刘峰云

张 玮　张学民　韩晓峰

《火力发电职业技能培训教材》（第一版）

编　委　会

第二版前言

2004年，中国国电集团公司、中国大唐集团公司与中国电力出版社共同组织编写了《火力发电职业技能培训教材》。教材出版发行后，深受广大读者好评，主要分册重印10余次，对提高火力发电员工职业技能水平发挥了重要的作用。

近年来，随着我国经济的发展，电力工业取得显著进步，截至2018年底，我国火力发电装机总规模已达11.4亿kW，燃煤发电600MW、1000MW机组已经成为主力机组。当前，我国火力发电技术正向着大机组、高参数、高度自动化方向迅猛发展，新技术、新设备、新工艺、新材料逐年更新，有关生产管理、质量监督和专业技术发展也是日新月异，现代火力发电厂对员工知识的深度与广度，对运用技能的熟练程度，对变革创新的能力，对掌握新技术、新设备、新工艺的能力，以及对多种岗位上工作的适应能力、协作能力、综合能力等提出了更高、更新的要求。

为适应火力发电技术快速发展、超临界和超超临界机组大规模应用的现状，使火力发电员工职业技能培训和技能鉴定工作与生产形势相匹配，提高火力发电员工职业技能水平，在广泛收集原教材的使用意见和建议的基础上，2018年8月，中国电力出版社有限公司、中国大唐集团有限公司山西分公司启动了《火力发电职业技能培训教材》修订工作。100多位发电企业技术专家和技术人员以高度的责任心和使命感，精心策划、精雕细刻、精益求精，高质量地完成了本次修订工作。

《火力发电职业技能培训教材》（第二版）具有以下突出特点：

（1）针对性。教材内容要紧扣《中华人民共和国职业技能鉴定规范·电力行业》（简称《规范》）的要求，体现《规范》对火力发电有关工种鉴定的要求，以培训大纲中的“职业技能模块”及生产实际的工作程序设章、节，每一个技能模块相对独立，均有非常具体的学习目标和学习内容，教材能满足职业技能培训和技能鉴定工作的需要。

（2）规范性。教材修订过程中，引用了最新的国家标准、电力行业规程规范，更新、升级一些老标准，确保内容符合企业实际生产规程规范的要求。教材采用了规范的物理量符号及计量单位，更新了相关设备的图形符号、文字符号，注意了名词术语的规范性。

（3）系统性。教材注重专业理论知识体系的搭建，通过对培训人员分析能力、理解能力、学习方法等的培养，达到知其然又知其所以然的目的，从而打下坚实的专业理论基础，提高自学本领。

（4）时代性。教材修订过程中，充分吸收了新技术、新设备、新工艺、新材料以及有关生产管理、质量监督和专业技术发展动态等内容，删除了第一版中包含的已经淘汰的设备、工艺等相关内容。2005 年出版的《火力发电职业技能培训教材》共 15 个分册，考虑到从业人员、专业技术发展等因素，没有对《电测仪表》《电气试验》两个分册进行修订；针对火电厂脱硫、除尘、脱硝设备运行检修的实际情况，新增了《环保设备运行》《环保设备检修》两个分册。

（5）实用性。教材修订工作遵循为企业培训服务的原则，面向生产、面向实际，以提高岗位技能为导向，强调了“缺什么补什么，干什么学什么”的原则，在内容编排上以实际操作技能为主线，知识为掌握技能服务，知识内容以相应的工种必需的专业知识为起点，不再重复已经掌握的理论知识。突出理论和实践相结合，将相关的专业理论知识与实际操作技能有机地融为一体。

（6）完整性。教材在分册划分上没有按工种划分，而采取按专业方式分册，主要是考虑知识体系的完整，专业相对稳定而工种则可能随着时间和设备变化调整，同时这样安排便于各工种人员全面学习了解本专业相关工种知识技能，能适应轮岗、调岗的需要。

（7）通用性。教材突出对实际操作技能的要求，增加了现场实践性教学的内容，不再人为地划分初、中、高技术等级。不同技术等级的培训可根据大纲要求，从教材中选取相应的章节内容。每一章后均有关于各技术等级应掌握本章节相应内容的提示。每一册均有关本册涵盖职业技能鉴定专业及工种的提示，方便培训时选择合适的内容。

（8）可读性。教材力求开门见山，重点突出，图文并茂，便于理解，便于记忆，适用于职业培训，也可供广大工程技术人员自学参考。

希望《火力发电职业技能培训教材》（第二版）的出版，能为推进火力发电企业职业技能培训工作发挥积极作用，进而提升火力发电员工职业能力水平，为电力安全生产添砖加瓦。恳请各单位在使用过程中对教材多提宝贵意见，以期再版时修订完善。

本套教材修订工作得到中国大唐集团有限公司山西分公司、大唐太原第二热电厂和阳城国际发电有限责任公司各级领导的大力支持，在此谨向为教材修订做出贡献的各位专家和支持这项工作的领导表示衷心感谢。

《火力发电职业技能培训教材》（第二版）编委会

2020 年 1 月

第一版前言

近年来，我国电力工业正向着大机组、高参数、大电网、高电压、高度自动化方向迅猛发展。随着电力工业体制改革的深化，现代火力发电厂对职工所掌握知识与能力的深度、广度要求，对运用技能的熟练程度，以及对革新的能力，掌握新技术、新设备、新工艺的能力，监督管理能力，多种岗位上工作的适应能力，协作能力，综合能力等提出了更高、更新的要求。这都急切地需要通过培训来提高职工队伍的职业技能，以适应新形势的需要。

当前，随着《中华人民共和国职业技能鉴定规范》（简称《规范》）在电力行业的正式施行，电力行业职业技能标准的水平有了明显的提高。为了满足《规范》对火力发电有关工种鉴定的要求，做好职业技能培训工作，中国国电集团公司、中国大唐集团公司与中国电力出版社共同组织编写了这套《火力发电职业技能培训教材》，并邀请一批有良好电力职业培训基础和经验、并热心于职业教育培训的专家进行审稿把关。此次组织开发的新教材，汲取了以往教材建设的成功经验，认真研究和借鉴了国际劳工组织开发的 MES 技能培训模式，按照 MES 教材开发的原则和方法，按照《规范》对火力发电职业技能鉴定培训的要求编写。教材在设计思想上，以实际操作技能为主线，更加突出了理论和实践相结合，将相关的专业理论知识与实际操作技能有机地融为一体，形成了本套技能培训教材的新特色。

《火力发电职业技能培训教材》共 15 分册，同时配套有 15 分册的《复习题与题解》，以帮助学员巩固所学到的知识和技能。

《火力发电职业技能培训教材》主要具有以下突出特点：

（1）教材体现了《规范》对培训的新要求，教材以培训大纲中的“职业技能模块”及生产实际的工作程序设章、节，每一个技能模块相对独立，均有非常具体的学习目标和学习内容。

（2）对教材的体系和内容进行了必要的改革，更加科学合理。在内容编排上以实际操作技能为主线，知识为掌握技能服务，知识内容以相应的职业必须的专业知识为起点，不再重复已经掌握的理论知识，以达到再培训，再提高，满足技能的需要。

凡属已出版的《全国电力工人公用类培训教材》涉及的内容，如识绘图、热工、机械、力学、钳工等基础理论均未重复编入本教材。

（3）教材突出了对实际操作技能的要求，增加了现场实践性教学的内容，不再人为地划分初、中、高技术等级。不同技术等级的培训可根据大纲要求，从教材中选取相应的章节内容。每一章后，均有关于各技术等级应掌握本章节相应内容的提示。

（4）教材更加体现了培训为企业服务的原则，面向生产，面向实际，以提高岗位技能为导向，强调了“缺什么补什么，干什么学什么”的原则，内容符合企业实际生产规程、规范的要求。

（5）教材反映了当前新技术、新设备、新工艺、新材料以及有关生产管理、质量监督和专业技术发展动态等内容。

（6）教材力求简明实用，内容叙述开门见山，重点突出，克服了偏深、偏难、内容繁杂等弊端，坚持少而精、学则得的原则，便于培训教学和自学。

（7）教材不仅满足了《规范》对职业技能鉴定培训的要求，同时还融入了对分析能力、理解能力、学习方法等的培养，使学员既学会一定的理论知识和技能，又掌握学习的方法，从而提高自学本领。

（8）教材图文并茂，便于理解，便于记忆，适应于企业培训，也可供广大工程技术人员参考，还可以用于职业技术教学。

《火力发电职业技能培训教材》的出版，是深化教材改革的成果，为创建新的培训教材体系迈进了一步，这将为推进火力发电厂的培训工作，为提高培训效果发挥积极作用。希望各单位在使用过程中对教材提出宝贵建议，以使不断改进，日臻完善。

在此谨向为编审教材做出贡献的各位专家和支持这项工作的领导们深表谢意。

《火力发电职业技能培训教材》编委会

2005 年 1 月

编者的话

我国是世界上最大的煤炭生产和消费国，原煤占能源消费的70%，是世界上少数几个以煤为主要能源的国家。我国在经济高速发展的同时，也承受着巨大的资源和环境压力。火电厂是我国的用煤大户，火电厂排出的SO_2、NO_x及烟尘是会对大气造成严重污染，生成的酸雨和光化学烟雾等不但会对生态系统造成严重危害，还对人体有不利影响。绿水青山就是金山银山，当前我国燃煤电厂烟气超低排放改造工作已全面开展并逐渐进入尾声，烟气污染物控制也已由粗放性的工程减排逐步过渡至精细化的管理减排，相应的对从事火电厂环保设备运行检修的专业人员的技术水平与运维能力要求也越来越高，为进一步提高环保设施运行人员的职业技能水平，确保燃煤火电机组环保设施的安全、稳定、经济运行，提高生产运行人员技术素质和管理水平，适应员工培训工作的需要，特编写本教材。本教材力求知识点全面，突出理论重点，注重实践技能，能够切实解决生产现场实际问题。

本书共分为3篇。第一篇脱硫设备运行，详细、系统地介绍了石灰石－石膏湿法脱硫技术，包括FGD系统的原理、主要设备、各子系统的作用特性和主要参数及FGD系统的调试、启停和故障处理；第二篇除尘设备运行，分别系统地介绍了袋式除尘器、静电除尘器、湿式除尘器的原理、特性和调试、启停和故障处理；第三篇脱硝设备运行，介绍了火电厂脱硝的主要技术，重点描述SCR脱硝技术的原理、工作过程、调试、启停及运行中的常见故障处理。

本手册由张鹏担任主编，第一章至第五章由大唐太原第二热电厂丁云花、刘进、张鹏、朱立新编写；第六章至第八章由大唐阳城国际发电有限责任公司张学民、王慧卿、丁昊编写；第九章至第十一章由大唐太原第二热电厂韩晓峰、王进军、张鹏、朱立新编写；第十二章至第十三章由大唐阳城国际发电有限责任公司张学民、王慧卿、丁昊编写：第十四章至第十七章由大唐太原第二热电厂刘玉红、张玮、朱立新编写：第十八章至第二十一章由大唐阳城国际发电有限责任公司刘峰云、丁昊编写。

由于编写时间紧迫，编者水平有限，教材中存在不足之处在所难免，恳请广大读者批评指正。

编　者

2020年1月

目 录

第一篇 脱硫设备运行

第二篇　除尘设备运行

第三篇　脱硝设备运行

第一篇

脱硫设备运行

第一章

火电厂 SO_2 排放与控制

第一节 SO_2 的生成及排放标准

一、SO_2 的危害

火电厂排放的 SO_2、NO_x（氮氧化物）及烟尘会对大气造成严重污染。SO_2 又称亚硫酸酐，无色不燃，具有强烈的刺激性气味，相对分子质量为 64.07，密度 2.3g/L，溶点 -72.7℃，沸点 -10℃，溶于水、甲醇、乙醇、硝酸、硫酸、醋酸、氯仿及乙醚等物质。遇水形成亚硫酸，氧化后生成硫酸。

SO_2 对人体和环境均有较大危害，排入大气中的 SO_2 易与空气中的飘尘黏合，容易被吸入人体内部，引起各种呼吸道疾病。

SO_2 给人类带来最严重的问题是酸雨。SO_2 和 NO_x 与大气中的 O_3、H_2O_2 等氧化性物质及其他自由基经过一系列光化学反应和催化反应后，生成硫酸、硝酸等，形成 pH 值小于 5.6 的雨雪或其他形式的降雨（如雾、露、霜等）回到地面，严重危害环境和生态系统。

酸雨对水体生态系统的危害主要表现在使水体酸化，鱼类生长受抑制甚至灭绝，土壤酸化后溶出的有毒重金属离子会导致鱼类中毒死亡。对陆地生态系统的危害主要是导致土壤酸化贫瘠化，危害农作物生长和森林系统。酸雨渗入地下水进入江河湖泊中会导致水质污染，还会加速建筑物的风化腐蚀，影响人类健康生活。

二、SO_2 的生成

大气中的 SO_2 来源于人为污染和天然释放两个方面，天然二氧化硫主要由动植物残体的腐化和火山喷发形成，人为产生的 SO_2 主要来源于化石燃料燃烧。

煤是我国主要的能源来源，据统计，我国大约 80% 的电力资源、70% 的工业燃料、60% 的化工原料以及 80% 的供热燃料和民用燃料都来自煤。

1. 煤的种类

煤的元素分析成分包括碳、氢、氧、氮、硫、灰分和水分，煤中的硫常以三种形式存在，即有机硫、硫化铁硫、硫酸盐硫，前两种为可燃硫，后一种归入灰分为固定硫。

根据干燥无灰基挥发分 V_{daf}，将煤分为褐煤、烟煤和无烟煤。$V_{daf} \leqslant 10\%$ 的煤是无烟煤，$V_{daf} \geqslant 37\%$ 的煤是褐煤，在它们之间的煤是贫煤和烟煤。

根据煤炭干燥基硫分（$S_{t,d}$），将煤分为六个等级，具体见表 1－1。

表 1－1　煤的种类（按干燥基硫分分类）

煤的种类	$S_{t,d}$范围	煤的种类	$S_{t,d}$范围
特低硫煤	$S_{t,d} \leqslant 1.50\%$	中硫分煤	$S_{t,d} = 1.51\% \sim 2.0\%$
低硫分煤	$S_{t,d} = 0.51\% \sim 1.0\%$	中高硫煤	$S_{t,d} = 2.01\% \sim 3.0\%$
低中硫煤	$S_{t,d} = 1.01\% \sim 1.50\%$	高硫分煤	高硫分煤，$S_{t,d} \geqslant 3.0\%$

2. 煤中硫的燃烧产物

煤在锅炉中燃烧时，煤中可燃性硫主要氧化成 SO_2，硫转化成 SO_2 的比率因煤中硫的存在形态、燃烧设备和运行工况的不同而不同，在生成 SO_2 的同时，约有 0.5%～2.0% 的 SO_2 进一步氧化成 SO_3，其转化率与燃烧方式、工况以及煤的含硫量有关。

经 FGD（烟气脱硫）吸收塔处理未除尽的 SO_2 对吸收塔下游的设备有腐蚀性，且烟气中含有的 SO_3 与烟气中的水汽结合形成硫酸酸雾，在低温面上凝结，也会腐蚀设备。露点是硫酸蒸汽开始凝结的温度，当含酸的高温烟气到达低温段时，烟气可能降低至露点温度之下，硫酸蒸汽凝结在低温受热面上，易造成低温受热面的腐蚀和堵灰。而且 FGD 对硫酸雾几乎没有去除效果，SO_3 对 FGD 下游侧的设备腐蚀严重。

三、SO_2 的排放标准

（一）我国为控制酸雨和二氧化硫污染采取的政策和措施

（1）将酸雨和二氧化硫污染综合防治工作纳入国民经济和社会发展计划；

（2）根据煤炭中硫的生命周期进行全过程控制；

（3）调整能源结构，优化能源质量，提高能源利用率；

（4）着重治理火电厂的二氧化硫污染；

（5）加强二氧化硫治理技术和设备的研究；

（6）实施排污许可证制度，进行排污交易试点。

对位于酸雨控制区与二氧化硫污染控制区（两控区）的火力发电厂，实行二氧化硫的全厂排放总量与各烟囱排放浓度双重控制。

（二）二氧化硫排放标准发展史

在我国大气污染物标准中，“标态”指烟气温度为273K，压力为101325Pa时的状态，烟囱的有效高度指烟气抬升高度和烟囱几何高度之和。以下排放标准限值均为标态下干烟气的数值。

1.《火电厂大气污染物排放标准》（GB 13223—2003）

《火电厂大气污染物排放标准》（GB 13223—2003）自2004年1月1日开始实施，具体排放标准见表1－2。

表1－2　火力发电锅炉二氧化硫最高允许排放浓度　mg/m^3

时段	第1时段		第2时段		第3时段
实施时间	2005年1月1日	2010年1月1日	2005年1月1日	2010年1月1日	2004年1月1日
燃煤锅炉及燃油锅炉	2100①	1200①	2100 1200②	400 1200②	400 800③ 1200④

① 该限值为全厂第1时段火力发电锅炉平均值。

② 在本标准实施前，环境影响报告书已批复的脱硫机组，以及位于西部非两控区的燃用特低硫煤（入炉燃煤收到基硫分小于0.5%）的坑口电厂锅炉执行该限值。

③ 以煤矸石等为主要燃料（入炉燃料收到基低位发热量小于等于12550kJ/kg）的资源综合利用火力发电锅炉执行该限值。

④ 位于西部非两控区的燃用特低硫煤（入炉燃煤收到基硫分小于0.5%）的坑口电厂锅炉执行该限值。

2.《火电厂大气污染物排放标准》（GB 13223—2011）

《火电厂大气污染物排放标准》（GB 13223—2011）自2012年1月1日开始施行，明确规定了火电厂SO_2的排放标准，见表1－3。

3. 超低排放

超低排放，是指火电厂燃煤锅炉在发电运行、末端治理等过程中，采用多种污染物高效协同脱除集成系统技术，使其大气污染物排放浓度基本符合燃气机组排放限值，即烟尘、二氧化硫、氮氧化物排放浓度

（基准含氧量 6%）分别不超过 5mg/m^3、35mg/m^3、50mg/m^3，比《火电厂大气污染物排放标准》（GB 13223—2011）中规定的燃煤锅炉重点地区特别排放限值分别下降 75%、30% 和 50%，是燃煤发电机组清洁生产水平的新标杆。2014 年 9 月 12 日，国家发改委、国家环保部、国家能源局联合发布的“关于印发《煤电节能减排升级与改造行动计划（2014—2020 年）的通知》”中做出了如上要求，在 2020 年之前对燃煤电厂全面实施超低排放和节能改造。

表 1－3　火力发电锅炉二氧化硫允许排放浓度　mg/m^3

燃煤锅炉	二氧化硫	新建锅炉	100 200①
		现有锅炉	200 400①
		特别排放限值	50②

① 位于广西壮族自治区、重庆市、四川省和贵州省的火力发电锅炉执行此限制。
② 执行特别排放限值的具体地域范围、时间，由国务院环境保护主管部门规定。

第二节　火电厂脱硫技术简介

根据控制 SO_2 排放工艺在煤炭燃烧过程中的不同位置，脱硫工艺可以分为燃烧前脱硫、燃烧中脱硫和燃烧后脱硫。燃烧前脱硫是指用物理、化学或生物方法把燃料中所含的硫部分去掉，将燃料净化，主要包括煤炭洗选、煤气化、液化和水煤浆技术。燃烧中脱硫是在燃烧过程中加入固硫剂，将硫分生成硫酸盐，随炉渣排出，按燃烧方式的不同分为层燃炉脱硫、煤粉炉脱硫和沸腾炉脱硫。燃烧后脱硫是利用石灰石－石膏法、海水脱硫法对燃烧烟气进行脱硫的技术。

脱硫工艺还可分为干法烟气脱硫和湿法烟气脱硫。干法烟气脱硫是指无论加入的脱硫剂是干态的还是湿态的，脱硫的最终反应产物都是干态的。与湿法烟气脱硫工艺相比，干法烟气脱硫投资费用较低，脱硫产物呈干态，并与飞灰相混，无需装设除雾气及烟气再热器，设备不易腐蚀，不易发生结垢及堵塞；但其吸收剂的利用率低于湿法烟气脱硫工艺，用于高硫煤时经济性差，飞灰与脱硫产物相混可能影响综合利用，对过程程控要求很高。湿法烟气脱硫是相对于干法烟气脱硫而言的，无论是吸收剂的投入、吸收反应的过程，还是脱硫副产物的收集和排放，均以水为介质的脱硫工艺，都称为湿法烟气脱硫。湿法烟气脱硫技术先进成熟，运行安全可靠，脱硫效率较高，适用于大机组，煤质适应性广，副产品可回收；但其系统复杂，设备庞大，占地面积大，一次性投资多，运行费用较高，耗水量大。

目前已投入应用的烟气脱硫工艺主要有石灰石/石灰－石膏湿法烟气脱硫、海水脱硫、电子束脱硫、循环流化床脱硫、喷雾干燥法脱硫、炉内喷钙尾部烟气活化增湿脱硫（LIFAC）等。其中石灰石－石膏湿法脱硫将在下一章详细介绍。

一、海水脱硫

海水脱硫是利用海水的碱度脱除烟气中 SO_2 的一种脱硫方法，大量的海水喷淋洗涤进入吸收塔的烟气，烟气中的 SO_2 因被海水吸收而除去。洁净的烟气经烟气除雾器除雾、烟气换热器加热后排放。吸收 SO_2 的海水与大量未脱硫的海水混合，经曝气池曝气，其中的 SO_3^{2-} 被氧化成 SO_4^{2-}，并调整海水的 pH（酸碱度）值与 COD（化学需氧量）达到排放标准后排向大海。海水脱硫系统流程如图 1－1 所示。

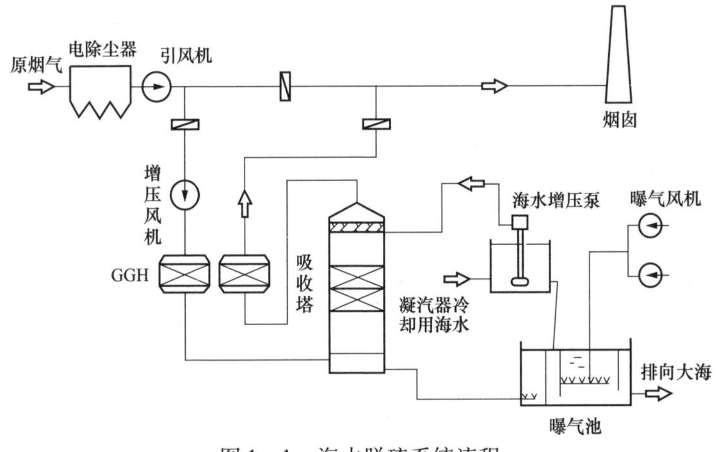

图 1－1　海水脱硫系统流程

海水脱硫工艺分为两种，一种是不添加任何化学物质用纯海水作为吸收剂，另一种是在海水中添加一定量石灰来调节吸收液碱度。

海水脱硫工艺简单，用纯天然海水作为吸收剂，无需其他添加剂，也不产生废料，节省了脱硫剂制备和废渣液处理系统；系统可靠，可用率高，海水脱硫系统中没有结构堵塞等问题，据经验，可用率保持在

100%；脱硫效率高，可达90%以上，环境效益明显；不仅投资低，运行费用也低；但只能用于海边电厂，且只适用于燃用含硫量小于1.5%的中低硫煤。

二、电子束法烟气脱硫

电子束法烟气脱硫系统由烟气系统、氨的储存和供给系统、压缩空气系统、SO_2反应系统、软水系统、副产品处理系统组成。

电子束法烟气脱硫工艺过程大致有预除尘、烟气冷却、加氨、电子束照射、副产品捕捉五道工序。首先烟气经锅炉静电除尘器除尘，然后进入冷却塔进一步除尘降温增湿，烟气温度从140℃左右将至60℃。此后一定量的氨气、压缩空气和软水混合后由反应器入口处喷入，与烟气混合，经高能电子束辐射后，SO_2和NO_x在游离基作用下生成H_2SO_4和HNO_3，继续与NH_3反应生成$(NH_4)_2SO_4$和NH_4NO_3粉末。其中一部分粉末沉降至反应器底部，经输送机排出，大部分粉末随烟气进入下游电除尘器，被捕捉，洁净的烟气排入大气。电子束法烟气脱硫系统流程如图1－2所示。

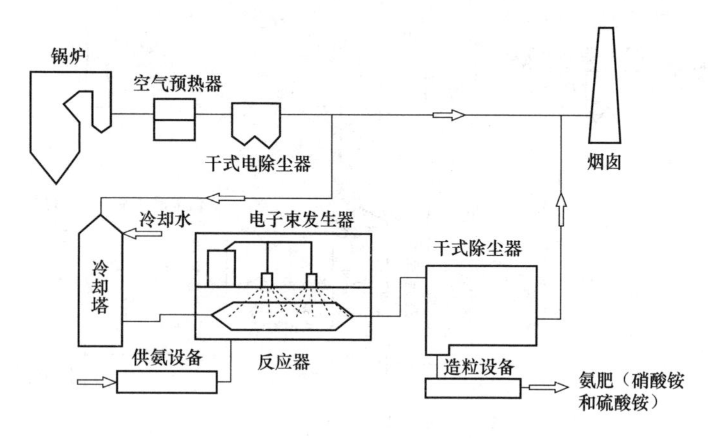

图1－2　电子束法烟气脱硫系统流程

电子束法烟气脱硫能同时脱除烟气中的SO_2和NO_x，且运行操作简单，维护方便，是干法过程，无废水废渣产生；副产品是以硫酸铵为主，含有少量硫酸铵的有益农业氮肥；投资少，运行费用较低，经济性好，高硫煤地区适用；过程中产生的X射线辐射剂量率最大为0.3μSv/h，低于国家标准。

三、喷雾干燥法脱硫

喷雾干燥法脱硫系统主要由吸收塔系统、除尘设备、除雾器及浆料制备系统、干燥处理及输送系统组成，主要设备包括吸收塔筒体、烟气分配器和雾化器。

如图 1－3 所示，喷雾干燥法脱硫的工艺流程是首先进行吸收剂制备，对吸收剂浆液进行雾化，然后雾化后的吸收剂浆液雾粒与烟气进行充分的混合，液滴蒸发，烟气中的 SO_2 被吸收，最后排出反应生成的废渣。

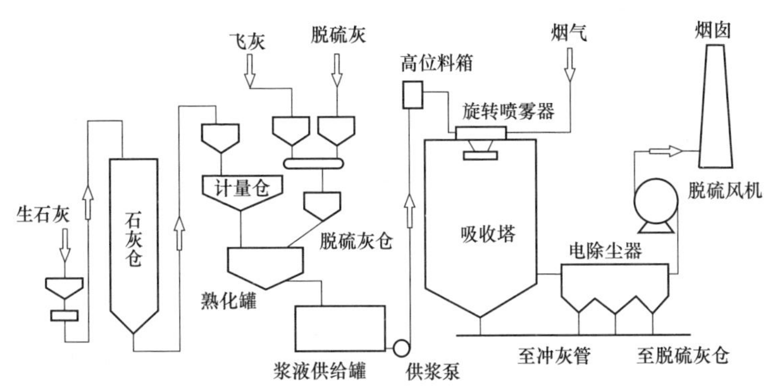

图 1－3　喷雾干燥法脱硫系统流程

喷雾干燥法脱硫工艺流程简单，便于操作，无废水，无腐蚀；负荷的跟踪性好；脱硫效率较高，可以达到 80%～90%，且能耗较低，投资费用和运行费用较湿法烟气脱硫低；但其单机容量小，钙硫比较高，且石灰是吸收剂，不利于安全生产，同时吸收剂制备系统较复杂；另外雾化装置容易发生磨损，输送与储存浆液的管道与容器易发生固体沉积。

四、循环流化床干法烟气脱硫

循环流化床干法烟气脱硫系统主要包括石灰浆液制备系统、脱硫反应系统和收尘引风系统，设备包括石灰石贮仓、灰槽、灰浆泵、水泵、反应器、旋风分离器、除尘器和引风机等。

流化床燃烧的燃料适应性强，易于实现炉内高效脱硫，其 NO_x 排放量低，燃烧效率高，产生的灰渣便于综合利用。

循环流化床干法烟气脱硫系统流程如图 1－4 所示。

五、LIFAC

LIFAC 是一种炉内喷钙和炉后活化增湿联合的脱硫工艺，是一种干法烟气脱硫方法，一般脱硫效率为60% ~85%。LIFAC脱硫系统流程如图1-5所示，其工艺流程主要分以下三步：

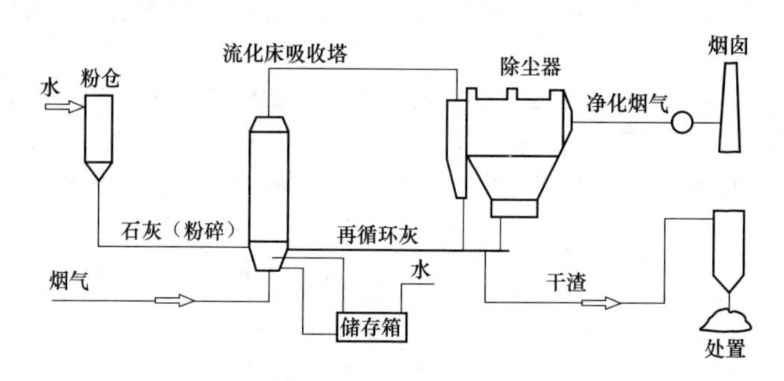

图1-4　循环流化床干法烟气脱硫系统流程

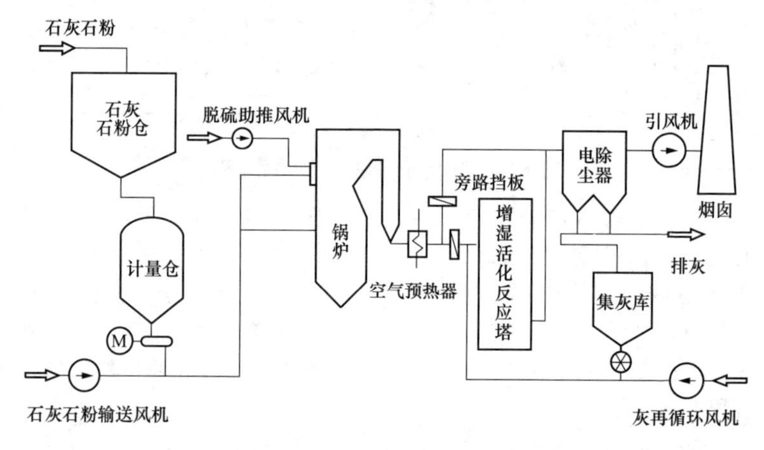

图1-5　LIFAC脱硫系统流程

（1）向高温炉膛喷射石灰石粉。石灰石粉用气力喷射到锅炉炉膛上部900~1250℃的区域，碳酸钙迅速分解成氧化钙和二氧化碳，烟气中的部分SO_2和几乎全部SO_3与氧化钙反应生成硫酸钙。

（2）炉后增湿活化器中用水或灰浆增湿活化。尾部烟道的适当部位设置增湿活化器，未反应的氧化钙与水生成氢氧化钙，进一步脱硫。

（3）灰浆或干灰再循环。与其他工艺相比，此方法投资与运行费用最低，系统安装迅速，占地少，无废水排放；但其钙硫比较高，仅适用于低硫煤；锅炉尾部易积灰，导致锅炉效率降低。

第三节　火电厂脱硫系统超低排放技术

一、超低排放技术

为了适应超低排放的标准，部分电厂必须对脱硫装置进行改造。目前湿法脱硫装置在国内可选用的技术主要有双塔串联技术、单塔双循环技术、单塔双区技术、单塔双托盘技术、双级液柱塔技术、塔外浆池技术等几种。

1. 双塔串联技术

在原有的吸收塔外新建一座吸收塔，与原有吸收塔串联形成两级吸收塔一起运行的技术称为双塔串联技术。通常一级吸收塔脱硫效率设计在70%以上，浆液pH值较低，有利于亚硫酸根的氧化；二级吸收塔脱硫效率设计在95%以上。此方法具有以下优点：

（1）不涉及对原有吸收塔的改造。

（2）新建吸收塔期间不影响机组的正常运行，停炉时进行烟道接口连接即可，机组停运时间短。

（3）脱硫效率高，煤种适应性强。

2. 单塔双循环技术

该技术保留了原有吸收塔，但拆除吸收塔内部除雾器，同时将吸收塔塔壁进行切割抬升，在上部安装2~4层喷淋层、收液碗等装置；另外新增一座AFT浆池（吸收塔外浆池）。两座吸收塔浆池分开设置，分别控制不同的pH值，以有利于石膏的氧化和SO_2的吸收。

烟气先经过一级循环（即下部喷淋区），此级循环的脱硫效率一般在30%~80%，浆液的pH值控制在4.5~5.3，主要保证优异的亚硫酸钙氧化效果和充足的石膏结晶时间。然后烟气进入二级循环（即上部喷淋区域），此部分主要进行脱硫的洗涤过程，喷淋的浆液经收液碗被收集至AFT浆池。因为没有氧化结晶的问题，浆液的pH值可以保持在6.0左右，提高了脱硫效率，降低了循环浆液量。AFT浆池里的浆液通过旋流器分离将高密度浆液回收至一级循环浆池，脱水时只需要从一级循环浆池向外排石膏。此方法的优点主要如下：

（1）脱硫效率高，适用于高硫煤或对脱硫效率要求高的项目。

（2）两个循环过程独立，避免了参数之间的制约，反应过程更加优化。

（3）一级循环中部分 SO_2、灰尘、HCL 和 HF 被除去，降低杂质对二级循环的影响，提高二级循环效率。

（4）石灰石浆液先补充进 AFT 浆池再到一级循环浆池，两级工艺延长了石灰石的停留时间，特别是一级循环中低 pH 值加快了颗粒的溶解，增加了石灰石的利用率。

但其缺点也比较明显：

（1）原有吸收塔的改造工程量大，机组需要较长时间的停运，一般需要 3～5 个月。

（2）如果二级循环喷淋量和收液碗设计不合理，容易造成一级循环浆液的高液位。

（3）吸收塔塔壁切割抬升高度较高。

（4）系统复杂。

3. 单塔双区技术

该技术是在传统的喷淋空塔技术基础上在吸收塔底浆液池中增加了双区调节器，在喷淋区域增加了提效环，管网式氧化风管布置在双区调节器处，另外实现底部供给石灰石浆液。浆液在流动时通过双区调节器形成文丘里效应，浆液池上下分成了不同的两个区域，石灰石浆液从下部进入提高了浆液的 pH 值，有利于 SO_2 的吸收，上部的浆液经过 SO_2 的吸收后 pH 值降低，有利于石膏的氧化结晶。提效环避免了烟气的“贴壁效应”，提高了脱硫效率。

4. 单塔双托盘技术

托盘技术是在吸收塔上部安装合金托盘，在托盘上开孔，开孔率一般在 30%～50%，运行时浆液喷淋到托盘上形成水膜，强化脱硫。双托盘技术是在原有的一层托盘基础上再增加一层托盘，同时配以 3～4 层喷淋层，达到高效脱硫效果。使用单塔双托盘技术也需要对吸收塔塔壁进行切割抬升。

5. 双级液柱塔技术

湿法脱硫液柱技术分为单塔式和双塔式。双级液柱塔实际上是由两个方形液柱塔串联而成的，但是它结构比较紧凑，不是单纯的两个塔的简单连接。前面一个是顺流塔，后面一个是逆流塔，两塔中间通过浆池连接，如图 1－6 所示，又称为 U 形塔。

6. 塔外浆池技术

塔外浆池技术主要是针对一些吸收塔改造后，由于浆液池容积增加原有基础不能承载的情况，在吸收塔外新建一座浆液池，与原有浆池连接，

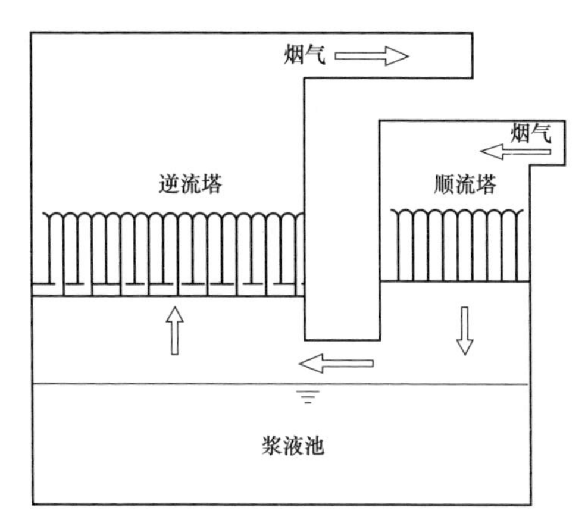

图 1－6　双级液柱塔技术

保持两边液位平衡。新增的浆池配有 2～3 台浆液循环泵。原吸收塔不需要切割抬升，只需拆除原有除雾器进行加高，新增的喷淋层布置在原有的吸收塔上部，通过运行布置在新增浆液池的浆液循环泵吸入浆液喷淋至原有吸收塔，浆液下落在原有吸收塔再流至新增浆液池。

二、超低排放改造注意事项

1. 改造原则

（1）改造需按照国家及地方环保政策、法规、标准的要求，结合企业自身发展需要，合理制定烟气污染物排放目标。如地方政府对排放限值要求更严格，应按地方要求排放。

（2）进行超低排放改造的企业，应综合考虑现有脱硫技术、实际运行情况、现场环境及最新排放标准，制定合理经济的改造方案。

（3）改造方案应全面考虑脱硝、除尘、脱硫、烟囱等的互相影响，充分发挥环保设施的协同脱除能力，实现脱硫设施的经济高效运行。

（4）超低排放改造要充分挖掘管理减排的潜力，加强燃煤管理，完善环保设备配置，恢复设备性能，确保达到设计值。

2. 二氧化硫排放控制技术路线

（1）二氧化硫控制技术主要包括上述介绍的六种工艺，主要是强化气液传质，提高气液比。

（2）当出口二氧化硫排放浓度小于 50mg/m^3 时，可采用单塔单循环技术满足排放要求。

（3）当出口二氧化硫排放浓度小于 100mg/m^3 或 200mg/m^3 时，可采用单塔双区、单塔双循环、双塔双循环（串塔）技术。

（4）对于设置GGH的湿法脱硫机组，可根据实际烟温情况，采用烟气冷却器与烟气再热器联合的无泄漏管式热媒体加热器（Mitsubishi Gas - Gas Heater，MGGH）方案。

提示 本章节内容适用于技师、高级工、中级工和初级工。

第二章 石灰石－石膏湿法脱硫技术

第一节 石灰石－石膏湿法脱硫基本原理

一、化学反应原理

石灰石－石膏湿法脱硫技术利用了SO_2的还原性，酸性及其易溶于水的特性。脱除SO_2的过程在气液固三相中进行，可以用下列方程式来描述这一过程中的主要步骤。

（1）气相SO_2被液相吸收

$$SO_2(g) + H_2O \longleftrightarrow H_2SO_3(l) \tag{2-1}$$

$$H_2SO_3 \longleftrightarrow H^+ + HSO_3^- \tag{2-2}$$

$$HSO_3^- \longleftrightarrow H_+ + SO_3^{2-} \tag{2-3}$$

同时存在SO_3的吸收过程

$$SO_3(g) + H_2O \longleftrightarrow H_2SO_4(l) \tag{2-4}$$

$$H_2SO_4 \longleftrightarrow H^+ + HSO_4^- \tag{2-5}$$

$$HSO_4^- \longleftrightarrow H^+ + SO_4^{2-} \tag{2-6}$$

（2）吸收剂的溶解中和反应

$$CaCO_3(s) \longleftrightarrow Ca^{2+} + CO_3^{2-} \tag{2-7}$$

$$CO_3^{2-} + H^+ \longrightarrow HCO_3^- \tag{2-8}$$

$$HCO_3^- + H^+ \longrightarrow H_2O + CO_2(g) \tag{2-9}$$

（3）亚硫酸盐的氧化

$$HSO_3^- + \frac{1}{2}O_2 \longrightarrow H^+ + SO_4^{2-} \tag{2-10}$$

$$SO_3^{2-} + \frac{1}{2}O_2 \longrightarrow SO_4^{2-} \tag{2-11}$$

（4）结晶析出

$$Ca^{2+} + SO_4^{2-} + 2H_2O \longrightarrow CaSO_4 \cdot H_2O(s) \tag{2-12}$$

同时伴随以下副反应

$$Ca^{2+} + SO_3^{2-} + \frac{1}{2}H_2O \longrightarrow CaSO_3 \cdot \frac{1}{2}H_2O \qquad (2-13)$$

总的反应方程式如下：

$$2CaCO_3 + 2SO_2 + O_2 + 2H_2O \longrightarrow 2CaSO_4 \cdot 2H_2O + 2CO_2 \qquad (2-14)$$

图 2－1 是典型的亚硫酸盐平衡曲线，直观地展示脱硫浆液在不同 pH 值时 H_2SO_3、HSO_3^- 和 SO_3^{2-} 的分布情况，当 pH 值小于 2 时，溶于水的 SO_2 主要以 H_2SO_3 的形式存在，随着 pH 值的升高，H_2SO_3 电离，生成 HSO^{3-} 和 H^+，在 pH 值为 4.5 时，HSO^{3-} 最多，随着 pH 值的进一步升高，HSO^{3-} 电离，生成 SO_3^{2-} 和 H^+，当 pH 值为 7 时，HSO^{3-} 和 SO_3^{2-} 含量相同，当 pH 值大于 8 时，SO_3^{2-} 占据主导地位。

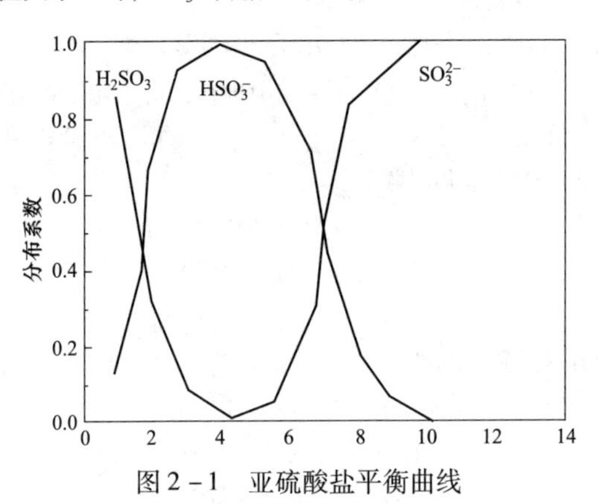

图 2－1　亚硫酸盐平衡曲线

二、气体吸收过程的机理

气体吸收的双模模型如图 2－2 所示，基本要点如下：

（1）假定气液交界面两侧存在很薄的层流薄膜、气膜和液膜；

（2）在界面处，SO_2 分别在气液两相中已达到浓度平衡；

（3）在气膜和液膜内 SO_2 存在浓度差，SO_2 气体通过湍流扩散从气体主体到达气膜边界，靠分子扩散通过气膜到达两相界面，SO_2 溶入液相，再靠分子扩散通过液膜到达液膜边界，依靠湍流扩散离开液膜边界进入液相边界。

上述描述说明，气液两膜虽然非常薄，但传质阻力集中在这两个薄膜内，即 SO_2 吸收过程的传质总阻力可以简化为两膜层的扩散阻力，即气液两相间的传质速率由气体在气液交界面的气膜和液膜的扩散速率来控制。

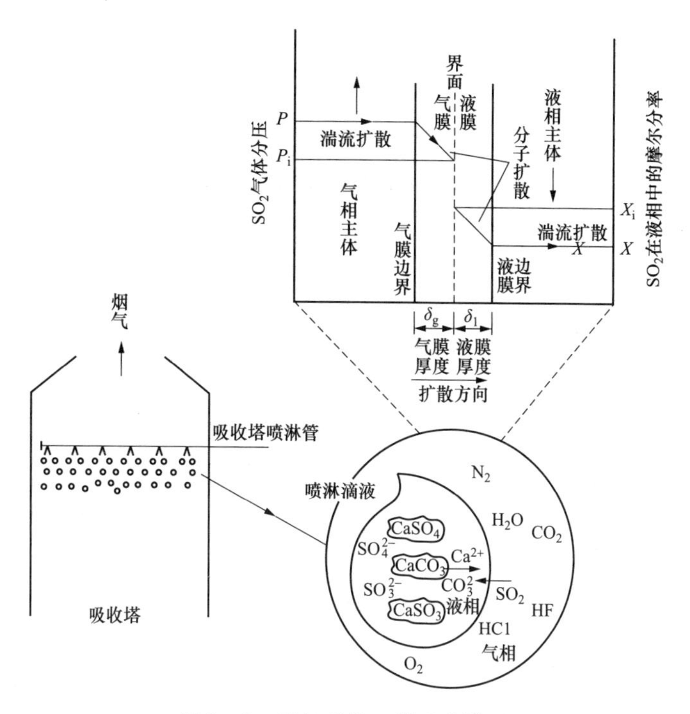

图 2－2　烟气吸收双膜理论模型

根据双膜理论，用无量纲数 NTU（Number of Transfer Units）来描述吸收塔的性能。

$$NTU = \ln(Y_{in}/Y_{out}) = \frac{K \times A}{G} \tag{2-15}$$

式中　NTU——传质单元数，无量纲；

Y_{in}——入口 SO_2 摩尔分率；

Y_{out}——出口 SO_2 摩尔分率；

K——气相平均总传质系数，kg/（s · m^2）；

A——传质界面总面积，m^2；

G——烟气总质量流量，kg/s。

从式（2－15）可以看出，在相同的烟气流量的情况下，增大 K 与 A 的乘积，可以提高脱硫效率。A 是指气液接触的总表面积，通过提高喷淋流量，喷淋密度，吸收区的有效高度，填料表面积和降低雾化液滴平均直径可以增大 A 值，提高脱硫效率。

K 可以用吸收气体通过气膜和液膜的传质分系数 K_g、K_l 来表示，即

$$\frac{1}{K} = \frac{1}{K_g} + \frac{H}{K_l \phi} \tag{2-16}$$

式中　ϕ——液膜增强系数。

K_g 和 K_l 是 SO_2 扩散系数和一些形象膜厚度的物理变量，像液滴大小、气体的相对流速等。液体的碱度越大，ϕ 越大。因此，可以通过加剧气液之间的扰动或者是提高浆液的碱度来提高 K 值。

第二节　石灰石－石膏湿法脱硫工艺流程

一、石灰石－石膏湿法脱硫系统的组成

湿法烟气脱硫系统位于烟气通道中除尘系统下游，有两个主要系统和五个辅助系统。两个主要系统是烟气系统和吸收/氧化系统，五个辅助系统是吸收剂制备/配制系统、固体产物脱水/抛弃系统、废水处理系统、公用系统和事故浆液系统。石灰石－石膏湿法脱硫系统工艺流程如图 2－3 所示。

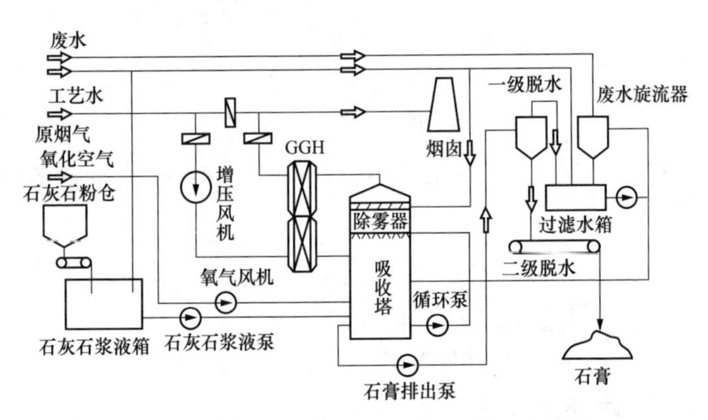

图 2－3　石灰石－石膏湿法脱硫系统工艺流程

锅炉出来的原烟气从引风机出来后，通常设有两个通道，旁路和 FGD 通道。原烟气可以通过旁路直接经烟囱排放，但近年来随着超低排放的改造，很多电厂已将旁路取消。经过 FGD 通道的原烟气经锅炉引风机排出后通过增压风机增压，进入脱硫系统，在 GGH（烟气再热器）换热后流入吸收塔。在吸收塔内，烟气自下而上流动，与喷淋层喷出的自上而下的

雾状石灰石浆液逆流混合，烟气内的二氧化硫与石灰石浆液中的碳酸钙及鼓入的氧化空气反应生成二水硫酸钙。脱硫后的净烟气流经喷淋层上部的除雾器除去烟气中携带的雾滴，再经过 GGH 换热升温后通过烟囱排入大气。块状石灰石被磨制成石灰石粉，通过制浆系统与工艺水混合形成一定浓度的石灰石浆液，新鲜的石灰石浆液被输送到吸收塔内，循环泵不断将吸收塔内的浆液提升到喷淋层，洗涤原烟气。当塔内的石膏浆液达到一定浓度时，石膏排出泵将其外排，经过一级旋流，二级脱水后，得到含水率低于 10% 的石膏，装车外运。

二、吸收塔的类型

吸收塔是烟气脱硫的核心装置，对其有较高的要求。在吸收塔内气液间要有较大的接触面积和一定的接触时间，气液间要扰动剧烈，吸收阻力小，对二氧化硫的吸收率高；要有合适的操作弹性，操作稳定；烟气流过时的压降要小；还要求其结构简单，制造及维修方便，成本低，寿命长；不易结垢，不易堵塞，耐磨损，耐腐蚀，还要有较低的能耗，不产生二次污染。

根据吸收塔类型的不同有多种 FGD 装置。吸收塔的类型主要有喷淋塔、填料塔、双回路塔、喷射鼓泡塔和双接触流程液柱吸收塔五种。

1. 典型 FGD 装置——喷淋塔

喷淋塔的应用最为广泛，一般多采用逆流布置。烟气一般以 3m/s 左右的速度从喷淋区下部进去吸收塔，和均匀喷下的石灰石浆液雾滴充分接触，浆液中的二氧化硫与碳酸钙反应被脱除。这种吸收塔内部结构较少，不易结垢，压力损失小。逆流有利于烟气和吸收浆液的充分接触，且阻力损失比顺流小。典型喷淋塔的结构如图 2－4 所示。

2. 填料塔 FGD 装置——填料塔

填料塔在塔身采用塑料格栅填料，相对来说延长了气液两相的接触时间，可保证较高的脱硫效率。顺流或逆流方式均可，顺流时的空塔气速大约是 4～5m/s，结构较逆流方式更加紧凑。顺流式格栅填料吸收塔如图 2－5 所示。

3. 双回路 FGD 装置——双回路塔

双回路吸收塔结构如图 2－6 所示。双回路塔采用单塔两段工艺，塔身被一个集液斗分为两个回路：下段是预冷却区，进行一级脱硫，并将烟气进行冷却。该段循环浆液 pH 值约为 4.5，这是亚硫酸根氧化为硫酸根和石膏生成析出的最佳 pH 值。上段是吸收区，该段循环浆液 pH 值保持在 6.0 左右，较低的反应温度和较高的 pH 值，保证了烟气中的二氧化硫

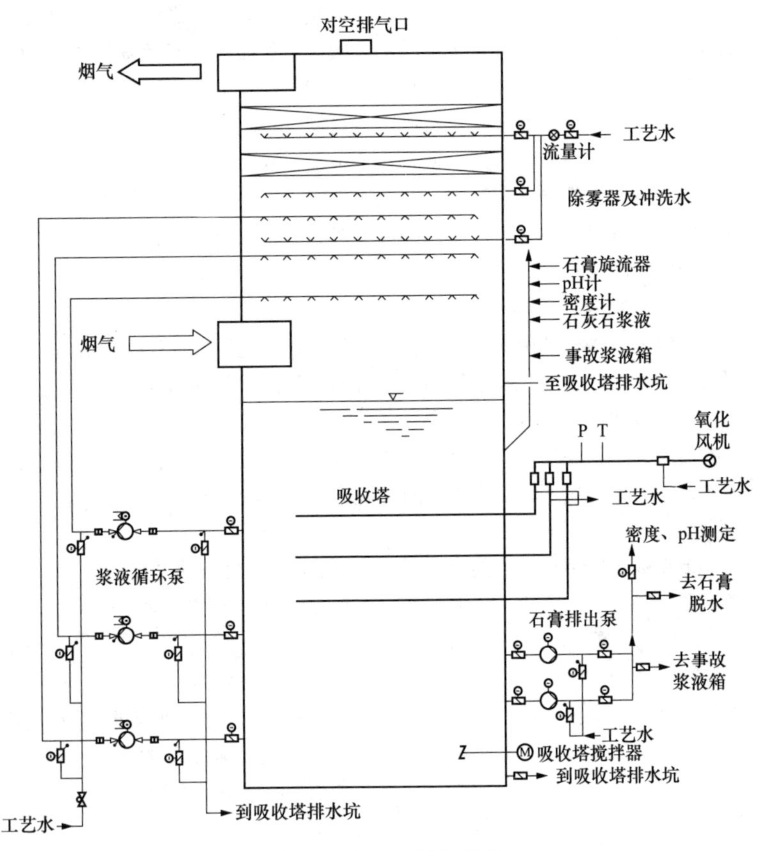

图 2－4　典型喷淋塔结构

被快速吸收。排水经集液斗引入另设的加料槽。

4. 喷射鼓泡反应器 FGD 装置——喷射鼓泡塔

喷射鼓泡塔采用喷射鼓泡反应器（如图 2－7 所示），喷射分配器将烟气以一定的压力垂直向下喷入吸收液中，形成了一定高度的喷射鼓泡层，二氧化硫与浆液充分接触生成亚硫酸钙，氧化空气从鼓泡反应器的底部进入，亚硫酸钙氧化，生成石膏。净化后的烟气经上升管进入混合室，除雾后排放。该装置在高粉尘条件下，也能很好地运行，获得较高的脱硫效率。

5. 液柱塔 FGD 装置——双接触流程液柱吸收塔

双接触流程液柱吸收塔由逆/顺流的双塔组成，平行竖立于氧化反应罐之上（如图 2－8 所示）。塔内下部均匀布置压力喷嘴，后面布置的顺

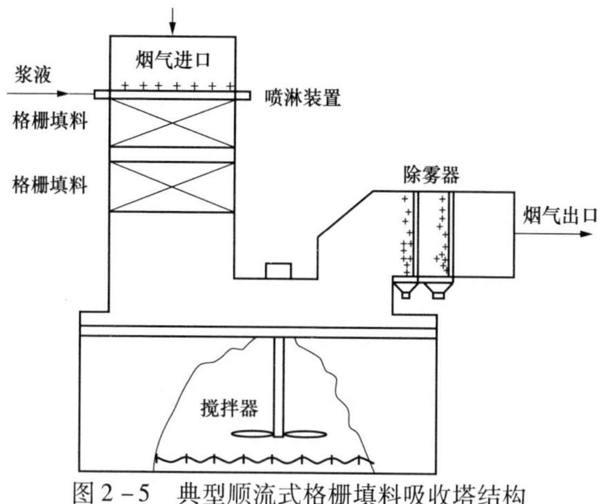

图 2－5　典型顺流式格栅填料吸收塔结构

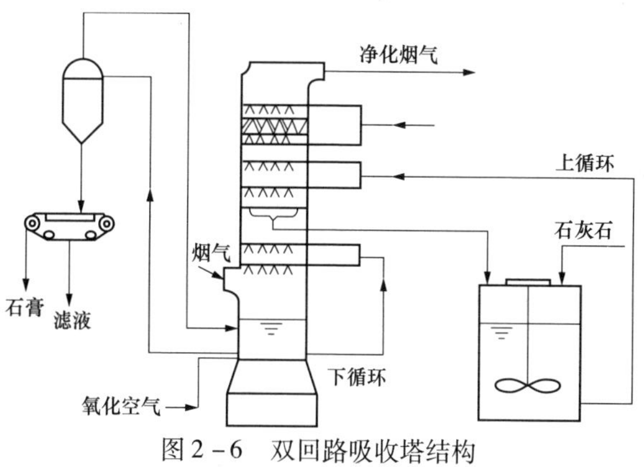

图 2－6　双回路吸收塔结构

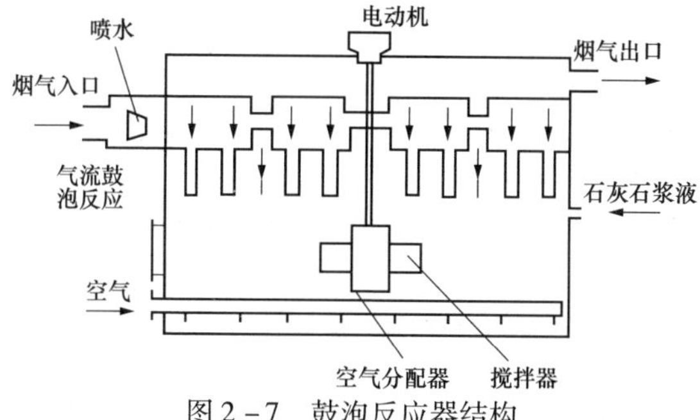

图 2－7　鼓泡反应器结构

流塔顶部布置有除雾器，液柱塔内，气液两相能反复接触充分传质，可以保证较高的脱硫效率。

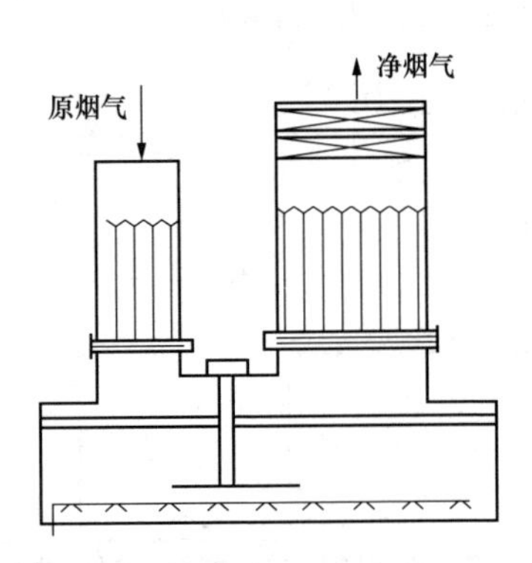

图2－8　双接触流程液柱吸收塔结构

三、石灰石－石膏湿法脱硫的特点

石灰石－石膏湿法脱硫作为我国应用最广的脱硫技术，具有以下特点。

（1）脱硫效率高。正常运行工况下，石灰石－石膏湿法脱硫的脱硫效率可达95%。

（2）技术成熟，可靠性高。石灰石－石膏湿法脱硫技术发展历史长，技术成熟，运行经验多，通常不会因脱硫系统而影响锅炉的运行。脱硫系统的投运率可以达到98%以上。

（3）煤种适应性好。石灰石－石膏湿法脱硫技术适用于多种含硫煤的烟气脱硫，无论高硫煤还是低硫煤，都能很好适应。

（4）单机处理烟气量大，能够很好地与大型燃煤机组单元匹配。

（5）占地面积大，一次性建设投资大，老电厂改造难度大。

（6）吸收剂资源丰富，成本低。石灰石在我国资源丰富，价格便宜，易研磨，钙利用率高。

（7）脱硫副产物石膏便于综合利用。石膏可以用于建材产品和水泥缓凝剂等，有助于增加电厂效益、降低运行费用。

（8）技术进步快。目前国内外对此工艺都进行了深入研究和不断的改进，脱硫工艺日趋完善。

四、石灰石－石膏湿法脱硫所用吸收剂

1. 对吸收剂的要求

吸收剂从根本上决定了二氧化硫的吸收效率，因此石灰石－石膏湿法脱硫对吸收剂的性能有一定的要求。

（1）吸收能力高。要求对二氧化硫的吸收能力高，提高吸收剂的利用率，减少设备体积，降低能耗。

（2）选择性能好。要求其只对二氧化硫具有良好的选择性能，对其他组分的吸收能力低，确保二氧化硫的吸收效率。

（3）资源丰富，成本低。

（4）无毒，不易燃烧，化学稳定性好，挥发性低，凝固点低，不发泡，易再生。

（5）不腐蚀或者对设备的腐蚀小，减少设备的投资及维护费用。

（6）便于处理和操作，不产生二次污染。

脱硫吸收剂应为碱性。常用的脱硫剂有石灰石（$CaCO_3$）、生石灰（CaO）、消石灰［Ca（$OH)_2$］和白云石（$CaCO_3$. $MgCO_3$）。石灰石的主要成分是碳酸钙，又叫方解石，碳酸钙。石灰石可分为高钙石灰石（$CaCO_3$的含量大于95%）、镁石灰石（$CaCO_3$含量80%～90%；$MgCO_3$含量5%～15%）、白云石（$CaCO_3$含量50%～80%，$MgCO_3$含量15%～45%）。密度一般为（1.9～2.8）×10000kg/m^3，平均比热容为0.59KJ/（kg.℃），其摩氏硬度值（MOH）为3，易被小刀划伤。碳酸钙溶液的pH值常温下为9.5～10.2。石灰石几乎与所有的强酸都发生反应，生成相应的钙盐，释放二氧化碳，遇冷盐酸会激起泡沫反应。石灰石在海洋中沉积数量最大。

2. 石灰石的反应活性

关于石灰石的反应活性，目前没有统一定义。部分研究人员将其定义为石灰石溶解的速度；另一部分研究人员认为石灰石粉反应活性应该与脱硫塔中残留的碳酸钙联系起来。通常认为，石灰石的反应活性由其溶解速率、流程温度、粒度和液相中碳酸盐的数量来体现。反应活性好的石灰石在石灰石利用率相同的情况下，将获得更高的脱硫效率。

石灰石与酸的反应实质上是表面反应，反应速率主要由反应温度、溶液中的H^+浓度、表面液膜的扩散及石灰石的有效表面积等因素控制。影响石灰石反应活性的因素主要是石灰石的比表面积，尤其是外比表面积。

3. 石灰石的粒径

改变石灰石比表面积的方法之一就是提高或降低石灰石的粒度。粒径越小，石灰石的表面积越大，溶解速率越大。在相同pH值和脱硫效率的情况下，石灰石粉越细，利用率也越高。现在大多数的FGD系统要求石灰石的细度为90%～95%通过325目筛（44μm）或250目筛（63μm）。

若石灰石磨的很细，纯度也很高，石灰石的利用率仍无法达到期望值，多采用添加有机酸的方法增加性能。

4. 晶格结构

石灰石的活性与石灰石的组织结构有关，如经过多次重结晶，结构致密的大理石，在同等组分和粒径分布的条件下，其活性较方解石差。

第三节　脱硫系统中的关键参数

一、传质单元数

传质单元数综合表征烟气中 SO_2 在吸收塔内被吸收反应的剧烈程度，传质单元数越大，脱硫效率越高。影响传质单元数的主要因素为：液气比（L/G）、烟气流速、钙硫比（Ca/S）、脱硫塔结构等。

1. 液气比

液气比（L/G）是指循环浆液流量和标态下的烟气流量之比，单位是 L/m^3，它直接影响设备尺寸和操作费用。一旦脱硫塔的最佳烟气流速确定后，液气比（L/G）是决定脱硫效率最重要的参数。当液气比（L/G）增加时，相当于增大了吸收塔内的喷淋密度，浆液比表面积增加，吸收 SO_2 的碱度也增加，液膜增强因子也增加，总传质系数也增加，传质单元数将随之增大，总脱硫效率也增大。要提高吸收塔的脱硫效率，提高液气比是一个重要的技术手段。

另一面，提高液气比将使浆液循环泵的流量增大，从而增加设备的投资和能耗，同时，高液气比还会使吸收塔内压力损失增大，增加风机能耗。

2. 烟气流速

在其他参数不变的情况下提高烟气流速相当于把气液接触时间缩短，这将降低传质单元数 NTU。但降低烟气流速则会提高气液两相的湍动，降低烟气与液滴间的膜厚度，提高传质系数，且喷淋液滴的下降速度相对降低，单位体积内的持液量增大，增大了传质面积，传质单元数得以提高，脱硫效率提高。试验表明烟气流速在 2.44～3.66m/s 逐渐增大时，脱硫效率下降，当烟气流速在 3.66～24.57m/s 逐渐增大时，脱硫效率几乎与烟气流速的变化无关。烟气流速的增加会使吸收塔内的压力损失增大，能耗增加，同时烟气携带液滴的能力增加，烟气带水现象加重。一般脱硫塔内烟气流速控制在 3.5～4.5m/s。

3. 钙硫比（Ca/S）

钙硫比（Ca/S）是指注入的吸收剂量与吸收SO_2的摩尔比，反应单位时间内吸收剂的供给多少，通常以浆液中的吸收剂浓度作为衡量标准。钙硫比越低，表明石灰石的利用率越高。

在保持浆液量（液气比）不变的情况下，钙硫比增大，注入吸收塔内吸收剂量相应增大，引起浆液pH值上升，可增大中和反应区的速率，增加反应的表面积，使SO_2吸收量增加，提高脱硫效率，但由于吸收剂溶解度较低，其供给量的增加将导致浆液浓度的提高，会引起吸收剂的过饱和凝聚，最终使反应的表面积减少，影响脱硫效率。钙硫比（Ca/S）的最高极限一般不能超过1.2，pH值也不能超过5.8，否则极易结垢。运行经验表明，钙硫比（Ca/S）最高极限一般不能超过1.2，在钙硫比（Ca/S）低于1.18时，才能保证脱硫系统长期稳定的运行。

另外，钙硫比的变化对传质系数的影响比烟气流速要大，但比液气比要小。

二、烟气中SO_2的浓度

入口SO_2浓度对脱硫效率的影响取决于浆液碱度。在其他条件不变的情况下，烟气中的SO_2浓度增加，脱硫效率会有所下降。

三、循环浆液固体物浓度及固体物停留时间τ_t

保证循环浆液固体物浓度和足够的停留时间是石灰石溶解、石膏结晶生长和防止结垢的重要条件。

1. 循环浆液固体物浓度

维持较高的固体物浓度有助于提高脱硫效率和石膏纯度，循环浆液中未溶解$CaCO_3$含量高有助于提高脱硫效率，当浆液固体物中石灰石/石膏的质量比相同时，副产品石膏中石灰石百分含量也大致相同，但固体物浓度高的浆液中$CaCO_3$含量较高，浆液缓冲容量大，有利于提高脱硫效率。如果单位质量浆液中$CaCO_3$含量相同，固体物浓度高的浆液中石灰石/石膏的比率小，有利于提高固体副产物石膏的品质。

但是高含固量浆液对浆泵、搅拌器、管道和阀门会产生较大的磨损。因此，浆液固体物浓度上限应不使浆泵等的磨损有明显的加剧。

2. 固体物停留时间τ_t

浆液固体物在反应罐内的停留时间用固体物停留时间τ_t来表示。τ_t值实际是浆液固体物在反应罐的平均停留时间，反映反应罐有效浆液体积的大小。适当的τ_t值有利于提高吸收剂的利用率和石膏的纯度，有利于石膏结晶的长大和脱水，但是τ_t值过大，会导致反应罐体积过大，增加投资成本。另外，大型循环泵和搅拌器对石膏结晶体有破坏作用，τ_t值过大，对石膏脱水有不利影响。

四、pH 值

对脱硫效率有重要影响的另一个工艺参数是循环浆液的 pH 值。循环浆液的 pH 值也是石灰石－石膏湿法脱硫系统运行中一个重要的控制参数，FGD 系统几乎都采用吸收塔浆液循环 pH 值来控制系统的脱硫效率。一方面，pH 值影响 SO_2 的吸收过程。pH 值越高，SO_2 的吸收速度越快，但不利于石灰石的溶解，且系统设备结垢严重；pH 值降低，虽利于石灰石的溶解，但是 SO_2 吸收速度又会下降，当 pH 值下降到 4 时，几乎不能吸收 SO_2 了。另一方面，pH 值还会影响石灰石、$CaSO_4 \cdot 2H_2O$ 和 $CaSO_3 \cdot 1/2H_2O$ 的溶解度。随着 pH 值的升高，$CaSO_3$ 的溶解度明显下降，而 $CaSO_4$ 的溶解度则变化不大。因此，随着 SO_2 的吸收，溶液 pH 值降低，溶液中 $CaCO_3$ 的量增加，并在石灰石颗粒表面形成一层液膜，而液膜内部 $CaCO_3$ 的溶解又使 pH 值上升，溶解度的变化使液膜中的 $CaSO_3$ 析出，并沉积在石灰石颗粒表面，形成一层外壳，使颗粒表面钝化。钝化的外壳阻碍了 $CaCO_3$ 的继续溶解，抑制了吸收反应的进行。因此，选择合适的 pH 值是保证系统良好运行的关键因素之一。一般认为吸收塔的浆液 pH 值选择在 5.0～6.2 为宜。

提示 本章节内容适用于技师、高级工、中级工、初级工。

第三章

石灰石－石膏湿法脱硫系统构成及主要设备

第一节　烟气系统

原烟气经增压风机进去换热器降温，在吸收塔脱除二氧化硫后，再经换热器加热升温，通过烟囱排放，烟气系统如图3－1所示。烟道上设置旁路挡板门，FGD进、出口挡板门。FGD正常运行工况下，旁路挡板门关闭，FGD进、出口挡板门开启。当吸收塔系统停运、事故或者维修时，FGD出入口挡板门关闭，旁路挡板全开，目前为贯彻施行超低排放很多电厂已取消旁路。

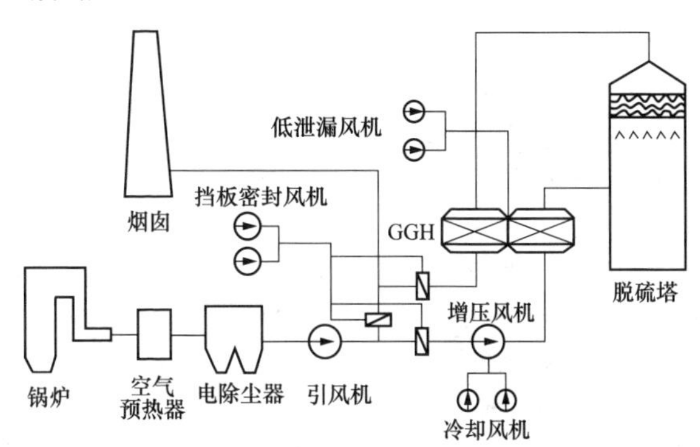

图3－1　烟气系统

一、脱硫风机

脱硫风机又叫增压风机，主要作用是对原烟气升压，克服FGD装置的阻力。脱硫风机消耗的电能一般占脱硫设备电能消耗的50%～60%。

（一）增压风机的类型

增压风机主要有三种，包括动叶可调轴流风机、静叶可调轴流风机、离心式风机。

1. 动叶可调轴流风机

动叶可调轴流风机通过调节叶片角度来控制流量，能够在较大的运行范围内达到流量和压力的最佳效果，在局部工况下的节能效果更加显著。风机始终在高效区运行，性能优良，节能效果极佳，在 T. B 点和 BMCR（锅炉最大连续蒸发量）工况下都能达到较高的效率。风机的耗功少，运行费用低。但是动叶可调轴流风机复杂的液压系统占地面积大，维护技术要求高，检修工作量大。而且动叶可调轴流风机的叶片磨损情况严重，对烟气含尘量要求高，即使对叶片进行耐磨处理，在相同条件下也远不如离心式和静叶可调式风机。动叶可调轴流风机的造价较高，基本上是双吸离心式的 1. 2 倍和静叶可调轴流风机的 1. 5 ~2 倍。

2. 静叶可调轴流风机

静叶可调轴流风机采用简单的入口导向器调节方式来获得较好的调节性能，在结构和性能上介于动叶可调轴流风机和离心式风机之间，具有优良的气动性能，磨损小，寿命长，结构简单，运行可靠，安装维护方便，占地面积较小，费用较低，功耗适中。风机在 T. B 点和 BMCR 工况时，也能达到较高的效率，但风机由额定负荷工况转为较低负荷工况下运行时，风机效率下降的幅度比动叶可调轴流风机大。

3. 离心式风机

离心式风机压头高，流量大，效率高，结构简单，体积较小，维护方便而且对烟气中的粉尘不敏感。但其高效区相对较窄，低负荷运行时效率明显下降。在 30kW 以上机组中使用时，叶轮直径相当大，对电厂的安全运行是个隐患，因此，一般不选用离心式风机作为增压风机。

国内大多数用户选择动叶可调轴流风机，因为该风机在调节过程中始终处于高效区，节能效果显著。但动叶可调轴流风机造价和运行费用都较高，发生故障时，需把风机运回制造厂家维修，时间长费用高。

（二）增压风机的布置

增压风机的布置主要有四种方式，行业习惯分别称为 A、B、C、D 布置，如图 3 –2 所示。

A 布置中，增压风机布置在换热器之前，其介质是经过电除尘后的热烟气，这种烟气的腐蚀和沾污程度最小，但是此时烟气流量最大，风机的体积和功耗也最大。如果使用回转式换热器，原烟气向净烟气泄漏，影响脱硫效率，目前使用密封风机进行空气密封，原烟气的泄漏量能控制在 1% 内。

B 布置中，增压风机布置在换热器之后、吸收塔之前。这种布置方式

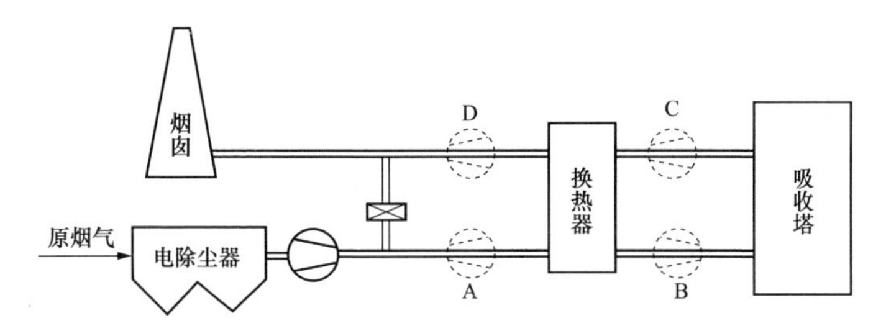

图 3－2　增压风机的布置方式

下，沾污和腐蚀的倾向较小，功耗较低。但是压缩功的存在使吸收塔入口烟温增高，会降低脱硫效率。

C 布置中，增压风机布置在吸收塔后，介质是饱和水蒸气并携带有少量游离液滴的烟气，此时的风机被称为湿风机，功耗最低。若使用回转式气－气换热器，净烟气向原烟气泄漏，对脱硫效率不利。同时，湿风机要求使用耐腐蚀材料，沾污危险较大，结垢时影响出力。在吸收塔负压运行时，存在衬胶脱落的危险，影响安全运行。

D 布置中，增压风机布置在换热器之后。其介质是含有少量水蒸气的较为干燥的烟气。此时风机功耗适中，利用其压缩功使烟温升高，沾污倾向较湿风机小，也要求使用耐腐蚀材料，费用较贵。在使用回转式换热器时，原烟气向净烟气泄漏，需要良好的空气密封，才能减少对脱硫效率的影响。

综合考虑安全运行与经济成本，我国脱硫工程增压风机的布置多选择 A 方案。

二、烟气换热器

大多数含硫原烟气的温度为 120～185℃，甚至更高，而吸收操作要求在较低的温度下（大概 60℃左右）进行，因为低温有利于二氧化硫的吸收，而高温有利于二氧化硫的解析。而且高温会损坏吸收塔的防腐层及其他的设备，所以必须对烟气进行预冷却。除尘脱硫净化后的烟气其温度可降到 40～60℃，且其中充满了饱和水蒸气，会对设备产生较严重的腐蚀，为了提高污染物扩散能力，避免烟囱“下雨”，需要将净化后的烟气升温到 70℃以上。

常用的烟气冷却方法有三种：烟气换热器进行间接冷却，喷淋水直接冷却，用预洗涤塔除尘、增湿、降温。

烟气换热器系统有蓄热式和非蓄热式两种形式。

蓄热式工艺是利用未脱硫的烟气加热冷空气，统称为GGH，又细分为回转式烟气换热器，介质循环换热器和管式换热器，通过载热体或者载热介质将热量传递给冷空气。非蓄热式换热器通过蒸汽、天然气等将热媒重新加热，分为直接加热和间接加热。直接加热是燃烧加热部分冷空气，然后冷热烟气混合达到所需温度；间接加热是利用低压蒸汽（$\geqslant 2\times10^5$Pa）通过热交换器加热冷烟气。

回转式烟气换热器工作时，转子旋转，传热元件轮流通过热的未脱硫的原烟气和温度较低的脱硫后的烟气，原烟气中的部分热量传递给传热元件再传递给低温净烟气。烟气系统采用回转式烟气换热器时，其漏风率不大于1%。

热管式换热器是一种具有高传热性能的换热器。工作中，密闭管内部处于（1~2）$\times10^{-4}$Pa的负压，在热管的下端加热，工质吸收热量汽化为蒸汽，在微小的压差下上升到热管的上端，向外界放热自身冷凝成液体。液体在重力的作用下回到热管下端，再次受热蒸发，如此循环工作。

为了防止GGH传热面灰尘的沉积和结垢，保持GGH最高的传热效率，维持系统运行阻力在正常范围内，需要对烟气换热器进行吹扫。受热面积灰的清洗方式包括压缩空气吹扫、高压水冲洗和低压水冲洗三种。GGH每天必须用压缩空气吹扫。当压降超过给定的最大值时，可在运行中用高压工艺水冲洗。一般当FGD停运后，用低压水冲洗GGH。

三、烟道挡板

烟道挡板用于切断烟气或调节流量，如图3－3所示。在FGD系统中，烟道挡板布置于脱硫塔入、出口烟道及旁路烟道，流量调节挡板用于采用旁路加热的FGD系统调节烟气流量。FGD正常运行时，FGD出入口烟气挡板打开，旁路烟气挡板关闭。

烟道挡板主要有闸板式、百叶窗式、翻板门、换向门等几种型式。百叶窗式挡板可分为单阀板百叶窗式挡板和多阀板百叶窗式挡板。多阀板百叶窗式挡板是应用最为广泛的烟道挡板，脱硫塔的进出口挡板、旁路挡板多采用此种型式，这些阀板由挡板外的连接件连接，由电动或气动执行器驱动。

烟道挡板的密封面是不锈钢片（或合金片）对不锈钢片（或合金片）之间的硬密封，必然存在烟气的泄漏。FGD正常运行时，烟气从旁路挡板泄漏会影响脱硫效率，FGD停运检修时，烟气泄漏进吸收塔，导致无法检修甚至损坏塔内构件。为了达到零泄漏的效果，防止挡板烟气泄漏，需安装密封空气系统。密封气体可用空气，运行时可有效防止酸冷凝物的

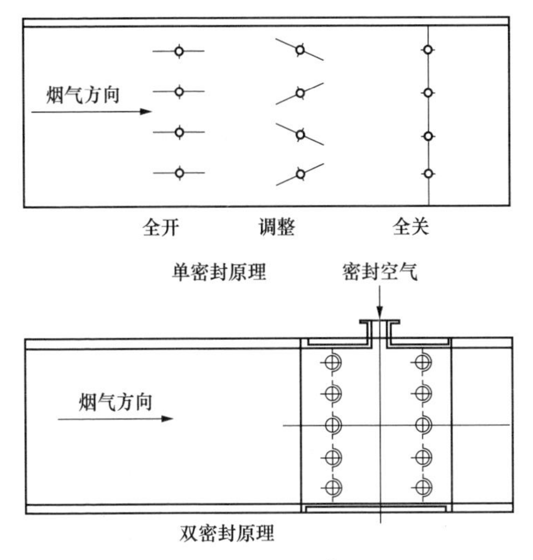

图 3－3　挡板工作原理

形成，但运行费用最高。一般采用脱硫换热器后的烟气，但是由于脱硫后烟气很难百分之百干燥，仍存在密封室被腐蚀的可能。

第二节　吸收氧化系统

吸收系统是 FGD 的核心装置，由吸收塔系统、浆液循环系统、氧化系统、除雾器系统四部分组成。主要设备有吸收塔、循环泵、除雾器、搅拌器、氧化风机、吸收塔排水坑及相关的管路阀门等。吸收塔系统结构如图 3－4 所示。

一、吸收塔系统

吸收塔的布局根据具体功能分为吸收区、中和区和氧化区。

吸收塔吸收区的高度一般指入口烟道中心线至最上层喷淋层中心线的距离，这个高度决定了烟气与脱硫剂的接触时间。该部分主要进行二氧化硫的吸收工作，二氧化硫溶于水电离出 H^+、HSO_3^- 和 SO_3^{2-}。

中和区加入的石灰石浆液与二氧化硫反应，生成 $CaSO_3$，一般认为将石灰石浆液加入吸收塔中和区或循环泵入口较为合理，如此可以保持中和区或循环泵出口浆液中有较高过剩 $CaCO_3$ 浓度，从而提高 $CaCO_3$ 的利用率，有利于二氧化硫的吸收，尽可能使烟气离开吸收塔前接触最大碱度的

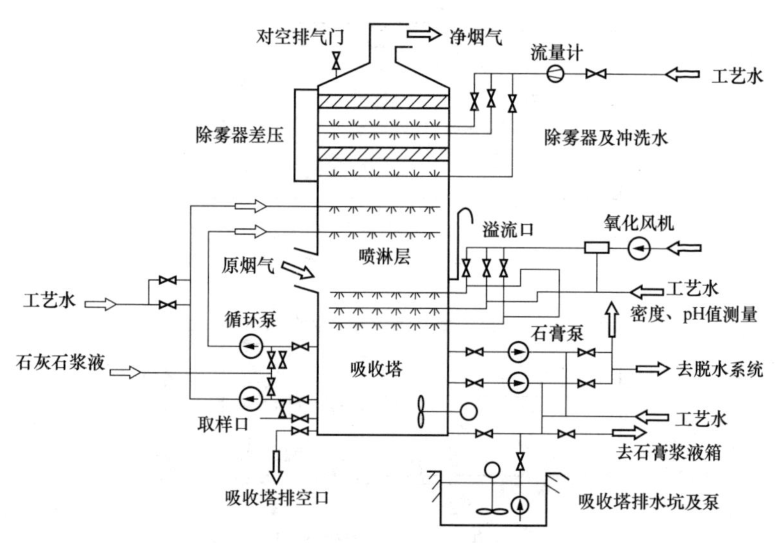

图3-4　吸收塔系统结构

浆液。如果将新鲜的石灰石浆液由氧化区补充入吸收塔，会使过多的$CaCO_3$进入脱水系统，从而带入石膏副产品中，影响石膏纯度和石灰石利用率，而且不利于HSO_3^-氧化。因为当存在过量$CaCO_3$时，浆液pH值升高，有助于$CaSO_3 \cdot 1/2H_2O$的形成，要氧化$CaSO_3 \cdot 1/2H_2O$是很困难的，除非有足够的H^+使其重新溶解成HSO^{3-}。

氧化区鼓入的氧化空气将SO_3^{2-}离子氧化生成SO_4^{2-}，结晶生成二水硫酸钙。

吸收塔的下部为吸收塔浆液池，在此区域装有搅拌器、氧化风喷嘴等。主要有以下作用：

（1）接收和储存脱硫吸收剂；

（2）溶解石灰石（或石灰）；

（3）生成亚硫酸钙和石膏结晶；

（4）鼓入空气氧化亚硫酸钙，生成硫酸钙。

为了防止吸收塔反应池内浆液发生沉积，通常采用机械搅拌和脉冲悬浮的方式对吸收塔内循环浆液进行搅拌。

吸收塔搅拌器除了充分搅拌罐体中的浆液，防止吸收塔浆液池内的固体颗粒物沉淀外，还有以下作用：①使新加入的吸收剂浆液尽快分布均匀（如果吸收剂浆液直接加入罐体中），加速石灰石的溶解；②避免局部脱硫反应产物的浓度过高，这有利于防止石膏垢的形成；③提高氧化效果和有利于石膏结晶的形成。

另外吸收塔顶部设置有对空排气门，在调试及 FGD 系统检修时打开，可排除漏进的烟气，有通气、通风、透光的作用，方便工作人员操作。在 FGD 系统停运时，避免烟气在系统内冷凝，腐蚀系统。

二、浆液循环系统

1. 浆液循环泵

浆液循环泵是浆液循环系统的主要设备，其作用是连续不断地把吸收塔收集池内的混合浆液向上输送到喷淋层，并为雾化喷嘴提供工作压力，使浆液通过喷嘴后尽可能的雾化，以便使小液滴和上行的烟气充分接触。在循环泵前装有不锈钢滤网，能有效防止塔内的沉淀物质进入泵体造成泵的堵塞和损坏或吸收塔喷嘴的堵塞和损坏。

循环泵通常采用离心泵，流量与转速的关系是一次方，效率约在 60% ~80% 左右。当叶轮被电机带动旋转时，充满无叶片之间的介质随同叶轮一起转动，在离心力的作用下，介质从叶片间的横道甩出。介质外流使叶轮入口处形成真空，在大气压作用下，介质不断补充进叶轮。离心泵不停地工作，介质的吸进压出形成了连续流动。循环泵是石灰石 - 石膏湿法脱硫工艺中流量最大，使用条件最为苛刻的泵，其输送的介质具有强腐蚀性、强磨蚀性和汽蚀性，磨蚀和腐蚀常常导致其失效。

2. 喷淋层

每一个循环泵装有一个喷淋总管，喷淋总管上有众多喷嘴，将循环浆液均匀喷出，以形成液雾、液柱或液幕，使浆液与烟气充分接触。喷嘴层数根据吸收塔入口截面、二氧化硫通量和脱硫效率来确定。

喷嘴是喷淋塔的关键设备之一。喷嘴喷出的液滴直径小、比表面积大、传质效果好、在喷雾区停留时间长，这些均有利于提高脱硫剂的利用率和脱硫效率。目前国内外的 FGD 常采用压力式雾化喷嘴，压力式雾化喷嘴主要由液体切向入口、液体旋转室、喷嘴孔等组成，如图 3 -5 所示。

石灰石湿法 FGD 装置中的压力式雾化喷嘴主要有空心锥切线型喷嘴、实心锥切线型喷嘴、双空心锥切线型喷嘴、实心锥型喷嘴、螺旋型喷嘴和大通道螺旋行喷嘴。

三、氧化系统

氧化系统的主要设备包括氧化风机、氧化装置等。氧化空气被送入反应槽中，将亚硫酸钙氧化成硫酸钙，结晶生成石膏。一方面保证二氧化硫吸收过程的持续进行，提高脱硫效率，同时提高脱硫副产品石膏的品质；

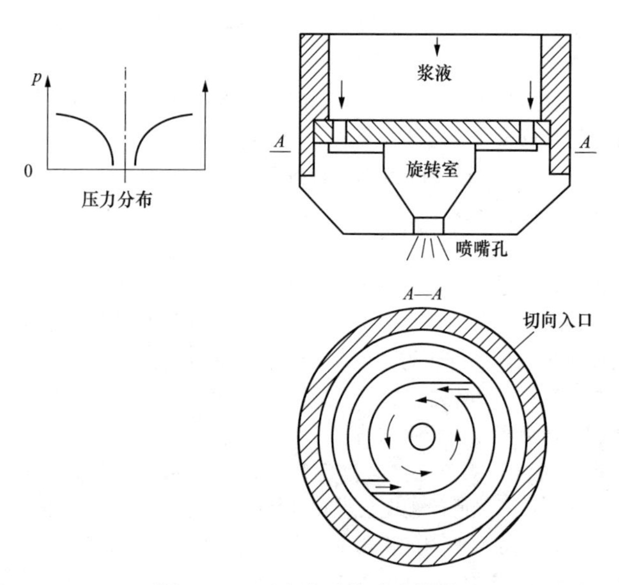

图 3－5　压力式雾化喷嘴结构

另一方面防止亚硫酸钙在吸收塔和石膏浆液罐中结垢。

湿法石灰石－石膏脱硫工艺有强制氧化和自然氧化之分。被浆液吸收的二氧化硫有少部分在吸收区内被烟气中的氧气氧化，这种氧化称为自然氧化，只有一少部分亚硫酸根被氧化为硫酸根。强制氧化是向吸收塔的氧化区喷入空气，促使可溶性亚硫酸盐氧化成硫酸盐。强制氧化工艺在脱硫效率和系统运行的可靠性等方面均比自然氧化工艺更优越。

1. 氧化风机

氧化罗茨风机是一种容积式风机，通过一对转子的“啮合”使进气口和排气口隔开。转子由一对同步齿轮传动作反方向等速的旋转，将吸入的气体无内压缩地从吸气口推移到排气口。气体在到达排气口的瞬间，因排气侧高压气体的回流而被加压及输送。氧化风机入口装有滤网，入口滤网变脏会使风机运行电流增大，应每隔 15 天对入口滤网进行一次清理。

2. 强制氧化装置

因空气导入和分散方式的不同，强制氧化装置有多种。例如喷气混合器/曝气器室、径向叶轮下方喷射式、多孔喷射器式、旋转式空气喷射器/叶轮臂式、管网喷射式（又称固定式空气喷射器）、搅拌式和空气喷枪组合式，其中后两种应用比较普遍。

固定式空气喷射器（FAS）强制氧化装置是在氧化区底部的断面上均匀地布置若干根氧化空气母管，母管上有众多分支管。喷射器喷嘴均布于整个断面上，通过固定管将氧化空气分散鼓入氧化区。其布置方式共有三种，如图 3－6 所示。图 3－6（a）、（b）两种是将搅拌器布置在管网上方，更多的装置是将搅拌器布置在管网下方，如图 3－6（c）所示。布置有管网式氧化空气管的吸收塔液位过低时，可能会出现脱水困难的现象，这是因为氧化空气管浸没深度不足，浆液中亚硫酸钙含量过大。

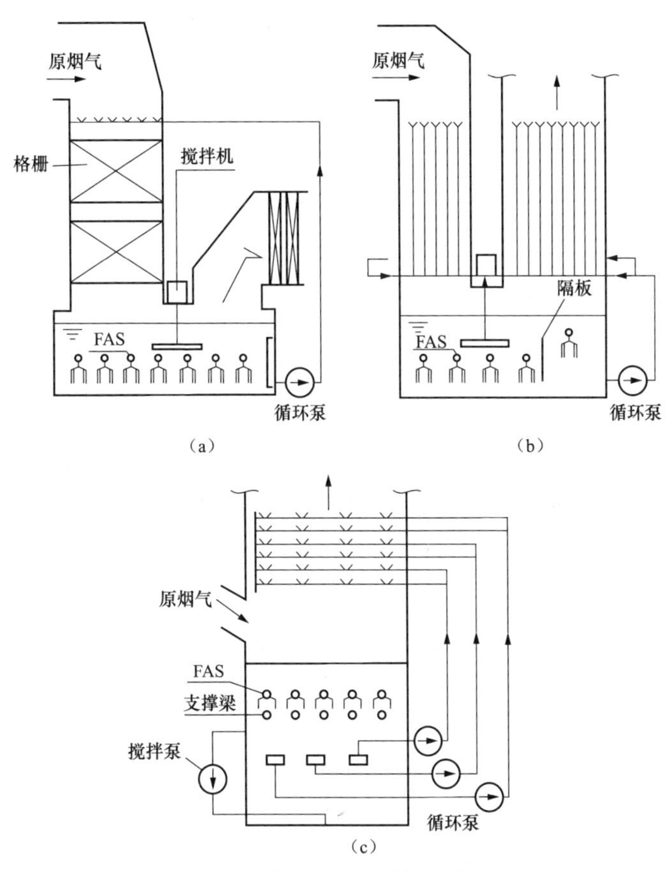

图 3－6　固定式空气喷射器的三种布置方式

（a）方式一；（b）方式二；（c）方式三

搅拌式和空气喷枪组合式（ALS）强制氧化装置如图 3－7 所示。氧

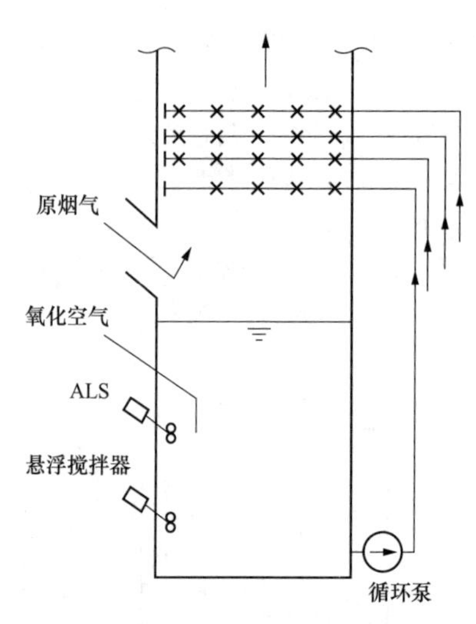

图 3－7　搅拌式和空气喷枪组合式强制氧化装置

化搅拌器产生的高速液流使鼓入的氧化空气分裂成细小的气泡，并分散到氧化区的各处。由于 ALS 产生的气泡够小，由搅拌产生的水平运动的液流增加了气泡的停留时间，因此 ALS 较 FAS 降低了对浸没深度的依赖性。

对于原烟气中 SO_2 浓度较高，容积有较大浸没深度的 FGD，宜选择 FAS；对于原烟气中 SO_2 浓度较低，氧化空气流量较低的 FGD，ALS 更加合适。FAS 需要的机械支撑构件较 ALS 多，特别是当塔体底部直径增大时系统变得复杂，检修困难。

在 FGD 的正常运行中，需要用工业水给氧化空气增湿。给氧化空气增湿主要是为了防止氧化空气管结垢。当压缩的热氧化空气从喷嘴喷入浆液时，溅出的浆液会黏附在喷嘴嘴沿内表面上。由于喷出的是未饱和热空气，黏附浆液中的水分会快速蒸发形成固体沉积物，不断积累最后可能导致堵塞喷嘴。为了减缓这种固体沉积物的形成，通常向氧化空气中喷入工业水，以增加热空气的湿度，而且湿润的管内壁也使浆液不易黏附。

四、除雾器系统

湿法脱硫系统在运行过程中，经吸收塔处理后的烟气夹带了大量的浆体液滴。液滴中不仅含有水分，还溶有硫酸、硫酸盐、碳酸盐、SO_2 等，如果不除去这些液滴，这些浆体液滴会沉积在吸收塔下游侧设备的表面，形成石膏垢，加速设备的腐蚀，还会影响烟气换热器的热交换。如果采用湿排工艺，会造成烟囱“降雨”（排放液体、固体或浆体），污染电厂周围环境。因此，在吸收塔出口必须安装除雾器。

除雾器布置在吸收塔上部喷淋层上方，通常由两部分组成：除雾器本体及冲洗系统。除雾器本体由叶片、卡具、夹具、支架等按一定的结构形式组装而成，捕集烟气中的液滴和少量的粉尘，减少烟气带水，防止风机振动。冲洗系统主要由喷嘴、冲洗水泵、管道、阀门、压力仪表及电气控制系统组成，定期冲洗除雾器叶片，保持叶片洁净（有些情况下起保持叶片表面潮湿的作用)，防止结垢堵塞，保证系统的正常运行，还可以起到保持吸收塔液位、调节系统水平衡的作用。

1. 除雾器的工作原理

折流板除雾器是利用水膜分离原理实现汽水分离。当带有液滴的烟气进入“人”字行板片形成的狭窄曲折的通道时，流线偏折产生离心力，将液滴分离了出来。部分液滴撞击在除雾器叶片上被捕集下来，部分粘附在板片壁面上形成水膜，缓慢下流形成较大的液滴落下，实现汽水分离。除雾器的工作原理如图 3－8 所示。

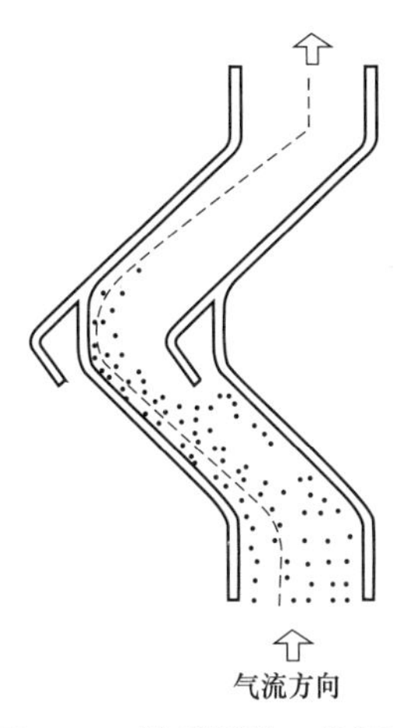

图 3－8　除雾器的工作原理

2. 临界流速

除雾器的临界流速是指：通过除雾器截面的不致使烟气二次带水的最高流速，可用以下公式计算

$$v_{gk} = K_c \sqrt{(\rho_w - \rho_g)/\rho_g} \tag{3-1}$$

式中　v_{gk}——除雾器截面临界流速；

K_c——系数，由除雾器的结构决定，通常取 0.107－0.305；

ρ_w——液体密度，kg/m^3；

ρ_g——气体密度，kg/m^3。

通过除雾器断面的烟气流速过高或过低都不利于除雾器的正常运行。烟气流速过高易造成烟气二次带水，从而降低除雾器效率，同时流速高还会导致系统阻力大，能耗高。通过除雾器断面的流速过低，不利于汽液分离，同样不利于提高除雾器效率。此外，如设计的流速低，吸收塔断面尺寸就会加大，投资也随之增加，因此，设计烟气流速应接近于临界流速。

3. 除雾器叶片

除雾器的布置形式通常有水平行、人字形、V 字形、组合型等，如图 3－9 所示。

除雾器叶片按几何形状可分为折线型和流线型，如图 3－10 所示。图 3－9（a）所示叶片结构简单，易冲洗，适用于多种材料。图 3－9（b）、（c）所示叶片临界流速较高，易清洗，大型脱硫设备中应用较多。图

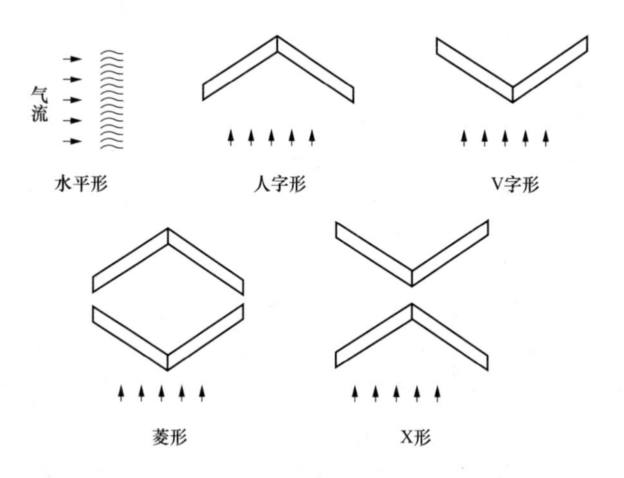

图3－9　除雾器的布置形式

3－9（d）所示叶片除雾效率高，但冲洗困难，使用场合受限。

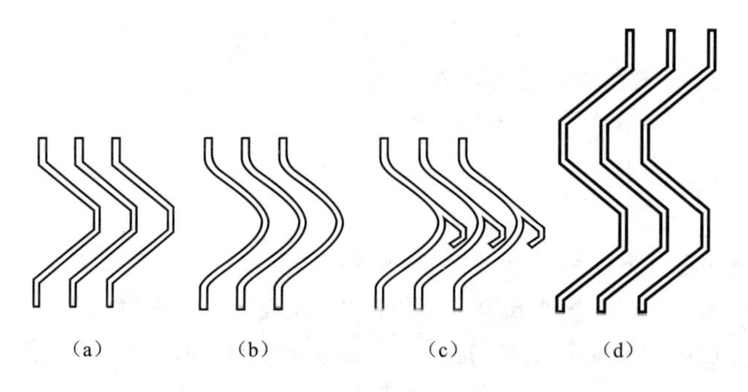

图3－10　除雾器叶片

（a）、（d）折线形；（b）、（c）流线形

4. 除雾器冲洗系统

除雾器的冲洗喷嘴一般均采用实心锥喷嘴。喷嘴性能的重要指标是喷嘴的扩散角与喷射断面上水量分布的均匀程度。扩散角越大，喷射覆盖面积相对就越大，但其执行无效吹扫的比例也随之增加。扩散角越小，所需的喷嘴数就越多。扩散角大小主要取决于喷嘴的结构，与压力也有一定关系，一定条件下，压力增大扩散角增大。扩散角通常在75°～

90°范围内。

除雾器的冲洗时间主要依据两个原则来确定。一个是除雾器两侧的压差，或者说除雾器板片的清洁程度；另一个是吸收塔水位，或者说系统水平衡。如果吸收塔为高水位，则冲洗频率就按较长时间间隔进行。如果吸收塔水位低于所需水位，则冲洗频率按较短时间间隔进行。最短的间隔时间取决于吸收塔的水位，最长的间隔时间取决于除雾器两侧的压差。

5. 除雾器结垢堵塞的原因

（1）吸收塔浆液中总有过剩的吸收剂，当烟气夹带着这种浆体通过除雾器时，液滴被捕集到除雾器板片上，如果未被及时清除，会继续吸收烟气中的二氧化硫生成亚硫酸钙或硫酸钙，在除雾器板片上析出沉淀结垢。

（2）冲洗系统不合理。除雾器冲洗时如果出现干区，会产生垢和堆积物。

（3）冲洗水质量。如果冲洗水中不溶性固体物含量较高，可能会堵塞喷嘴和管道，如果 Ca^{2+} 达到过饱和则会增加产生亚硫酸钙和硫酸钙的反应，导致结垢。

（4）板片设计。如果板片表面有复杂的隆起和冲洗不到的部位，会迅速发生固体物堆积现象，最终堵塞通道。

（5）板片的间距。板片间距太小，也容易发生固体物的堆积，堵塞通道。

除雾器的主要性能参数有以下几点：

（1）除雾效率。除雾效率指除雾器在单位时间内捕集到的液滴质量与进入除雾器液滴质量的比值，是考核除雾器性能的关键指标。

（2）系统压力降。这是指烟气经过除雾器时产生的压力损失，压力降越大，能耗越高。

（3）烟气流速。烟气流速过高过低都不利于除雾器的正常运行，烟气流速过高，易造成烟气二次带水，能耗高；过低不利于汽液分离，降低了除雾效率。

（4）除雾器叶片间距。叶片间距大，除雾效率低，烟气带水情况严重；叶片间距小，能耗高，冲洗效果也会降低，易结垢堵塞。

（5）除雾器冲洗水压。水压低，冲洗效果差；水压高，烟气带水严重。

（6）除雾器冲洗水量。视具体工况而定。

（7）冲洗覆盖率。这是指冲洗水对除雾器表面的覆盖程度，一般选择在150%～300%。

（8）除雾器冲洗周期。这是指除雾器的冲洗间隔，太过频繁会导致烟气带水，间隔时间太长易结垢。

第三节　吸收剂制备/配制系统

石灰石浆液制备系统包括磨制系统、流化空气系统、石灰石给料系统、石灰石浆液输送系统，主要设备有石灰石料仓、磨制设备、石灰石粉仓、上料设施、石灰石浆液箱、石灰石浆液泵、石灰石粉给料机、除尘器、搅拌器及相关的管道和阀门等。其作用是将石灰石破碎，磨制形成合格的碳酸钙吸收浆液，输送给吸收塔脱硫用。石灰石粉细度通常的要求是90%通过325目筛（44μm）或250目筛（63μm）。石灰石浆液要求固体质量分数为10%～25%。

对采用石灰石作为吸收剂的系统，可采用下列任一种吸收剂制备方法：①由市场直接购买粒度符合要求的粉状成品，加水搅拌制成石灰石浆液。②由市场购买一定粒度要求的块状石灰石，经石灰石湿式球磨机制成石灰石浆液（湿式制浆）。③由市场购买块状石灰石，经石灰石干式磨机制成石灰石粉，加水搅拌制成石灰石浆液（干式制浆）。

干式制浆与湿式制浆示意图如图3－11所示。干式制浆与湿式制浆性能比较如下：

（1）湿粉制浆省去了干粉制浆所需的复杂的气力输送系统，以及诸如高温风机、气粉分离设备等。因此系统简化，占地面积小，故障发生率大大降低。

（2）与干粉制浆相比，湿式制浆对石灰石粉量和粒径的调节更方便。干粉制浆主要通过调整磨粉机的运行参数来实现，而湿式制浆还可以通过水力旋流器的性能来实现。

（3）湿式制浆需注意浆液泄漏外流问题，干粉需注意扬尘问题。

（4）湿式磨的噪声较小。

一、磨粉机

石灰石浆液制备系统的最主要设备是磨粉机。干式制粉系统一般选用立式旋转磨，湿式制粉系统一般采用卧式球磨机。这两种磨粉机均可生产出超细石灰石粉，且运行平稳、能耗低、噪声小、占地面积小、维修方便。湿式球磨机如图3－12所示。

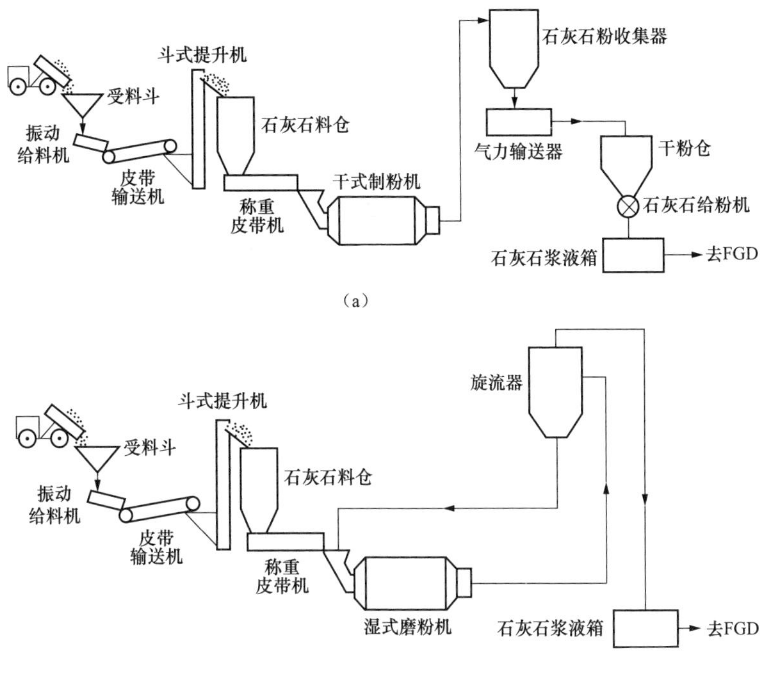

图 3－11　干式制浆与湿式制浆示意图

（a）干式制浆；（b）湿式制浆

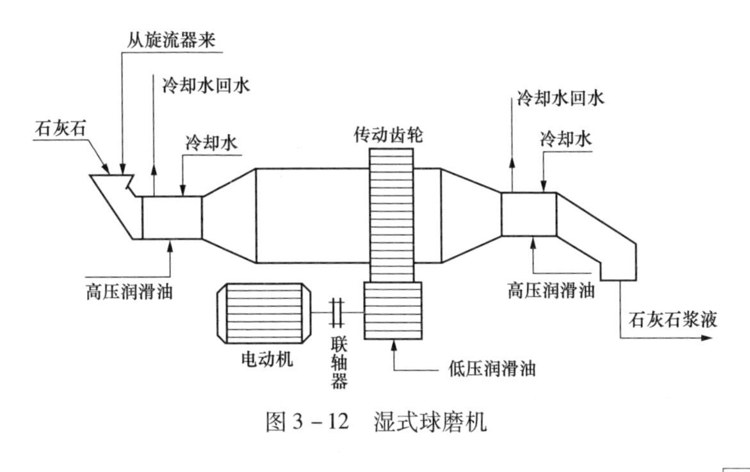

图 3－12　湿式球磨机

二、石灰石料仓

石灰石块料直径大部分是20~50mm，主要靠重力向皮带供料，为了防止堵塞现象的发生，石灰石料仓下部的锥角通常为50°~60°。当石灰石料仓较大时，可将出口锥角设计成阶梯形。

三、石灰石粉仓

石灰石粉仓中，石灰石粉很细，也是主要依靠重力排料。由于石灰石粉的安息角较大，密度低，具有一定的黏附性和荷电性，因此石灰石粉仓的锥角通常不低于45°~55°。脱硫系统长期停运前，粉仓内应清空。脱硫系统中，石灰石粉仓内的容量应至少能存放锅炉BMCR工况下3天的石灰石粉用量。

由于实际工况的复杂性，由石灰石粉结块、搭桥等现象导致粉体流通不畅的情况时有发生，因此需安装流化风机，用压力约为0.2~0.5MPa的气体进行流化。

第四节　固体产物脱水/抛弃系统

脱硫副产物的处置有抛弃和综合利用两种方法。石灰石（石灰）抛弃法的副反应产物是未氧化的亚硫酸钙与自然氧化产物石膏的混合物。这种固体形式的废物无法利用只有抛弃，故称之为抛弃法。抛弃法中浆液经一级旋流浓缩后输送至贮存场。综合利用法是石膏经脱水后输送至贮存场。脱硫石膏的综合利用既有经济效益，又有显著的环保效益和社会效益，因而被广泛采用。

石膏脱水系统中的设备主要包括：石膏排出泵、石膏旋流器、水环式真空泵、真空皮带脱水机、滤液泵、滤布冲洗水泵、滤饼冲洗水泵，以及有关的箱罐、管路、阀门、仪表等。石膏浆液经过脱水后产出副产品石膏。脱水系统一般起到以下作用：①分离循环浆液中的石膏，将循环浆液中大部分石灰石和小颗粒石膏输送回吸收塔。②将吸收塔排出的合格的石膏浆液脱去水分。初级旋流器浓缩脱水后，副产品石膏中游离水含量为40%~60%；真空皮带机脱水后，副产品石膏中游离水含量为10%左右。③分离并排放出部分化学污水，以降低系统中有害离子浓度。

一、一级脱水系统

FGD中一级脱水系统如图3-13所示，一级脱水主要有以下作用：①提高浆液固体物浓度，减少二级脱水设备处理浆液的体积。进入二级脱水设备的浆液含固量高，将有助于提高石膏饼的产出率。②用分离出来的部分浓浆和稀浆来调整吸收塔反应罐浆液的浓度，使之保持稳定。③分离浆液中未反应的细颗粒石灰石，降低底流浆液中石灰石的含量，这有助于提高石灰石的利用率和石膏的品位。④向系统外（经废水处理系统）排放一定量的废水，以控制吸收塔循环浆液中 Cl^- 浓度。⑤一级脱水后的稀浆经溢流澄清槽或二级旋液分离器获得回收水，用来调节反应罐的液位或用来制备石灰石浆液。

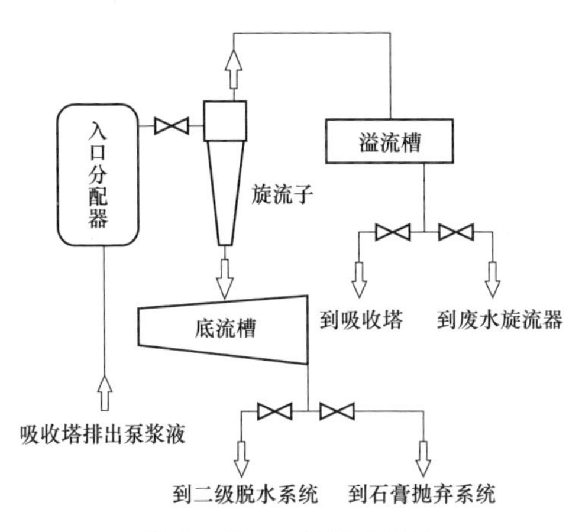

图 3－13　一级脱水系统

水力旋流器是利用离心沉降作用分离不同粒度（密度）混合物的分离设备，一般由外圆筒、进料管、溢流管、底流管等组成，具有结构简单、占地面积小、处理能力强、易于安装和操作等优点。它利用高速旋转的泥浆中的离心力，将粒径较大的携带附着水的固体颗粒从泥浆中分离出来。旋流器的进料口起导流作用，减弱因流向改变而产生的紊流扰动。当泥浆从切向进入外圆筒后形成旋转运动，由于内外筒及顶盖的限制，浆液在其间形成一股自上而下的外旋流。旋转过程中，粒径较大的携带附着水的固体颗粒，由于受惯性力作用，大部分被甩向筒壁，失去能量沿壁滑下，经底流口排出。在圆锥部分，旋转下降的外旋浆液随圆锥的收缩而向旋流子中心靠拢，旋转浆液进入溢流管半径范围附近便开始上升，形成一股自下而上的内旋流，经溢流管向外排出稀液。如图 3－14 所示。水力旋流器实现了石膏浆液的预脱水和石膏品质的分级。水力旋流站的运行压力越高，则分离效果越好。水力旋流器运行中的主要故障有管道堵塞和内部磨损。

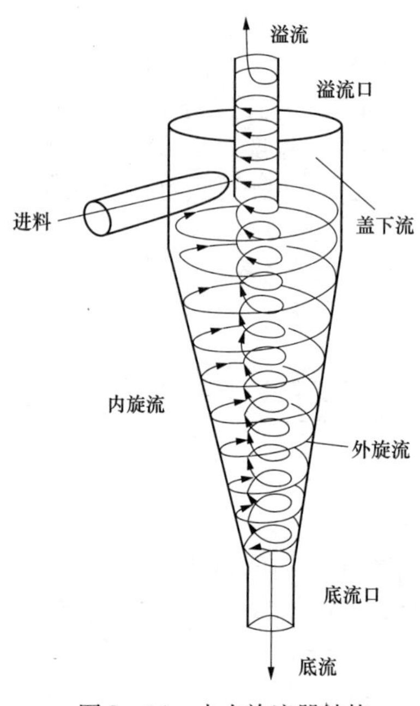

图 3－14　水力旋流器结构

水力旋流器的零部件应每月应进行一次肉眼检查，查看有没有过度磨损的部件，如有，必须更换新的部件。应检查的部件如下：①目测检查旋流器部件总体磨损情况；②检查溢流管；③检查喉管；④检查吸入管/锥管/锥体管扩展器；⑤检查入口管。

在旋流器运行过程中，应经常观察旋流器底流排料状态，并定期检查底流浓度和细度。发生底流浓度波动或“底流夹细”时，均应及时调整。旋流器正常工作状态下，底流排料应呈伞状。如底流浓度过大，则底流呈柱状或呈断续块状排出。底流浓度大可能是给料浆液浓度过大或底流过小造成的，此时可以先在进料处补加适量的水，若底流浓度仍大，则需更换较大的底流口。若底流呈伞状排出，但底流浓度小于生产要求浓度，则可能是进料浓度低造成的，此时应提高进料浓度。“底流夹细”的原因可能是底流口径过大、溢流管直径过小、压力过高或过低，可以先调整好压力，再更换一个较小规格的底流口，逐步调试达到正常生产状态。

二、二级脱水系统

石膏浆液经过水力旋流器浓缩后，仍有 40% ~50% 的水分，为进一步降低石膏的含水率，需进行二级脱水处理。二级脱水设备主要有真空皮带脱水机、真空筒式脱水机、离心式脱水机。二级脱水系统如图 3－15 所示。

1. 真空皮带脱水机

如图 3－16 所示，水平真空皮带脱水机由本体和附属设备构成，本体主要由以下几个部分组成：结构支架、输送带、真空室、空气室、台式支架、滤布、滤布张紧装置、过滤物喂料和滤饼排料装置等，附属设备包括滤水泵、真空泵、气液分离器、滤布冲洗水箱、滤液水箱等。滤布由给料隔离辊子、滤布导向辊子、滤布支撑辊子及滤布拉紧辊子绷紧，以保证滤

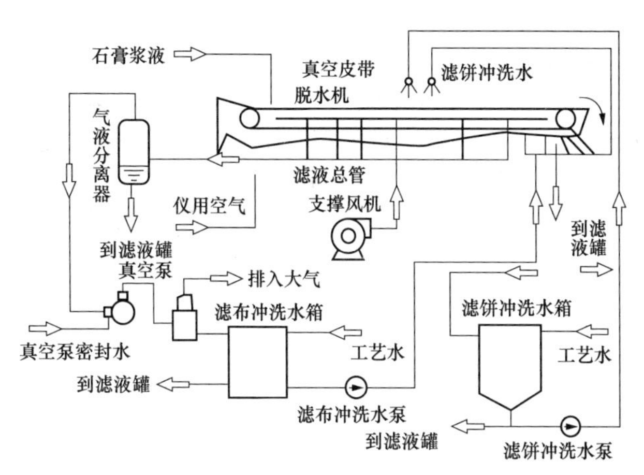

图3－15　二级脱水系统

布与皮带紧密接触。滤布由多孔皮带支撑，皮带中部退水孔下固定一个真空槽盒，真空槽盒两侧与主传动皮带之间有两条磨损皮带作真空密封，下部与真空密封水管相连。当驱动主电动机带动皮带运转时，滤布与磨损皮带通过它们与胶带间的摩擦力带动同步运转。真空泵运转时，在主传动皮带中间退水孔处产生负压，石膏浆液中的水分在大气压力的作用下，透过滤布纤维孔流入真空槽。脱水后的石膏从头部卸出。

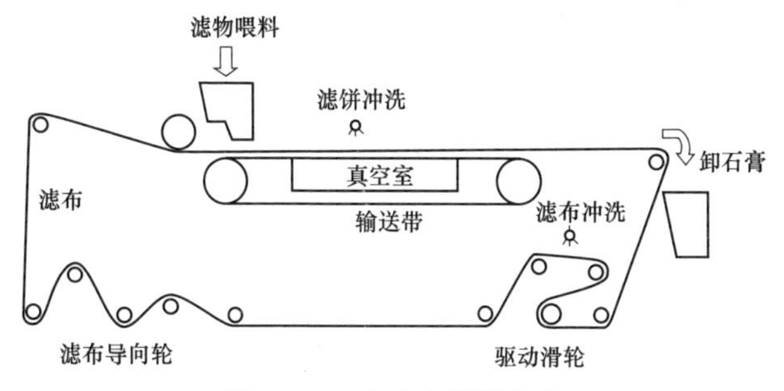

图3－16　真空皮带脱水机

2. 离心式脱水机

离心式脱水机是利用石膏颗粒和水的密度不同，在旋转过程中，利用离心力使石膏浆液脱水。其设备类型主要有筒式和螺旋式脱水机两种。

脱硫工艺应尽量为脱硫副产物的综合利用创造条件，目前脱水石膏的应用主要有以下几种方法：①水泥缓凝剂；②防水纸面；③纤维石膏板；

④石膏矿渣板；⑤石膏砌块；⑥石膏空心条板；⑦粉刷石膏；⑧α－高强石膏；⑨自流平石膏。

运行过程中真空皮带过滤机的石膏品质差的情况经常发生，一般是因以下原因造成：①石膏浆液品质变差；②进给浆料不足；③真空密封水量不足；④皮带机轨迹偏移；⑤真空泵故障；⑥真空管线系统泄露；⑦FGD进口烟气含尘量偏高；⑧抗磨损带有磨损；⑨皮带机带速异常。

第五节　公用系统

公用系统由工艺水系统、冷却水系统和压缩空气系统等子系统构成，为脱硫系统提供各类用水和控制用气。

一、工艺水系统

如图3－17所示，工艺水系统由工艺水泵、储水箱、滤水器、管路和阀门等构成，主要作用是提供除雾器冲洗，各系统的泵、阀门冲洗，提供系统补充水、冷却水、润滑水等。

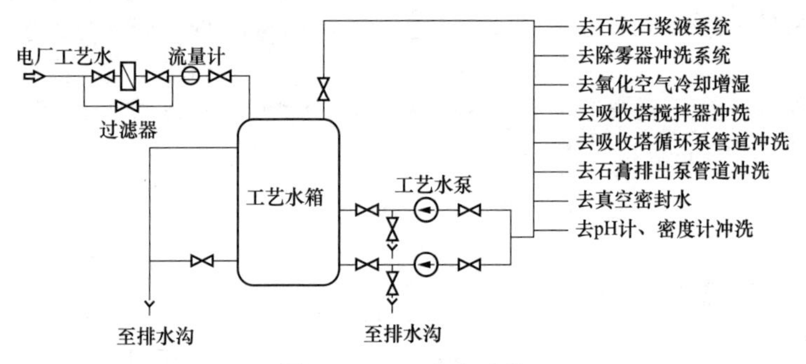

图3－17　工艺水系统

FGD工艺水一般来自电厂循环水，输送至工艺水箱中，再由工艺水泵送到各个用水点。烟气携带、废水排放和石膏携带水会造成吸收塔内水损失，工艺水为吸收塔提供补充水，以维持吸收塔内的正常液位。同时，各设备的冲洗、灌注、密封和冷却等用水也采用工艺水。石灰石－石膏湿法脱硫水平衡系统如图3－18所示。

脱硫系统临时停运时，工艺水系统一般不会停止运行。长期停运的脱硫系统在第一次启动时，首先应投入工艺水系统。

二、压缩空气系统

压缩空气系统的主要设备有：空气压缩机、再生式干燥器、空气压缩

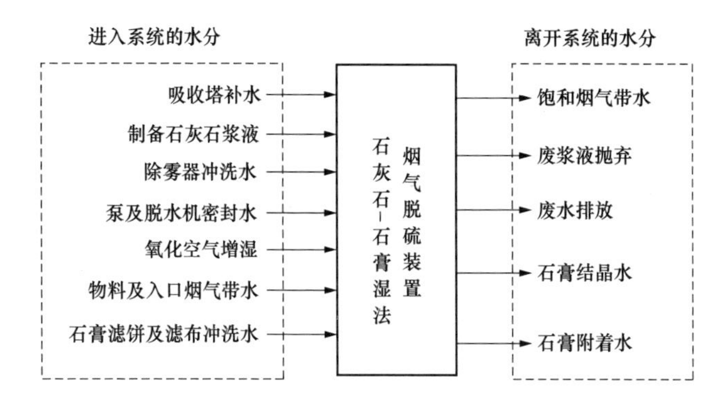

图 3－18　石灰石－石膏湿法脱硫水平衡系统简图

机出口储气罐、系统管路、安全装置及仪表等，主要作用是提供除雾器冲洗，各系统的泵、阀门冲洗，提供系统补充水、冷却水、润滑水等。

第六节　事故浆液系统

事故浆液系统包括事故浆液储存系统和地坑系统，事故浆液储存系统主要包括事故浆液池、搅拌器、事故浆液输送泵、相应管道阀门，事故浆液池主要用于存放吸收塔浆液。地坑系统包括吸收塔区地坑、石灰石浆液制备系统地坑和石膏脱水地坑，用于储存 FGD 装置的各类浆液，同时还收集、输送和储存设备运行、故障、检验、取样、冲洗、清洗过程中产生的浆液。

脱硫系统因大修或故障需排空塔内的浆液时，应将吸收塔内的浆液先排到事故浆液池存放。脱硫塔内的浆液通过脱硫塔的石膏排出泵送至事故浆液池，吸收塔底部的浆液通过排空阀排至脱硫塔区地坑，然后由地坑泵送至事故浆液池内，冲洗管道的冲洗水也进入到事故浆液池内。

添加石膏浆液时，通过事故浆液输送泵将事故浆液池内的浆液输送回空的吸收塔内，剩余的石膏浆液可排至脱硫地坑泵中，由地坑泵打回吸收塔。

事故浆液池和地坑中均设有搅拌器，防止固体物沉积。事故浆液池容量一般略大于吸收塔容量。

提示　本章节适用于技师、高级工、中级工、初级工。

第四章

脱硫系统的调试

FGD 系统的调试主要分为两个阶段、四个过程。两个阶段是指冷态调试和热态调试，四个过程是指单体调试、分系统调试、热态初调和 168 满负荷试运行。

其中单体调试和分系统调试合起来称为分部调试，是指设备安装完毕后从单机/单体调试开始至整套启动试运行前的调试工作。

整套启动试运行指分部试运结束后的 FGD 装置整套启动调试和试运，包括带水和空气的冷态整套调试、热态（通烟）整套调试和 168h 试运三个过程。

调试阶段需要控制的关键点为：

（1）电气系统受电运行。

（2）DCS 调试。

（3）单机/单体调试。

（4）分系统调试。

（5）FGD 系统冷态整套调试。

（6）FGD 系统热态（通烟）整套调试。

（7）168h 试运行。

（8）FGD 系统临时移交。

第一节　电气系统调试

FGD 电气系统一般由高压电源（6kV）、低压电源（0.4kV）、交流保安电源、直流系统和交流不停电电源（UPS）组成。

FGD 高压电源的引接通常采用两种方案。一种是 FGD 系统高压电源直接接于主厂房高压厂用工作变压器下的母线，此方案尤其适用于新建电厂；另一种是单独设立 FGD 高压工作变压器，此方案适用于脱硫负荷过大而无法从高压厂用变压器引接时。

380/220V 低压系统采用 PC（动力中心）、MCC（电动机控制中心）两级供电方式。FGD 低压工作电源由 FGD 低压工作变压器供电，此变压器由 FGD 高压工作母线引接。低压厂用电接线大致有两个设计方案，一种是两套 FGD 系统共设两台低压工作变压器，互为备用，为所有的 FGD 低压负荷供电。另一种是每套 FGD 系统各设两台低压工作变压器，互为备用，为所有的 FGD 低压负荷供电。

为了保证在厂用电失电时，FGD 系统能够安全停运，一些辅机需要继续进行供电，如工艺水泵、烟气挡板、搅拌器等，这些设备应由保安电源接带。对于热控的 DCS（分散控制系统）及电气的 UPS 电源同样需要提供保安电源。200MW 及以上机组配套的 FGD 装置宜设单独的交流保安母线段。对于 200MW 以下机组，由于无保安电源，FGD 系统有些保安用设备如工艺水泵、烟气挡板等电源的解决需要具体设计。

FGD 装置与发电厂主体工程同期建设时，FGD 系统直流负荷宜纳入机组直流系统统一考虑。FGD 装置为预留时，机组直流系统不考虑脱硫负荷。

目前，FGD 电气系统都纳入 DCS 控制，不设置常规控制屏。FGD 电气系统备用电源切换一般采用先断后合操作方式，以防止不同电源并列运行。电气接线设有闭锁接线。

与发电机组相比，FGD 电气系统相对比较简单，其调试过程大致可分为 FGD 厂用电受电及受电后的调试两大阶段。通过电气系统调试带电，使 FGD 厂用电源系统达到安全、可靠的状态，为 FGD 系统分部试验打下基础。

一、FGD 厂用电受电

（一）受电前的设备必备条件

6kV、380kV 系统的设备、直流系统设备、接地系统、照明通信系统、电气系统附属的消防系统及设施单体试验完毕，验收合格具备投入条件；电气连锁保护系统静态调试完毕；电厂侧 6kV 已经做好对 FGD 系统供电的准备，随时可以投入。

（二）主要设备受电

虽然不同的 FGD 系统厂用电的设计不同，但其受电过程的主要受电设备却是大致相同的，包括变压器（包括高压 6kV 变压器、低压 0.4kV 变压器）、FGD6kV/380V 厂用母线直流系统、UPS 系统、DCS 系统等。

1. 变压器受电

（1）变压器的全电压冲击合闸试验。

变压器受电时应首先进行变压器的空载投入试验，即变压器在全电压下冲击合闸试验，用来检验变压器的差动保护能否躲开在变压器空投时的励磁涌流及检查变压器的二次回路。操作步骤：①第一次冲击合闸并录取电压、励磁电流波形。合闸后维持30min。监听并确认变压器内部声音正常，有关表记指示正常后，再进行下一次合闸。②冲击合闸共进行5次，每次间隔5min，后4次合闸后保持3～5min，变压器和表记指示应无异常。③冲击合闸时如果变压器开关跳闸，查明原因，如非变压器引起，在问题解决后继续试验。

（2）带负荷试验。

此试验在6kV、380V厂用母线受电及单机试运行后进行。在变压器带负荷达到一定水平后即可进行带负荷试验。用相位伏安表测试变压器各侧电压、电流的数值和相位，所画出的电流相量六角图应符合相位要求；当变压器接近满负荷时，用高内阻交流电压表测量差动保护的差电压，应满足规定要求。

2. FGD厂用母线受电

（1）用绝缘电阻表检查空载母线受电前的绝缘情况。

（2）事先与继电保护主管部门联系，对向FGD厂用母线充电的变压器或厂用分支的后备保护采用临时措施，缩短其动作时间，加速母线故障时的切除时间。

（3）FGD厂用空载母线受电后，测量电压互感器二次侧的各项电压，检查相序及两段母线间的相位，核对相别。

（4）受电时严密监视母线各相电压和绝缘监视信号，一旦发现异常，及时断开母线，并查明原因。

二、FGD厂用电受电后的调试工作

（一）单机试运

FGD厂用电系统受电结束且经过24h的运行后，即可进行单机试运。单机试运是单台辅机的试运行。在此过程中电气调试的主要工作是电动机调试、二次回路及保护和电气仪表的检查。电动机调试包括：

（1）电动机的空载启动。

（2）电动机的带负荷启动。

（二）分系统试运和热态整套启动

单机试运合格之后，可进行分系统试运，对所有电气设备的控制、保护、测量、信号等进行调试，合格后进入FGD热态整套调试。

第二节 热控系统调试

一、FGD 热控系统的控制和功能

脱硫岛热工自动化系统是脱硫岛的重要组成部分，是脱硫系统正常运行的基本条件。脱硫岛热工自动化系统主要包括三部分：①就地仪表检测系统。就地仪表检测系统是热工自动化系统的基础，主要是对脱硫岛现场的各个运行参数和设备的运行状况进行监测、测量和采集，并反馈至 DCS，为脱硫岛的正常运行提供可靠的数据。②分散控制系统（DCS）。DCS 是脱硫岛的热工自动化系统的中枢。运行人员通过 DCS 采集现场仪表所提供的现场数据，并通过 DCS 向就地各个设备发送指令，调整状态，保持脱硫岛的正常运行。③其他辅助系统。其他辅助系统是对就地仪表检测系统和 DCS 的补充，包括工业电视、火灾报警、电源等。

为保证脱硫系统在 DCS 失电的情况下也能可靠地退出运行，必须在控制台上设置 FGD 旁路挡板门独立于 DCS 的常规操作项目。

当 DCS 自动执行某一顺控程序出现故障时，可手动按顺控程序完成操作。

二、DCS 的功能

一套完整的 FGD 装置的 DCS 包含以下系统：

（1）数据采集系统（DAS），连续采集处理 FGD 内所有模拟量和开关量，并及时对异常工况发出报警。

（2）模拟量控制系统（MCS），实现 FGD 系统重要辅机如增压风机及重要参数如 pH 值、液位等的自动调节。

（3）顺序控制系统（SCS），对 FGD 系统重要的设备和辅机（包括电动机、阀门、挡板）的启、停和开关进行自动控制。

（4）电气控制系统（ECS），现在的 DCS 包含了大部分电气系统参数的监视以及电气系统的控制与连锁。

三、DCS 的调试

当一台 FGD 系统的热控设备安装完毕后，接下来的工作就是调试。将这些设备按照设计的要求，进行各项检查、调整和试验，使其能投入到正常运行，质量指标符合验收规定。

（一）DCS 调试应具备的条件

DCS 调试应具备以下的条件：操作员站、控制机柜及有关外设安装完毕；各测点的位置及安装方式正确；变送器及保护开关校验情况符合要

求；电缆接线电源均正常。

(二) DCS 调试

1. DAS 调试

DAS 现场调试的任务是恢复系统功能，检查输入参数，保证数据采集准确无误，并且根据运行的实际需要，对 DAS 进行必要的修改。

DAS 的调试步骤如下：

(1) 外部接线检查。

(2) I/O 模件调教。

(3) 静态参数的设置和检查。

(4) 操作员战功能检查。

(5) 报表记录打印功能检查。

(6) 历史数据存储功能检查。

(7) 其他各项功能的检查试验。

FGD 系统通烟气启动以后，DAS 调试的主要工作是对输入 DAS 的所有参数进行检查，并加强对功能的完善。

2. MCS 调试

MCS 是 FGD 系统及其主要辅机的运行参数自动调节系统，是由调节器和调节系统共同构成的闭环调节系统。

(1) FGD 系统中典型的 MCS。

1) 增压风机的控制。FGD 运行过程中，通过调节增压风机的动叶(静叶)开度来克服系统阻力，并使系统对锅炉炉膛负压的影响最小，目前有两种控制方式：①控制增压风机的入口压力。以增压风机的入口压力作为控制变量，前馈信号可以是引风机挡板位置、机组负荷、锅炉送风量或烟气量等。②FDG 旁路烟气挡板前后差压的反馈控制。台山电厂增压风机的动叶控制是由前馈控制——锅炉送风机的入口空气量以及反馈控制——FGD 旁路烟气挡板前后的两部分压差组成。

2) 石灰石浆液补充量(pH 值或脱硫效率)控制系统。①串级控制系统，是一种常用的控制石灰石浆液补充量的闭环控制系统。反馈信号是 pH 值，前馈信号是烟气流量和烟气中的 SO_2 含量，再加入石灰石浆液流量作为前馈，就是 pH 值串级 + 前馈的控制系统。②pH 值单回路反馈控制，石灰石浆液补充量仅根据吸收塔浆液 pH 值来调整。

3) 吸收塔液位的控制。吸收塔液位的控制是控制除雾器间隔时间的闭环控制系统。

4) 石膏浆液排放闭环系统。①根据吸收塔中石灰石浆液的密度来控制。②根据补充进吸收塔的新鲜的石灰石浆液量来控制。

（2）MCS的调试工作。

1）手操系统试验和自动/手动切换试验。

首先临时解除自动调节需要的连锁，使自动系统的调试得以进行。进行手操试验，自动/手动开关打至手动位，执行器动作，动作方向、速率均符合设定，操作完毕后，位置指示与现场一致，手动切换自动或者自动切换手动，无扰动。如以上试验不符合要求，再次对手操系统进行调整检查。

2）调节器方向性试验和手动跟踪试验。

自动/手动开关打至自动位，被调量输为固定模拟信号，通过改变给定值，来观察调节器和执行器的动作情况，给定值与被调量相同时，调节器输出稳定信号；给定值不等于被调量时，调节器输出相应的正向积分或反向积分，带动执行器动作。若观察到积分方向相反，需对调节器做出调整。

上述试验均完成后，即可等待进行通烟热态试验，对系统进行进一步检验，重点对MCS进行调试。

单级调节系统调试较简单，串级调节系统应先调副回路，再调主回路，有连锁的按照连锁次序调试，多层调节，要从最基础的一层起。

第三节　单体调试

一、烟气挡板的调试

调试烟气挡板前，必须用远程控制、就地手动、就地气（电）动的方式操作各烟气挡板，挡板应开关灵活，开关指示及反应正确。烟气挡板的调试要在FGD烟道与机组烟道隔绝的情况下或机组停运时进行。主要包括下列内容。

1. 挡板开关试验

分别采用就地手动、远程控制的方法开关烟气挡板，记录开关时间。挡板开关到位，实际位置与指示位置相同，开关灵活，无卡涩、异常声音等。

2. 旁路挡板快开试验

用快开功能操作旁路挡板，要求旁路挡板在规定时间内正常动作。

3. 挡板密封风系统调试

密封风机调试前应先检查以下内容：

（1）风机及所有相关风道安装完毕。

（2）风机基础牢固，所有螺栓已拧紧。

（3）检查密封风系统的阀门及挡板，应开关灵活，指示正确。

（4）风机润滑油油位正常。

（5）风机各个测量参数准确。

对密封风机进行调试：

（1）测量电动机绝缘合格，转向正确。

（2）检查密封风机及系统中各部位均正常。

（3）启动密封风机，观察有无异常响声及振动。

（4）定期检查轴承温度、电流、振动及出口压力等参数，并做好记录。

（5）调试中发现风机有异常应立即停止试运行，处理正常后方可继续调试。

此外，还需进行密封风机与加热器的连锁保护试验。包括两台密封风机应互为备用；烟气挡板关闭时，密封风系统应自动投入；烟气挡板打开时，密封风系统自动退出；密封风系统投运时，加热器自动运行；密封风系统退出运行时，加热器自动停运。

二、增压风机的调试

对增压风机进行调试一方面是对增压风机进行单设备运转，带负荷运行 8h，检验风机的运行状况；另一方面要启动送、引风机联合调试，检验增压风机的逻辑、特性及其与锅炉联合运行的特性。

调试增压风机前除调试风机前的必须检查（参见密封风机调试前的检查）外还应做以下检查：

（1）锅炉本体、风烟道及电除尘装置检修完毕。

（2）锅炉送、引风机处于热备用状态。

（3）锅炉负压自动调整装置正常。

（4）脱硫的烟气系统挡板门安装调试完毕。

对增压风机进行单体调试：

（1）全开送、引风机的进、出口挡板。

（2）打开二次风挡板，关闭一次风、三次风挡板。

（3）关闭磨煤机的所有入口风门挡板。

（4）关闭原烟气挡板。

（5）按操作规程启动增压风机试运行。

风机试运行应满足下述要求：

（1）轴承和转动部分试运行中没有异常现象。

（2）无漏油、漏水、漏风等现象，风机挡板操作灵活，开度指示正确。

（3）轴承工作温度稳定，滑动轴承温度不高于65℃，滚动轴承温度不高于80℃。

（4）风机轴承振动一般不超过0.10mm。

三、GGH的调试

GGH调试前应检查以下内容：

（1）各设备管道安装完好，通道畅通无异物，人孔门已关闭。

（2）润滑油油质合格，油位正常。

（3）密封装置正常运转。

（4）各参数测量准确。

对GGH进行单体调试：

（1）GGH连锁与保护试验。GGH主电动机跳闸，备用电动机自动启动；转速低报警时，连锁启动备用电动机等。

（2）第一次启动GGH至全速时，立即停机，观察其有无杂声及异常现象。

（3）正式启动，观察GGH运转正常，无渗水漏油现象，温度、振动、声音均正常，各传动机构灵活、可靠、准确。

四、循环泵的调试

循环泵调试前应先检查以下内容：

（1）泵体、相关管道、阀门已安装完毕，现场清理干净，地面平整，照明充足。

（2）电动机及泵的地脚螺栓紧固，电动机接地良好。

（3）润滑油油质合格，油位正常。

（4）吸收塔内各设备安装完毕，并通过检查。

（5）吸收塔内已清理干净，无遗留工具。

（6）循环泵入口滤网清洁，无杂物。

对循环泵进行单体调试：

（1）循环泵的连锁与保护试验。循环泵启动允许；轴承温度高，报警，泵保护停运；绕组温度高，报警，泵保护停运等。

（2）单独试运电动机2h，运转正常，事故按钮工作可靠后，试转循环泵。

（3）循环泵首次启动至运行平稳后，按下事故按钮，停运过程中观察部件有无异常现象及摩擦声音，无异常后可进行8h试运。

(4) 8h试运，检查轴承温度、轴承振动均正常，无异音，进出口压力正常，电流正常。

五、氧化风机的调试

氧化风机调试前应先检查以下内容：

(1) 风机及相应管道、阀门、滤网已安装完毕，现场清理干净，地面平整，通道畅通，照明充足。

(2) 氧化风机基础牢固，螺栓紧固，电动机接地良好。

(3) 润滑油油质合格，油位正常。

(4) 工艺水系统调试完毕，可投入使用

(5) 各测量参数正确。

(6) 吸收塔水位满足要求。

对氧化风机进行单体调试：

(1) 氧化风机连锁与保护试验。氧化风机启动允许；出口管风温高，报警，保护停等。

(2) 单独试运电机2h，运转正常，事故按钮工作可靠后，进行氧化风机试运。

(3) 氧化风机首次启动至全速后，按下事故按钮，停运过程中观察部件有无异常现象及摩擦声音，无异常后可进行4~8h试运。

(4) 4~8h试运，测量轴承温度，振动正常，无异音，测量风机电流、出口压力、出口氧化风温度，减温后氧化风温度正常。

氧化风机试运行期间，可在吸收塔入口处人孔门进行氧化空气鼓泡均匀性检查。

六、真空皮带脱水机的调试

真空皮带脱水机调试前应先检查以下内容：

(1) 各设备、管道、阀门已安装完毕，现场清理干净，地面平整，通道畅通，照明充足。

(2) 动静间隙合格，无卡涩现象。

(3) 皮带上无杂物，皮带张紧适当。

(4) 皮带和滤布托辊转动自如无卡涩现象，皮带轮与带之间无异物，滤布完好，无划伤或抽丝。

(5) 滤布冲洗水泵，滤液冲洗水泵及其各管道安装完毕，流道畅通。

(6) 工艺水至真空皮带脱水机的管道安装完毕，流道畅通。

(7) 仪表测量准确。

对真空皮带脱水机进行单体调试：

（1）阀门传动检查，要求的阀门开关灵活，位置指示正确。

（2）对各液位计进行校验，当液位过高或过低时，应报警指示。

（3）对滤布冲洗水泵、滤饼冲洗水泵进行4h试运，要求无异音、无泄漏，轴承振动、声音、温度符合要求。

（4）皮带跑偏调整。

（5）滤布跑偏调整。

（6）皮带润滑水、真空密封水流量调整。

（7）真空皮带机、真空泵4~8h运行。要求真空泵噪声达到厂家设计要求；无泄漏现象，轴承振动、温度等符合要求；皮带、滤布无跑偏。

（8）保护连锁试验。包括滤布冲洗水泵、滤饼冲洗水泵、真空泵及真空皮带机连锁保护等。

七、空气压缩机的调试

空气压缩机调试前应先检查以下内容：

（1）空气压缩机、相应管道、阀门、滤网安装完毕，出口止回阀方向正确。

（2）润滑油油位在规程规定位置。

（3）相应阀门开关灵活，位置指示正确。

（4）用手盘动空气压缩机，检查确无卡涩现象。

空气压缩机进行单体调试包含以下内容：

（1）空气压缩机启动前要把出口阀全部打开。

（2）试启动空气压缩机2~3s，确定转向正确。

（3）测量空气压缩机的转速、电流、进出口压力。

（4）定期检查轴承温度振动及密封。

（5）空气压缩机应运转平稳，无异常噪声。

（6）若发现异常情况，应立即停止试运行，处理正常后方可继续调试。

第四节 分系统调试

分系统调试是指在单体调试的基础上，按系统对动力、电气、热控等所有设备进行空载和带负荷的调整试验，是FGD系统整套启动联合试运的基础。

一、烟气系统的调试

（一）调试前应具备的条件

（1）各设备（增压风机、烟气挡板叶片、GGH 等）、烟道、紧固构件安装完毕。

（2）烟道严密性试验完毕，各人孔门均关闭。

（3）各设备具备启动条件，试运合格。

（二）调试程序

1. FGD 烟气系统连锁保护试验

FGD 烟气系统连锁保护试验一般包括以下试验：

（1）增压风机入口压力过高或过低，FGD 保护动作。

（2）FGD 入口烟气温度过高或过低，FGD 保护动作。

（3）FGD 入口烟气烟尘浓度过高，FGD 保护动作。

（4）浆液循环泵或烟气冷却泵全部跳闸，FGD 保护动作。

（5）增压风机跳闸，FGD 保护动作。

（6）GGH 跳闸，FGD 保护动作。

（7）增压风机运行，FGD 入口烟气挡板未开，FGD 保护动作。

（8）增压风机运行，FGD 出口烟气挡板未开，FGD 保护动作。

（9）锅炉 MFT（主燃料跳闸），FGD 保护动作。

（10）机组 RB（辅机故障减负荷），FGD 保护动作。

2. 烟气系统顺控启停试验

包括烟气系统的顺控启动和顺控停止，主要试验烟气系统顺控启动、顺控停止步序是否正确。

FGD 烟气系统顺控启动步骤：

（1）启动增压风机冷却风机。

（2）关闭 FGD 进口烟气挡板，增压风机静叶置最小。

（3）打开 FGD 出口烟气挡板，关闭吸收塔顶部排空阀。

（4）启动增压风机。

（5）打开 FGD 进口烟气挡板。

（6）关闭旁路烟气挡板。

FGD 烟气系统顺控停止步骤：

（1）打开旁路烟气挡板。

（2）增压风机静叶置最小。

（3）停运增压风机。

（4）关闭 FGD 进口烟气挡板。

（5）打开吸收塔顶部排空阀。

（6）关闭 FGD 出口烟气挡板。

（7）等待 2h 后，停止冷却风机。

3. 冷态试验

试验主要包括以下内容：

（1）FGD 烟气系统顺控启动时对炉膛负压的影响。

（2）FGD 烟气系统顺控停运时对炉膛负压的影响。

（3）FGD 保护动作时，对炉膛负压的影响。

（4）增压风机动叶自动调节试验。

二、吸收塔系统的调试

（一）调试前应具备的条件

（1）各设备安装完毕，符合规范并验收合格。

（2）防腐工作已完成。

（二）调试程序

（1）吸收塔内部检查，内部洁净无杂物。

（2）阀门传动检查，开关灵活，位置指示正确。

（3）冲洗。管道出清水即可，同时检查有无泄漏。管道冲洗完毕后冲洗吸收塔和事故罐，冲洗完毕关闭人孔。

（4）除雾气系统调试。

（5）吸收塔注水。

（6）注水后，顺控启停搅拌器、浆液循环泵、烟气冷却泵和氧化风机，检查启停步骤是否正确，时间设置是否合理。

（7）吸收塔水坑注水。

（8）事故罐上水。

（9）事故返回泵、事故罐搅拌器连锁与保护试验。

三、石灰石浆液制备系统的调试

（一）调试前应具备的条件

（1）各设备安装完毕，验收合格，单体试运完毕。

（2）防腐工作已完成。

（3）各储存罐、管道畅通、清洁无杂物。

（二）调试程序

（1）石灰石浆液罐和石灰石粉仓内部检查，内部清洁无杂物。

（2）阀门传动检查，开关灵活，位置指示正确。

（3）冲洗。目测出水清洁无杂物即可，同时检查有无泄漏。

(4) 浆液罐搅拌器转向检查。

(5) 石灰石浆液罐上水。

(6) 连锁与保护试验。主要包括：浆液罐液位过低，泵保护停；浆液罐液位满足要求，泵允许启动；泵运行，出口门超时未开，泵保护停。

(7) 石灰石浆液泵顺控启停及冲洗试验。

(8) 石灰石浆液泵及浆液罐搅拌器 4 ~ 8h 试运。

(9) 流化风机连锁保护试验，流化风机及加热器 4 ~ 8h 试运。

(10) 流化风机及称重给料系统顺控启停试验。

(11) 给料机 4h 试运。

(12) 石灰石粉仓上粉，开始制浆。

四、石膏脱水系统的调试

(一) 调试前应具备的条件

(1) 脱水区土建工作已全部结束，验收合格，可以使用。

(2) 各设备、管道、阀门安装完毕验收合格，单体试运完毕。

(3) 消防设施投入使用。

(二) 调试程序

(1) 系统检查，各箱罐、管道清洁无杂物，流道畅通。

(2) 系统水循环，进行连锁保护、设备程控启停试验。

(3) 带负荷调整。在 FGD 系统通烟气热调后，吸收塔浆液密度逐渐升高到设定值，石膏水力旋流器底流被送到脱水机上，主要进行水力旋流器底流密度的调整。目前调整水力旋流器旋流子的方式有两种，一是全部手动调节收入数量；二是手动加自动。对前者可以固定旋流子数量，改变石膏排出泵的转速来维持旋流子的入口压力，保证底流密度，或者固定石膏排出泵的转速，手动调整返塔的浆液流量来维持旋流子的入口压力。

给到真空皮带脱水机上的石膏浆液的流量浓度不变时，可以通过改变脱水机的行进速度来改变石膏滤饼的厚度和水分含量。过大或过小的滤饼厚度都会使水分含量上升，影响脱水效果，应根据试验将滤饼厚度控制在合理的范围内。

五、废水处理系统的调试

(一) 调试前应具备的条件

(1) 所有设备、管道、阀门均安装完毕，验收合格，单体试运完毕。

(2) 防腐工作均已完成。

(3) 工艺所需的石灰、化学药品已准备就绪，并验收合格。

(4) 消防设施已投入使用。

（二）调试程序

（1）系统检查，各箱罐、管道清洁畅通、无杂物。

（2）阀门传动检查，开关灵活，位置指示正确。

（3）冲洗，对管道容器进行冲洗，检查有无泄漏。

（4）容器注水。

（5）连锁与保护试验。

（6）泵的4~8h试运。

（7）废水处理系统的启动。

1）刮泥机和搅拌器投入运行。

2）泵投自动，包括石灰浆液供给泵，HCl供给泵，$AlCl_3$供给泵，聚合物供给泵，螯合物供给泵等。

3）废水接受。

4）排出泵投入运行。

5）加药泵投入运行。

（8）废水系统停运。

1）停止废水接受。

2）停运排出泵。

3）停止石灰下料及辅助设备。

4）停运加药泵。

5）停运化学药品箱搅拌器。

6）排空化学药品箱。

7）停运刮泥机和搅拌器。

六、公用系统的调试

（一）工艺水系统调试

1. 调试前应具备的条件

（1）所有设备、管道、阀门均已安装完毕，验收合格，单体试运完毕。

（2）管道已由工业水冲洗完毕，且水压合格。

（3）工艺水系统管道最高点装有放空门。

2. 调试程序

（1）系统检查，水箱及管道内部清洁无杂物，流道畅通。

（2）对工艺水箱进行冲洗。

（3）阀门传动检查，开关灵活，位置指示正确。

（4）工艺水箱上水。

（5）工艺水箱、水泵连锁保护试验。

（6）工艺水泵 4 ~ 8h 试运。

（7）工艺水压力调整，通过调整工艺水箱回水管道上的压力调节阀，使工艺水压符合要求。

（二）压缩空气系统调试

1. 调试前应具备的条件

（1）各设备、管道、阀门均已安装完毕，验收合格，单体试运完毕。

（2）消防设施已投入使用。

（3）现场清洁干净，照明充足。

2. 调试程序

（1）启动空气压缩机。

（2）压缩空气管道吹扫。

（3）安全阀调整，空气压缩机启动后，缓慢升压，到规定值后，安全阀动作，记录启回座压力，合格后将其铅封。

（4）进行空气压缩机连锁试验。

第五节　整体调试

FGD 系统整体启动调试阶段指分部试运结束后 FGD 装置的整套启动调试和试运，包括带水和蒸汽的冷态启动调试、热态整套调试和 168h 满负荷试运行三个阶段。

一、FGD 整体调试应具备的条件

（1）整体启动试运的组织已落实。试运指挥组开始工作，人员到位，各部门职责分工明确。

（2）下列各项工作已经完成并经过严格检查：

1）分部试运已全部完成，通过各级验收并有签证，技术记录完整。

2）FGD 系统整体启动的计划、方案、调试大纲和措施已经讨论并由总指挥批准，对各项安排已向各参与单位交底，机组负荷计划已向电网调度部门申请并被批准。

3）所有参加整体调试的设备和系统以及有关辅助设备均按要求配置，验收成功，满足启动条件。

（3）生产准备组已完成下列各项工作并经检查合格：

1）参与调试的各运行人员已经完成技术培训，并在同类型 FGD 系统实习过，考试合格上岗到位，熟悉设备和系统，熟练掌握操作要领。

2）已制定各项规程制度和运规，设备系统图表、控制和逻辑保护图册、设备保护定值清册、制造厂家的设计和运行维护手册已整理编好，便于查阅。

3）现场设有明显标志牌、围栏和警告标志，各管道阀门等已有命名和标志，不同管道的管道标注不同颜色，介质流向等。

4）各类安全器具、消防器材等齐全备用。

5）配备足够检修维护人员，且分工明确，能胜任检修工作。

二、冷态整体调试

冷态整套调试仍以水代替浆液，空气代替烟气经旁路烟道构成循环回路，各设备按照正常运行要求投运。冷态整体启动试运主要是运行方式操作试验，包括：

1. 按三种方式进行整套启停操作试验

（1）手动操作启动各设备，使整个系统投入运行；手动操作停运各设备，整个系统退出运行。

（2）按照各子系统功能组，依次启动子系统，整个系统投入运行；依次停运各子系统，整个系统退出运行，即小顺控启停整个系统。

（3）大顺控启停整个系统。

2. 运行方式改变操作试验

若遇到个别设备或者个别系统故障不能运行时，应根据设计进行运行方式改变操作试验。

试验结束后，集中对设备缺陷进行检修，随后进行热态调试。

三、热态调试

根据FGD系统调试的特点，热态调试一般分为“168h前带负荷热态调试、168h满负荷连续试运行”两个阶段。

（一）168h前带负荷热态调试

FGD系统满足整体启动条件，锅炉正常运行未投油，电除尘器正常运行，可启动FGD系统，系统首次通热烟气。为了确保启动FGD时对锅炉影响最小，首次通烟气时烟气系统一般手动操作，即烟气挡板、增压风机的导叶均手动，第一次停运FGD系统时也手动。

在实际调试过程中，为确保168h前试运任务的完成，将旁路烟气挡板保持常开，根据调试过程中需要烟气量的不同调节增压风机的导叶开度。

168h前热态调试主要进行以下调试内容：

（1）校验各测量仪表的准确性。

（2）各个模拟量控制系统 MCS 的逐步投入，主要包括：增压风机导叶的自动调节，FGD 出口烟气温度的自动调节，pH 值的自动调节，吸收塔液位的自动调节等。

（3）当吸收塔浆液密度上升到需要启动脱水系统时，启动石膏脱水系统，对脱水系统进行优化调整。

（4）进行废水处理系统的调试。

（5）进行控制系统的完善，对不合理的逻辑控制方法进行修改。

（6）初步优化调整一些运行参数，如 pH 值、吸收塔浆液密度、石灰石浆液密度等。

（7）进行 FGD 系统化学分析的实际培训。

（8）完成一些 FGD 系统热态试验项目，主要有 FGD 系统负荷变动试验、增压风机调节性能试验、机组异常状况对 FGD 系统运行影响试验、pH 值扰动试验等。

在初步热调结束后，应停运 FGD 系统，对 FGD 系统进行一次集中消缺。

（二）168 满负荷连续试运行

此阶段主要是考核 FGD 系统连续运行的能力，确认 FGD 系统可以投入生产。FGD 系统进入 168h 试运需要：

（1）FGD 系统带满负荷，旁路烟气挡板关闭。

（2）FGD 装置保护投入率 100%。

（3）仪表投入率 100%。

（4）热控自动装置投入率≥90%。

（5）FGD 脱硫率，再热后烟气温度等主要技术参数满足技术要求。

（6）石膏品质符合要求。

（7）废水处理品质符合要求。

各项指标满足要求后，正常启动 FGD 系统，逐渐增加负荷，满负荷进行 168h 连续运行。此过程原则上不进行大的调整，但严密监视 FGD 系统的运行状况，各系统正常工作，参数基本达设计要求。168 满负荷连续试运行期间 FGD 装置若出现运行中断的情况（烟气全部走旁路），应重新计时。

提示 本章节适用于技师、高级工、中级工。

第五章

脱硫系统的启动

脱硫系统有三种不同的启动方式：

（1）长期停运后的启动。长期停运指全部机械设备停运，所有的箱罐呈无水的状态，停机的时间为一星期以上。长期停运后的启动工作应在脱硫系统进烟气的前一天进行。

（2）短期停运后的启动。短期停运后的启动是指系统未进烟气，其他设备处于备用或运行状态，停机时间为1～7天。

（3）临时停运后的启动。临时停运一般不超过24h，只需将烟气系统、石灰石浆液系统、石膏浆液系统和吸收塔系统停运。

对于FGD系统的启动运行，根据主机制定一套状态顺序表，根据顺序表操作，启动流程如下：

（1）启动前的准备和检查。

（2）启动公用系统。

（3）浆液进入吸收塔和箱罐形成循环。

（4）烟气系统辅助设备启动前的检查。

（5）启动烟气系统。

（6）调整控制仪表。

第一节　脱硫系统启动前的试验与检查

FGD系统停运后，特别是长期停运后，再次启动前需要对整个系统进行全面细致地检查，包括现场的各设备、电气、热工、各种测量仪表等。以长期停运后的启动为例介绍。

一、FGD系统启动前的检查

（一）一般性检查

（1）全部工作票已终结，检修工作全部完成，脚手架已拆除，现场打扫干净，各通道、栏杆、楼梯完好，各沟洞盖板盖好与地面齐平。

(2) 各流道罐体已清理干净，防腐层完整，各人孔门检查完毕后关闭，所有设备就地具有完整的标识牌。

(3) 各设备螺栓紧固，防护罩完整；各阀门开关灵活，位置指示正确。

(4) 就地各仪表、变送器、传感器等工作正常，显示正确；DCS 系统投入，各参数显示正确，调节动作正常。

(5) 电气各变压器及母线运行正常，各电动机绝缘合格；各开关、接触器及各种保险管齐全完好，保险规格与设计值相符；各开关位置指示正确，分合闸试验合格。

(6) 锅炉及厂内水系统已做好准备向 FGD 系统供汽、供水。

(二) 转动机械检查通则

(1) 各减速机、轴承油位正常，油质合格，油镜清晰。

(2) 转动机械周围清洁，无积水、积油和其他杂物。

(3) 电动机绝缘合格，接地良好，电流表指示完好正确。

(4) 轴承及电动机绕组温度测量装置完好、可靠。

(5) 冷却装置完好，管道畅通。

(6) 传动皮带轮连接牢固，无打滑、跑偏现象。

(7) 事关按钮完好并加盖。

(三) 烟气系统的检查

(1) 各烟气挡板安装完好，FGD 进出口挡板在关位置，旁路挡板在开位置，各挡板开关灵活，位置指示正确，密封装置完好，密封管道畅通，各膨胀节完好，安装牢固，膨胀自如。

(2) 增压风机入口集气箱和出口扩压管的膨胀节连接牢固，膨胀自由；液压油系统和润滑油系统均油温、油位止常，油泵试转正常，压力正常，冷却器完好；各密封风机及加热器完好，密封风机试转正常，加热器可投入；动静叶片角度在最小位置，手动操作、远程操作均动作灵活，指示正确；冷却水畅通，轮毂加热器可投入；各附属部件均正常。

(3) GGH 进出口烟道无变形，支吊牢固，膨胀节安装正确；吹灰装置及系统完整无异常，动作灵活，吹灰管道疏水门开；各油位正常，油质合格；盘车正常，动静之间无摩擦；密封风机、清扫风机等正常，转向正确。

(4) 再热蒸汽系统中各冲洗喷嘴完好，无堵塞；冷凝水箱干净无杂物，冷凝水泵完好，盘车正常，无异音；冷凝水至机组管道上的止回门完好，方向正确；在管道、加热器进行更换和较大维修后，要对系统进行全面冲洗，水压试验合格；投入再热器冲洗装置，对每组模件按顺序进行冲洗，冲洗完毕后关停冲洗装置。

（四）吸收塔系统的检查

（1）吸收塔内部防腐层完好；搅拌器叶片完好，无磨损、腐蚀等现象；各层喷嘴排列整齐，连接牢固，无堵塞，连接管道无老化、破损等现象；除雾器连接牢固，无堵塞，无老化、腐蚀、积灰等现象，冲洗喷嘴安装正确牢固，无堵塞，各气动门、电动门开关灵活，指示正确；氧化空气管道完好，无结垢堵塞现象；各浆液循环管道无损坏、积垢、堵塞现象；塔内其他部件安装牢固，无磨损、积垢、腐蚀等现象；进出口烟道完好，无腐蚀积灰等，膨胀节完好，膨胀自如；吸收塔完好，焊接牢固，各管道膨胀自由。

（2）氧化风机本体及电动机完好，螺栓紧固，防护罩完全；出口止回门方向正确；油质良好，油位正常；隔音罩完好，排风扇、冷却风扇正常，转向正确；减温水阀开关正常。

（3）浆液泵（包括循环泵、石灰石浆液泵、石膏排出泵、滤液泵等）机械密封装置完好，无泄漏；冲洗水管路无堵塞，水压正常；泵入口滤网清洁无杂物；各轴承油位正常、油质合格；接地良好。

（五）石膏脱水系统的检查

（1）真空皮带机各设备安装正确、牢固，皮带张紧适当；各部件之间转动自如，无卡涩；滤布冲洗水、滑道冷却水、真空盒密封水管路畅通，无堵塞；真空泵、滤液水泵、冲洗水泵、滤饼冲洗水泵安装完好，管路畅通；脱水机调频盘工作正常，控制方式控制为远程控制，确认 DCS 石膏厚度输出值为零；拉线开关连接可靠；脱水机试转一切正常。

（2）真空泵润滑油油位正常，手动盘车、电动机转动自如，无卡涩；密封水门开，密封水流量正常。

（3）各石膏仓的缓冲锥体和刮刀卸料机的刮刀安装牢固，无磨损；齿轮转动机构完好，润滑油足够，其电机冷却风机完好，进出口畅通；齿轮箱油位正常，油泵完好，管路畅通；各仓进料管畅通，且各仓防腐沥青均匀，无脱落，料位测量准确。

（六）湿式球磨制浆系统的检查

（1）湿式球磨机各水路、油路畅通，无渗漏现象；减速机、传动装置、筒体螺栓及大齿轮连接螺栓牢固，进、出口导管法兰等螺栓紧固、完整；润滑油箱油位正常；球磨机周围无积浆、杂物；人孔门已关闭；盘车灵活，盘车装置的推杆进退自如；各电源线、表计、指示灯完好；球磨机检修完毕，筒体内加入符合规定的一定数量、大小合格的钢球。

（2）皮带称重机各部件安装完好，托辊齐全；进出料口畅通，石灰石厚度适中；称重测量装置完好，显示正确；皮带完好，无杂物；拉线开关连接可靠。

（3）石灰石仓内除尘振打装置及除尘风机完好，滤袋无破损积灰；石灰石仓进出口管道畅通，无磨损；仓内无水渗入；料位计显示准确。

（4）斗式提升机驱动装置正常，皮带无损伤、不打滑；竖井内无障碍物，底部无石灰石堆积；料斗与皮带连接完好，外形正常，无磨损，变形。

（5）破碎机各部件安装完好，动静间隙调整适当；进出口管道畅通，机内无杂物；前后反击板及磨道的调节杆完好，调节灵活。

（6）石灰石浆液分配箱外形完好，流道畅通；石灰石浆液旋流器的旋流子安装正确，漏斗无堵塞，旋流子与分配箱之间的手动门关闭；各旋流器底流出口无磨损，底流箱和溢流箱各箱内无杂物，无沉积。

（七）箱、罐、水坑、池及搅拌器的检查

（1）各箱、罐、水坑外形完好，内部清洁无杂物；防腐层完整，无变形、老化、腐蚀；液位计安装正确；各焊接处焊接牢固，各管道膨胀自由。

（2）各搅拌器无磨损、腐蚀；机械密封装置完好，有足够的润滑油；冲洗水管道畅通无阻。

（八）公用系统的检查

（1）工艺水泵、空气压缩机等的润滑油油位正常；工艺水箱回水管压力调节阀后手动门开，补水门前手动门开；压缩空气系统干燥器、油水分离器、过滤器已投入；压缩空气至各用气处手动门已开。

（2）各电气设备、开关设备等检查正常。

（3）FGD 系统检查正常。

二、FGD 系统启动前的试验

（一）转动机械的试运

（1）新装或大修后的转动机械，试转时间应不小于 2h，试转完成后，应将负荷减至最小，然后分别用事故按钮逐个停止转机运行。

（2）转机试运应达到以下要求：①转向正确；②无异音；③轴承温度与振动符合规定；④轴承油室油镜清晰，油标线清晰，油位正常，油质合格，轴承无甩油、渗油现象；⑤转机无积灰、积浆、漏风、漏水等现象；⑥皮带无跑偏、打滑现象。

（二）阀门试验

（1）新装或检修后的电动门、气动门、调节门和调节挡板，在启动前应进行操作灵活性和准确性试验，至少由热工人员、机务检修人员和运行人员三方参加。

（2）联系送电（气）并检查阀门装置是否完好，全开全关所试电（气）动门，要求开关灵活，无卡涩，位置指示正确；电动门试验时，应记录全开全关时的丝杆总圈数，开或关的行程时间。

（3）调节门、调节挡板试验时，应电动远程操纵全开、全关一次，传动装置及阀门、挡板动作应符合要求，开关到位，无卡涩，开关方向与指示方向一致。

（三）FGD 系统的连锁保护试验

FGD 系统在启动前，各系统必须按照连锁试验卡的内容做各种连锁保护试验，由有关单位参加，同时向值长联系该项工作。此工作应在检修工作全部完成，并经验收合格后进行。

第二节　公用系统启动

一、工艺水系统启动

（1）联系相关人员对工艺水系统动力电源、控制电源送电。

（2）检查工艺水至各系统的供水管道畅通，节流孔板无堵塞。

（3）工艺水箱补水门设自动，进水至正常液位。

（4）开启工艺水泵入口门。

（5）启动一台工艺水泵，开工艺水泵出口门。

（6）将另外工艺水泵设自动。

（7）对工艺水系统过滤器应进行反冲洗：①关工艺水泵进口总门和工艺水箱进口门；②开启工艺水过滤器反冲洗电动门及过滤器前母管放水手动门；③冲洗 3～5min，关过滤器前母管放水手动门；④开工艺水泵进口总门和工艺水箱进口门；⑤关工艺水过滤器反冲洗电动门。

（8）检查系统正常运行。

二、压缩空气系统启动

（1）联系相关人员对压缩空气系统动力电源、控制电源送电。

（2）检查压缩空气至各系统的供气管道，保证畅通，干燥器、油水分离器、过滤器已投入。

（3）空气压缩机设置为遥控模式。

（4）启动干燥机。

（5）启动空气压缩机。

（6）维持压缩空气压力值在设定值范围内。

（7）检查系统运行正常。

三、闭式循环冷却水系统投入

（1）联系机组侧，做好闭式循环冷却水系统投入前的准备。

（2）开闭式循环冷却水至 FGD 系统的手动门、电动门。

（3）开闭式循环冷却水管道上排空门，待有连续水流时可将其关闭。

（4）开闭式循环冷却水回水手动门，调节冷却水流量至正常值。

第三节　石灰石浆液制备系统启动

一、湿磨制浆系统的启动

1. 石灰石仓上料

此部分一般可根据 FGD 系统启动安排提前独立完成。

（1）卡车将合格的石灰石送到石灰石卸料斗。

（2）启运卸料斗除尘风机和石灰石仓除尘风机。

（3）启运斗式提升机。

（4）启运除铁器和石灰石输送皮带机。

（5）振动给料机投入运行，石灰石储仓上料至正常料位（在有破碎系统的情况下，先启运破碎机将石灰石破碎到合适的粒径后再送到石灰石储仓）。

2. 球磨机系统启动

（1）确认各石灰石浆液箱、罐搅拌器满足启动条件，启动搅拌器。

（2）顺控启运石灰石浆液循环泵，开石灰石旋流器至球磨机入口门，浆液通过石灰石旋流器、球磨机和浆液循环泵形成一个循环回路。

（3）球磨机油站加热器设自动。

（4）启运球磨机润滑油泵、高压顶轴油泵和润滑油冷却风扇。

（5）启运球磨机电动机。

（6）启运离合器、球磨机，同时启运齿轮油喷淋系统。

（7）离合器啮合几分钟后，停止高压顶轴油泵。

（8）启运称重给料机，开石灰石仓插板门，球磨机开始进料。

（9）及时调整球磨机进水量和给料量，磨制好的石灰石浆液进入石灰石浆液罐。

（10）石灰石浆液泵投入运行，打循环，做好向吸收塔供浆的准备。

二、石灰石粉制浆系统的启动

1. 石灰石粉仓上粉

此部分一般可根据 FGD 系统启动安排提前独立完成。

（1）启动粉仓除尘器。

（2）石灰石粉运输罐车由专用上粉管向粉仓上粉，当粉位达到 70% 时可停止上粉。

2. 制浆

（1）确认石灰石浆液箱的液位满足搅拌器的启动条件，启动浆液箱搅拌器。

（2）启运一台石灰石浆液泵打循环，密度计投入运行，并将石灰石浆液至吸收塔的调节门或电动门关闭。

（3）将一台流化风机、流化风机出口门、流化风加热器、流化风至粉仓电动门、给料阀、石灰石粉给料机投自动。

（4）打开下粉闸板，石灰石制浆系统顺控启动，制浆开始。

（5）给料系统投自动，工艺水、滤液系统向石灰石浆液箱补水门投自动，根据石灰石浆液密度和水位向石灰石浆液箱补水。

（6）石灰石浆液箱液位足够时，可以向吸收塔供浆。

第四节 吸收塔系统启动

本节主要以喷淋塔为例介绍吸收塔系统的启动。喷淋塔的启动步骤如下。

（1）开启补水门，向吸收塔补充工艺水，确认液位正常，所有搅拌器投入运行。

（2）启动一台循环泵，当连续启动多台泵时，需等待已启动泵运行正常和吸收塔液位正常后，方可启动下一台，进烟气前，一般至少启动两台循环泵。

（3）开氧化风机减温水门，启动一台氧化风机，开氧化风机减温水阀（此过程需要吸收塔通风挡板开或者 FGD 出口挡板门开）。

（4）除雾器冲洗程序投自动。

（5）石灰石浆液泵至吸收塔的调节投自动，管道冲洗水门投自动。

（6）启动石膏浆液排出泵。

1）开石膏旋流器底部返回吸收塔电动门，关石膏旋流器至脱水机或石膏浆液缓冲箱电动门。

2）吸收塔密度计、pH 计投入运行。

3）开石膏排出泵入口电动门，及该泵至石膏旋流器管道上的各手动门。

4）启动石膏排出泵，开出口电动门，石膏浆液通过旋流器进行循环。

第五节　烟气系统启动

以图 5-1 所示系统为例来说明烟气系统的启动。

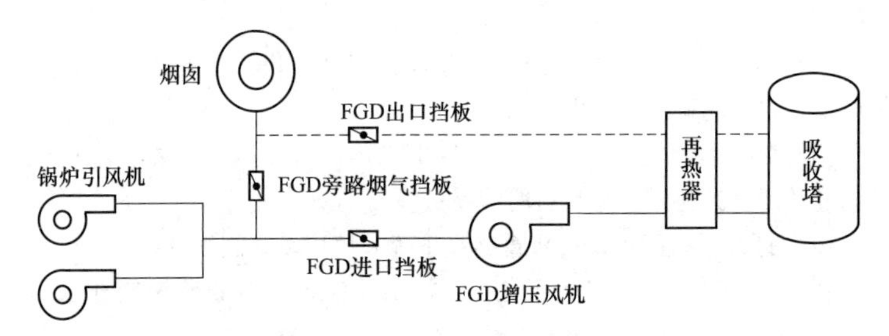

图 5-1　一炉一塔设置一台增压风机的 FGD 烟气系统

一、启动 GGH

(1) 启动 GGH 密封风系统。

(2) 启动 GGH 主电动机，辅电动机投自动。

(3) 启动 GGH 清扫风机。

(4) 就地检查各设备运行正常。

二、启动 FGD 增压风机

(1) 根据油温情况，投入润滑油箱及液压油箱加热器。

(2) 启动刹车系统。

(3) 启动密封风机和加热器。

(4) 开润滑油泵和液压油泵各出口手动门，启动冷油器冷却风机，启动一台润滑油泵和液压油泵，调整油压正常，检查下油、回油均正常。

(5) 增压风机压力控制置手动，导叶开度最小。

(6) 通知机组侧 FGD 系统准备进烟气。

(7) 开 FGD 系统出口烟气挡板。

(8) 启动增压风机，投入轮毂电加热器。

(9) 增压风机电流稳定后，开 FGD 系统入口烟气挡板，关吸收塔排空门。

三、关闭 FGD 旁路烟气挡板

（1）通知机组准备关闭旁路挡板。

（2）缓慢关闭旁路烟气挡板，开启旁路挡板密封空气门。在此过程中，应根据增压风机入口压力及时调节增压风机导叶开度，以保证炉膛负压尽量平稳。

（3）增压风机控制投自动。

（4）投入 GGH 吹灰。FGD 系统正常运行。

第六节　脱水系统启动

通常脱水系统投入前，吸收塔内浆液含固量至少要达到 10%。

（1）石膏排出泵启动，石膏浆液通过石膏旋流器循环。

（2）启动石膏缓冲箱搅拌器（若无，省略此步），启动真空皮带脱水机给料泵，打循环。

（3）启动滤液箱搅拌器（在此之前已注入一定液位的工艺水）。

（4）启动滤布冲洗水泵，调整皮带真空盒密封水和皮带润滑水流量至合适。

（5）开滤液水泵入口电动门、滤液至球磨机入口和至循环箱的手动门（针对湿式制浆系统），启动一台滤液泵，开其出口门。

（6）启动石膏皮带输送机（如有）。

（7）真空皮带脱水机控制模式设置为远程控制，启动真空皮带脱水机。

（8）开真空泵密封水门，调密封水流量至合适，启动真空泵。

（9）关真空皮带脱水机排水门，启动滤饼冲洗水泵。

（10）开真空皮带脱水机给料手动门或电动门，真空皮带脱水机进料，滤饼厚度控制投自动。

（11）系统中各项自动均投入。

（12）石膏仓达一定料位时，启动卸料机外运石膏。

第七节　废水排放处理系统启动

一般的废水排放处理系统启动步骤主要如下：

1. 向废水处理站注水

（1）向各箱罐注入一定液位的工业水，满足搅拌器或刮泥机的启动条件。

（2）启动搅拌器或刮泥机。

2. 制备化学加药站所需药品

该过程主要制备一定浓度的药品溶液，包括石灰溶液、HCl 溶液、螯合物水溶液、聚合物水溶液等。

3. 开始废水接受

通常 FGD 系统废水来自石膏旋流器溢流，有的还加设一个废水旋流器，直接或通过废水泵打入一级反应池。

4. 开始废水处理

（1）相关设备设为自动控制。

（2）启动各化学药品供给泵，根据各控制参数供给适量的化学药品。

（3）启动污泥脱水机。

至此，FGD 整套系统启动完毕。

提示　本章节适用于技师、高级工、中级工。

第六章

脱硫系统的运行

第一节 脱硫系统运行中的调整

一、 脱硫系统运行中调整的主要任务

（1）使 FGD 系统的各项技术经济指标在设计范围内变化，保证脱硫效率、浆液品质、石膏品质、废水品质等指标满足最优运行要求。

（2）保证各关键参数在最佳工况下运行，有效降低水、电、石灰石耗，减少设备腐蚀、磨损、结垢、堵塞现象。

（3）保证 FGD 系统和主机安全、稳定、经济运行。

（4）在主机正常运行条件下，满足机组烟气脱硫需求，以实现 FGD 系统的环保功能。

二、脱硫系统运行中调整的主要方法

（一）烟气系统的调整

（1）增压风机的调整。日常工作中调节增压风机的方式多种多样，各不相同。但其目的是相同的，就是要求增压风机的运行出力和 FGD 系统的运行阻力刚好平衡。一般情况下需要对增压风机和引风机进行联合调整，如果引风机出力小，则增压风机出力势必变大，进而增加设备电耗；如果增压风机出力过小，则 FGD 系统的阻力则需要加大引风机出力进行克服。这就需要运行人员在保证安全的前提下，不断摸索尝试，最终在两者之间找到最佳平衡点。

（2）脱硫效率的调整。脱硫效率受到多方面因素的影响，如原烟气中烟尘浓度、SO_2浓度、石灰石品质、吸收塔浆液 pH 值、吸收塔浆液密度、氧化风机运行情况、浆液循环泵组合运行方式等。在日常工作中可根据具体工况进行相应调整，可以根据机组负荷变化情况，通过启停浆液循环泵、优化浆液循环泵组合运行方式、控制浆液 pH 值在适当的范围、提高电除尘器除尘效率等多种手段来进行脱硫效率的提高。

（3）GGH 差压的调整。运行人员应注意监视 GGH 差压，保持 GGH 压降接近设计值。当 GGH 差压增大或有增大趋势时，应对其加强吹灰，

吹灰频率依具体运行工况而定。如果采用的是两层吹灰器（即分别在热端及冷端装有吹灰器），则必须严格按时吹扫。对于蒸汽再热器，为保证设备良好运行，应当每班对换热管进行至少一次冲洗。如果 GGH 积灰严重，空气吹灰或者蒸汽吹灰效果不理想时，可采用高压水对其进行冲洗。

（二）制浆系统的调整

为满足 FGD 装置安全、经济运行的需求，需要制浆系统在最佳出力下运行，为系统提供足量的高品质的石灰石浆液。对于湿式球磨机制浆系统来说，石灰石给料粒径、石灰石给料量、石灰石活性、石灰石可磨性系数、湿式球磨机钢球装载量以及钢球大小配比、石灰石浆液旋流器投运台数、湿式球磨机入口进水量、湿式球磨机出口分离箱分离效果以及系统结垢、堵塞、磨损等情况都会影响到制浆系统的出力。

（1）进入湿式球磨机的石灰石粒径应控制在设计值范围内。

（2）进入湿式球磨机的石灰石品质应控制在设计值范围内。

（3）严格控制湿式球磨机的石灰石给料量以及进入湿式球磨机参与制浆的滤液量配比，根据具体情况及时对称重皮带给料机的转速进行调整，保证湿式球磨机内的给料量在额定值。

（4）运行人员应监视湿式球磨机运行电流，如果发现湿式球磨机运行电流偏小，应及时对其补充合格的钢球。

（5）运行人员应监视并控制石灰石浆液旋流器入口压力在设计范围内。

（6）运行人员应监视石灰石浆液循环箱的液位，严禁出现石灰石浆液循环箱溢流现象。

（7）定期对石灰石浆液的密度及细度进行化验分析，为制浆系统的运行方式调整提供数据支撑。

（8）对石灰石粉制浆系统来说，主要调节指标为浆液密度。浆液密度过高容易造成石灰石浆液泵和管道的磨损、结垢、腐蚀、堵塞，对石灰石浆液箱和衬胶也极为不利；浆液密度过低会出现供浆调节阀全开后仍不能满足石灰石浆液用量的情况。一般情况下，脱硫设计石灰石浆液含固率应在 25% 左右，可以通过调节制浆程序和定期校验密度计的方法使石灰石浆液密度得到控制。

（三）吸收塔系统的调整

1. 吸收塔浆液 pH 值的调整

FGD 要想正常运行，浆液 pH 的调整不容忽视。pH 值过高时，石灰石中的 Ca^{2+} 溶出速度会减慢，SO_3^{2-} 的氧化过程也将受到抑制，石灰石反应不完全，将造成脱硫剂的浪费，同时浆液中的 $CaSO_3 \cdot \frac{1}{2}H_2O$ 的含量也会增加，极易造成管道结垢现象，并且石膏中的石灰石含量也会增加，影响石膏品质；如果 pH 值过低则会直接影响到脱硫效率，同时石膏品质也会受到影响。如果浆液 pH 值在合适的范围内（一般控制在 5.2 ~ 5.8 之间为宜），则石灰石中的 Ca^{2+} 溶出就会较容易，SO_3^{2-} 的氧化效果也会大大提高。总而言之，浆液 pH 值的调整应该兼顾脱硫效率、钙硫比、石膏品质三者的要求。

2. 吸收塔浆液密度的调整

在正常运行过程中，浆液密度应控制在设计范围内。如果调整不当，极易造成管道及泵的磨损、腐蚀、结垢、堵塞等，或者直接影响石膏脱水效果、影响石膏品质，最终影响整个 FGD 系统的正常运行。如果吸收塔浆液密度达到设计值下限，可以停运脱水系统。如果吸收塔浆液密度达到设计值上限，则应及时启动脱水系统出石膏，在控制吸收塔液位的前提下，适当增加吸收塔补水量或者滤液量。

3. 吸收塔液位的调整

对于喷淋吸收塔来说，每台吸收塔都有其设计的运行液位范围，在运行中应当将液位控制在设计范围之内。如果吸收塔液位过高，容易造成吸收塔溢流的情况，严重时甚至会造成浆液返入原烟气烟道的恶劣后果；如果吸收塔液位过低，受浆液循环泵入口压力低的影响，会减弱喷淋层的浆液雾化喷淋效果，进而直接影响吸收塔的脱硫效率，还会降低氧化反应空间，影响石膏品质。在日常运行过程中，如果吸收塔液位高，在石膏浆液排出泵运行正常的前提下，应适当延长除雾器冲洗的时间间隔，并且检查除雾器冲洗水门、吸收塔补水门等是否存在内漏或者常开现象，或多出废水以减少滤液返塔量。如果吸收塔液位过低，一般通过冲洗除雾器、调高滤液返塔量、开大吸收塔补水门等手段来进行调整。

对于鼓泡塔来说，其液位更要注意控制，在 pH 值保持不变的情况下，随着其液位的不断升高，脱硫效率虽然也会随之有一定的升高，但系统阻力亦会随之增加，导致增压风机出力增加，电耗增加，严重时甚至会影响到增压风机的安全运行。如果液位过低，除可以通过开大补水门、开大除雾器冲洗水门开度等常规方法外，还可以利用烟气冷却器的喷水来提高吸收塔液位。

4. 除雾器差压监视调整

应做好冲洗除雾器的定期工作，并时常关注各级除雾器差压变化情况。如果发现除雾器差压有增大趋势，则应适当增加冲洗除雾器次数和时间。并应时常检查除雾器冲洗阀门动作正常，除雾器冲洗水泵运行出力正常。

（四）石膏脱水系统的调整

石膏品质受到多方面因素的影响。原烟气中 SO_2 浓度、原烟气中烟尘含量、石灰石品质、氧化风机运行效果、真空皮带脱水机运行效果等均会影响到石膏的最终品质。

（1）如果石膏中的酸不溶物含量高，应通过改善提高电除尘器运行情况的方法来降低吸收塔浆液中的粉尘含量，进而降低石膏中的粉尘含量。

（2）如果石膏中的 $CaSO_3$ 含量高，说明氧化效果不佳，应该及时调整氧化空气量，以保证吸收塔浆液中的 $CaSO_3$ 被充分氧化。

（3）如果石膏中的 $CaCO_3$ 含量高，说明吸收塔的补浆量偏大，石灰石浆液和 SO_2 反应不充分。一般可以通过增开浆液循环泵或者调整石灰石浆液粒径至合格范围或者着力提高石灰石品质等方法加以解决。

（4）如果石膏含水率偏大（大于 10%），一般可以通过调整石膏浆液旋流器出力、真空皮带脱水机转速、真空泵的真空度等方法加以调整。

（五）其他系统的调整

（1）保持工艺水箱、工业水箱的液位在正常范围内。

（2）保证系统压缩空气的压力在正常范围内。

（3）废水处理系统的加药量应科学计算，水质应加强化验，pH 值应控制好。

（4）系统各个浆液箱、罐体、地坑等液位计指示正常正确，搅拌器运行正常，各备用泵良好备用并处于自动联锁位。

三、脱硫系统运行中调整的注意事项

（1）脱硫系统运行过程中的各项参数必须及时、完整、清楚的记录，并且通过对其变化趋势的分析及时发现问题。此举可以积累宝贵的经验并且有助于快速提高运行水平。运行参数一般应记录以下几个方面：

1）包括机组负荷、炉膛负压、风量、引风机静叶（静叶）开度在内的机组主要参数。

2）增压风机运行电流、静叶（静叶）开度、进出口压力、轴承及绕组温度等。

3）吸收塔液位、浆液循环泵运行电流、入口压力、浆液循环泵的轴承以及绕组温度、氧化风机运行电流、氧化风机风量等。

4）吸收塔浆液pH值、吸收塔浆液密度、除雾器压差、除雾器冲洗水压力、除雾器冲洗水流量等。

5）湿式球磨机运行电流、电动机绕组温度、石灰石浆液密度、旋流器入口压力等。

6）包括入口SO_2浓度、NO_x浓度、烟尘浓度、O_2量、湿度、温度、压力、烟气量等在内的进口烟气参数。

7）包括出口SO_2浓度、NO_x浓度、烟尘浓度、O_2量、湿度、温度、压力、烟气量、脱硫效率等在内的出口烟气参数。

8）GGH的压差和GGH的电流。

9）石膏旋流器的入口压力、浆液流量、真空皮带脱水机的滤饼厚度等。

10）各箱罐仓的液位、料位，工艺水、工业水的总流量、压力、压缩空气压力、废水出水量、变压器电流、6kV母线电压等。

（2）必须按规定做好各设备的定期切换、试验、维护保养的各项工作，保证脱硫系统内的设备均处于良好备用状态。如发现异常情况应及时逐级汇报并做好检修工作。

（3）严密监视增压风机、氧化风机、浆液循环泵（烟气冷却泵）、湿式球磨机、真空泵等大功率设备的运行电流以及各个搅拌器、阀门、箱罐、挡板等设备的状态。发现异常，立即查找原因并采取相应措施，并且要尽快消除故障，以保证脱硫系统的安全、经济运行。

（4）应保持脱硫系统运行过程中的清洁性。浆液传输系统在切换停运后必须及时进行冲洗疏放。对于管道的泄漏、结垢、堵塞等现象应进行定期的检查清理。

（5）运行人员应注意设备运行参数与设备设计值的偏差，发现异常及时汇报、处理，预防设备故障。

第二节　脱硫系统运行中的检查

为保证脱硫系统的安全、经济、良好运行，需要在日常工作中定期对脱硫系统进行全方位的检查。

一、脱硫各系统运行中的检查

（一）烟气系统的检查

1. 增压风机的检查项目

（1）增压风机本体完整，进出口法兰连接牢固可靠，无漏风漏烟现象，各人孔门关闭严密。

（2）增压风机滑轮以及滑轨完好，滑动自如无障碍，基础减震装置无严重变形现象。

（3）导叶调节顺畅灵活，指示正确且与画面一致。

（4）密封风系统以及轮毂加热器正确投入。

（5）刹车装置（如有）处于断开位置，且储油罐油压、油位正常。

（6）润滑（液压）油站检查的要求为：

1）每6个月进行定期油品、油质分析，根据分析结果确定是否换油或定期换油。定期更换油过滤器。

2）如油箱油位偏低，应检查系统严密性并及时补油；如润滑（液压）油流量低，必须对油路及轴承进行全面检查；如油箱油温低，应及时投入油箱电加热器运行；如油箱油温偏高，需立即查明原因进行处理。

3）油过滤器应定期切换。正常运行过程中，当油过滤器前后差压高于规定值时，应切换为备用过滤器运行并对原过滤器进行清理。

2. 烟气挡板的检查项目

检查密封风系统正确投入情况。正常情况下，密封风气压应高于热烟气压力并且保证在规定值以上。密封风管道应无漏风、漏烟现象。挡板位置指示正确且与画面一致。

3. 烟道的检查项目

检查烟道膨胀是否正常。膨胀节应无漏风、漏烟、拉裂现象。

4. 再热器的检查项目

（1）对蒸汽再热系统进行检查的项目：

1）再热器无堵塞、无泄漏，烟气侧的进出口差压应适当。如果发现加热器前后差压过大，一般原因为加热器管堵塞。应该及时进行检查、冲洗。严重时可以短时停运 FGD 装置对加热器进行冲洗。

2）蒸汽管道各空气门、安全门、疏水门严密关闭。

3）冷凝水箱水位在规定范围内并且与画面显示一致。

4）检查蒸汽压力和温度在合格范围内，一般情况下，加热器出口烟温应高于80℃。如发现烟温长时间低于80℃，应对蒸汽参数进行核对，并检查管道是否存在泄漏现象，应及时通知维护人员进行处理。

（2）对 GGH 系统进行检查的项目：

1）对于顶部和底部轴承箱的油位，一般每周检测一次，对于一次轴承的固定、噪声和漏油情况，一般每三个月检测一次。如有需要，更换润滑油。建议定期采样测量油中的金属含量。

2）定期检查整个驱动组件的紧固情况，一般每个月需要检查减速箱油位，每三个月需要检查减速箱的润滑油通气口。

3）检查密封风、低泄漏风机系统，检测整个管路是否有泄漏，阀门、压力表是否有损坏、系统是否平衡等。

4）检测整个吹灰器系统装置的紧固性，检测漏风、漏水、漏油情况。一般每三个月应检测阀门、仪表功能是否正常；有停运机会时，应及时检测吹枪及喷嘴的腐蚀情况，如发现损坏及时更换。

5）检查原烟气侧和净烟气侧压降，当 GGH 的压降超过设计压降的30%且经过加强吹灰，情况仍没有明显改善时，则必须启动高压水清洗程序。

（二）制浆系统的检查

1. 石灰石系统的检查

（1）所有进料、下料管道无磨损、堵塞以及泄漏现象。

（2）刮刀卸料机给料均匀，齿轮润滑油充足。

（3）振动给料机下料均匀，给料时无堆积无飞溅现象。

（4）破碎机运行平稳，出料均匀、合格。

（5）输送机转向正确，输送机各部无积料现象。斗式提升机底部无机料，各料斗安装牢固、完好、可靠。

（6）除尘器正确投入且运行正常，反吹系统启停动作正常。

（7）卸料斗篦子安装牢固、完好、可靠。

（8）石灰石储仓无水源进入。

（9）运行过程中应及时清理原料中的杂物。如果原料中的铁丝、木头、土块等杂物过多，应立即进行逐级汇报，通知有关部门处理。弃铁箱中的杂物亦应及时清除。

（10）在靠近金属分离器时，身上不得携带铁质尖锐物，同时严格防止自动卸下的铁件击伤人体；应检查并防止吸铁件刺伤弃铁皮带。

2. 称重皮带给料机的检查

称重皮带给料机称重装置测量准确，给料均匀，无漏料、积料现象。

3. 湿式球磨机的检查

（1）电动机运行正常。

（2）严禁湿式球磨机长时间空负荷运行。

（3）保持湿式球磨机最佳钢球装载量，定期添加或根据实际运行情况添加合格的钢球。

（4）经常检查湿式球磨机出口篦子的清洁情况，及时清理分离出来的杂物。

(5) 检查润滑油系统管道无装配松懈或泄露现象，油泵运行正常。检查润滑油温度、压力、流量以及油箱的油位、过滤器差压是否正常。如果油箱油位异常升高时，一般应检查是否有油管破裂或堵塞现象，检查冷却水管是否破裂。

(6) 齿轮喷淋装置喷油正常，空气及油管道连接牢固，不漏油、不漏气。

(7) 湿式球磨机进、出料管道及滤液管道畅通。在运行中应严密监视湿式球磨机进口料位，严防湿式球磨机堵塞。如果湿式球磨机进、出口密封处泄露，应检查湿式球磨机内的料位以及密封磨损情况。如发现筒体周围有漏浆现象，应通知维护人员检查橡胶瓦螺丝是否松脱，是否存在其他不严密处。

(8) 制浆系统管道以及旋流器应当连接牢固，无磨损及漏浆现象。如果旋流器泄露严重，应切换至备用旋流子运行，并通知维护人员处理。

4. 给粉系统的检查

(1) 流化风系统运行正常。

(2) 给粉机称重准确，无漏粉、堵塞现象。

(三) 吸收塔系统的检查

1. 吸收塔本体的检查

吸收塔溢流管无浆液溢出，无烟气通过溢流管逃逸，本体无漏浆、漏烟、漏风现象，液位、密度、pH 值在规定范围内。

2. 吸收塔除雾器的检查

除雾器自动冲洗过程中，冲洗程序正确。除雾器进口出口压差适当，冲洗水畅通无堵塞，流量指示、压力指示在合格范围内。

3. 吸收塔氧化风机的检查

(1) 氧化风机运行电流、振动、噪声、轴承温度等在正常范围内。

(2) 氧化空气出口压力、流量、温度正常。如果出口压力过低，应检查耗电量情况，必要时可切换至备用氧化风机运行。如果出口温度过高，应检查喷水管路情况。

(3) 氧化风机进口滤网清洁、无杂物。

(4) 氧化空气管路连接牢固、可靠，进出口调节装置灵活，无漏气现象。

(5) 润滑油（脂）每运行一段时间应进行油质分析，并要做到定期更换。

（四）吸收塔浆液循环泵的检查

吸收塔浆液循环泵无漏浆、漏水现象，运行电流以及进出口压力等运行参数正常。

（五）脱水系统的检查

1. 石膏浆液旋流器的检查

石膏浆液旋流器无漏浆和过度磨损现象。如果旋流器泄露严重，应切换至备用旋流子运行，并通知维护人员进行处理。

2. 真空皮带脱水机的启停

脱水机不宜频繁启停。短时间不脱水时，应维持脱水机空负荷低速运行。

3. 真空泵的检查

真空泵运行正常，运行电流正常，冷却水流量正常。

4. 真空皮带脱水机托辊的检查

脱水机托辊周围干净、无固体沉积物。所有托辊可以自由转动无卡涩。

5. 真空皮带脱水机滤布的检查

滤布张紧适当、清洁，无划痕、无孔洞、无收缩。皮带上无滤饼黏结。

6. 真空皮带脱水机皮带的检查

脱水机皮带纠偏装置正常投入，走带速度适当。运转过程无异音，气液分离器真空度正常。

7. 真空皮带脱水机各冲洗水的检查

检查工艺水至滤布冲洗水箱、滤饼冲洗水管路畅通，各路冲洗水以及密封水的水量、水压均正常。

8. 真空皮带脱水机给料系统的检查

检查石膏滤饼厚度适当，含水量正常无堵塞现象，浆液分配盒（管）进料适量、均匀，无偏料。

（六）其他系统的检查

（1）检查DCS各系统运行正常。

（2）检查电气系统设备运行正常。

（3）检查废水处理系统运行正常。

（4）检查工艺水管道无泄漏，工艺水压力、流量正常。

（5）检查压缩空气管路无泄漏，压力正常。

二、检查通则

（1）栏杆、平台完好，各种警示标志完好齐全，设备外观完好，周围环境清洁，照明充足完好。

（2）所有挡板、阀门开关灵活无卡涩，位置指示正确且与画面一致。

（3）所有工艺水管道、汽/气管道、浆液管道法兰连接完好无泄漏。

（4）所有箱、罐、池及其人孔、检查孔、排浆阀严密关闭，备用管座封闭严密，溢流管畅通无异常。

（5）所有指示表计、测量表计指示正确、数值正确，完整无损坏。

（6）电动执行机构完好，连接牢固，并打在自动位。

（7）所有传动机构完好灵活无卡涩，销子连接牢固完好。

（8）由于搅拌叶片在液面上转动可能会受到较大的机械力而损坏（或造成轴承异常磨损），所以在搅拌器启动前浆液必须浸过搅拌器叶片以上一定的高度。机械密封应完好，无漏浆、漏水现象。

（9）泵的出口压力正常无剧烈波动，泵的机械密封完好无漏浆漏水现象。泵在启动前必须保证液位足够，吸入阀全开，严禁泵出口阀未开而长时间运行。如果泵无法维持正常的运行压力或者流量，则必须停泵对管道进行冲洗。如果冲洗无效，则应拆开管子以除去里面的沉积物或者堵塞物。

（10）转动设备的事故按钮应完好并加装防护盖且有醒目的指示标志。转动设备在运行时应检查设备的压力、振动、噪声、温度以及严密性。正常情况下不应有撞击、摩擦等异音，电流指示不超额定值，电动机转向正确，轴承温度、振动在允许范围内，油温在规定范围内。对电动机、空压机、风机的冷却状况应进行关注，检查设备冷却水冷却风是否畅通，冷却水大小应正常适宜。电动机电缆头、接线应牢固完好可靠，轴承及电机测温装置完好并正确投入，正常情况下，电动机在热态情况下的连续启动不应超过两次。决不允许在无润滑装置的情况下启动电动机，运行过程中定期检查，保证检查孔、盖完好，油杯内润滑油脂充足，油位指示清晰并在正常范围内，应进行定期补油，补油过程中要防止润滑油中混入颗粒性机械杂质。转动设备的地脚螺栓、保护罩、联轴器螺栓等应连接牢固、完好、可靠，满足正常的运行要求，测量及保护装置、工业电视监控装置齐全并正常投入。运行中的设备皮带不打滑，无跑偏及破损现象，皮带轮位置对中。所有皮带机均不允许超出力运行，如在启动过程中首次启动不成功，应减轻负荷后再次启动，如仍不成功则不允许再次启动，必须将全部负荷卸去后方可启动，并将整个过程逐级向上汇报。

三、定期工作

（1）每班至少冲洗一次各浆液箱及吸收塔的液位。

（2）每班对系统所有设备巡检次数不少于3次。

（3）应定期切换有备用的设备，以免设备长期停运产生故障。避免出现当运行设备出现故障，需要紧急启动备用设备时，备用设备也无法启动的情况。

（4）吸收塔密度计和pH计应做定期冲洗。当运行过程中发现指示不准确时应及时进行冲洗。如果经反复冲洗仍无改善时应通知热工人员进行处理。

（5）GGH吹灰或者蒸汽再热器每班至少冲洗一次。

（6）定期校验CEMS、温度、压力等测量仪表。

第三节　脱硫系统运行中的维护

为保证脱硫系统的安全、经济、良好运行，需要在日常工作中定期对脱硫系统进行全方位的维护保养工作。

一、增压风机的维护要点

（1）应当定期对增压风机进行检查并作好书面记录。

（2）联轴器应有可靠的防护装置。

（3）应当定期检查进口导叶连杆接头的磨损程度，必要时对其进行充分的润滑。

（4）由于流体内常常含有固体物质，所以要对进口导叶、叶轮叶片的磨损程度进行检验。

（5）风机电动机轴承润滑油站的油压、油位保持在正常范围内。

（6）检查并确保执行器操作输出与进口导叶实际调整导叶开度保持一致。

二、浆液循环泵的维护要点

（1）浆液循环泵在日常启停的过程中要严格遵守规程。启泵先开入口门，停泵入口要疏放。在长期停泵期间，为防止泵或泵的内部形成沉淀，确保泵需要启动时可以随时启动，应每个月或每三个月启动运行5min左右。

（2）应着重关注润滑油的油位。在运行过程中，油位应在油位镜的1/3左右，在停止时，油位应在油位镜的中间。

（3）浆液循环泵轴封的维护至关重要。填料轴封泵应定期检查密封水量以及水压，应始终保持少量清洁水沿轴流过，轴封水量符合要求，轴封水压在规定范围内（一般为0.2～0.3MPa）。机械密封应当定期检查机封的动、静环磨损情况和动环弹簧的弹性，并视具体情况予以更换。

三、氧化风机的维护要点

（1）联轴器或皮带轮应有良好、可靠的防护装置。

（2）应着重关注润滑油的油位。在运行过程中，油位应在油位镜的1/3左右，在停止时，油位应在油位镜的中间。

（3）禁止在风机运行过程中松开放油塞。

（4）严禁从风机入口插入任何物体，运行中的风机转子可能导致严重的物理伤害。

（5）风机在停运前必须卸掉排气压力，否则电动机会因电流过大而发生故障。

（6）如果风机在运行时未连接管道系统，应当在进气口放置一张网筛，并且需要严密提防排气口的气流伤人。

四、斗式提升机的维护要点

（1）斗提机在运行过程中，所有的检视门必须关闭。

（2）为保证链条在工作时具有正常的张紧力，拉紧装置应调整适宜，不宜过紧。

（3）斗提机的启动应遵循空载启动的原则，即启动前不供料，供完料再停运。

（4）操作人员应当经常对斗式提升机的运行情况进行检查，包括链条松紧程度是否适宜，是否存在过度磨损及变形，料斗是否歪斜、脱落，物料在料口和底部是否有堵塞现象，润滑点是否有油，紧固件是否松动等。

五、埋刮板输送机的维护要点

（1）一般情况下应在卸料完毕后再停机，无特殊情况不得负载停机。

（2）初次启动设备后应空载运行至少15min以上，观察设备无异常后方可开始负载。

（3）应保证所有的驱动部分和轴承具有良好的润滑，但同时应避免润滑油进入机槽内。

（4）运行时因注意观察监视，严防铁块及大块物料混入机槽损坏设备。

（5）运行时应注意检查机器各部件、刮板链条完好无损。如果发现异常残缺损伤，要及时进行修复或者更换。

六、湿式球磨机维护要点

（1）检查各处连接螺栓，有缺陷的紧固件要及时予以更换。

（2）检查和修理进出料装置中易发生磨损的部件。

（3）经常对各润滑点进行检查，保证润滑油清洁、足够。

（4）经常对润滑管路、滤油器以及油泵进行检查，必要时应对其进行清洗和更换润滑油。

（5）在主电动机工作时，慢速驱动装置不得接合。在启动慢速驱动装置时，主电动机不能接合，必须首先运行高压润滑油泵，使空心轴顶起，防止轴瓦擦伤。

（6）操作人员应最大程度保证给料的均匀性。

（7）严禁湿式球磨机长时间空转，以免损伤衬板消耗介质。

（8）检查湿式球磨机大小齿轮的啮合情况，检查对口螺栓是否有松动迹象。减速机在运转过程中不应有异常振动和声响。

（9）适时向湿式球磨机内补充合格钢球，使球磨机内的钢球出力始终保持在最佳状态。

七、水力旋流器维护要点

（1）运行过程中要注意压力表读数在正常范围内，如果压力有较大波动应查明原因进行处理。

（2）设备正常运行时，应时常检查压力的稳定、溢流底流的流量大小、排料状态，并定期检测溢流底流的浓度和细度。

（3）应经常检查各部件的磨损情况，如果发现任一部件的厚度磨损超过50%，则必须进行更换。

（4）在实践中发现，底流口是水力旋流器最易磨损的部位。如果发现底流夹细应当尽快检查底流口磨损及堵塞情况。如果堵塞严重，应当及时进行更换。

（5）水力旋流器进料口堵塞会导致底流、溢流流量减小。旋流器的底流口堵塞还会使底流流量减少甚至发生断流，有时会伴有剧烈震动。所以要经常注意检查有无进入旋流器的残渣所导致的旋流器堵塞，如果发生堵塞，应及时关闭旋流器给料阀，清除堵塞物。日常运行中，在旋流器停运后应及时清空进料池，防止再次启动旋流器时，进料池内的沉淀物引起旋流器堵塞事故。

八、真空泵维护要点

（1）真空泵润滑油应及时更换或者补充。向轴承内加入轴承润滑机油后应观察油位在油位镜的中心线处。

（2）经常检查轴套的磨损情况，磨损较严重时应及时予以更换。

（3）经常检查调整填料压盖，保证填料室内的滴漏情况正常（以成滴漏出为宜）。

（4）应定期检查真空泵进出口水道及其管路的腐蚀与结垢情况，必要时及时进行修补清理。

（5）用手转动真空泵，检查真空泵转动是否灵活。仔细检查真空泵管路及其结合处有无松动现象。

（6）拧开真空泵泵体的引水螺塞，向内灌注引水（引浆）。

（7）关闭出水管路的闸阀以及出口压力表和进口真空表并全面检查确认。

（8）点动电动机，查看电动机转向是否正确。

（9）启动电动机，当真空泵运转正常后，打开出口压力表和进口真空表。监视其显示适当压力后，缓慢打开闸阀，同时立即检查电动机的负荷情况。

（10）如果发现真空泵运行中有异音，要立即停运进行检查。

（11）真空泵在运行过程中，轴承温度一般不能超过环境温度35℃，最高温度一般不超过80℃。

（12）应按照设备铭牌上的规范进行真空泵流量、扬程的控制，以保证真空泵在最佳效率点运行，进而达到最优节能效果。

（13）真空泵应依据厂家的相关规范要求定期换油。

（14）真空泵停运前应首先关闭相关闸阀、压力表，最后停运电动机。

（15）寒冬季节真空泵停运后，需要将泵体下部放水螺塞打开，将其中的介质放净，防止冻裂。

（16）真空泵长期停运时，需要将泵全部解体，将水分擦干；转动部分及结合处涂以油脂装好，进行妥善保护。

九、GGH运行（维护）要点

（1）系统在运行过程中通常采用压缩空气（0.8MPa）或者采用有一定过热度的蒸汽（1.0MPa，300～350℃）进行在线吹扫，为防止发生堵灰现象，清扫频率一般为每天至少三次。

（2）系统在长期运行过程中，难免会有一些黏附物通过正常吹扫方式无法清除，这些黏附物会导致烟气阻力持续升高，有时会达到设计值的1.5倍。此时可以采用在线高压水（10MPa）进行冲洗或人工清洗，以期大幅降低GGH阻力。

（3）GGH 在长期停运前，必须采用低压水（0.5MPa）进行冲洗，可以冲去转子上粘附的松散酸性沉积物。在 GGH 停运时，仍会暂时维持低转速（0.3r/min）运行。冲洗水可以通过固定在原烟气侧进出口处的大流量冲洗水管喷出，也可以通过与压缩空气共用的喷枪步进移动吹扫。

第四节　脱硫系统优化运行

要保证脱硫系统各设备之间协调运行，最终达到整个系统的最优状态，即设备运行安全、稳定、可靠而且节能，就需要运行人员在日常工作中根据实际工况对系统各主要设备进行不断的优化调整。

一、脱硫系统运行调整的主要任务

（1）保证脱硫设备安全、稳定、经济运行。

（2）保证机组脱硫效率在规定范围内。

（3）保证系统各设备在最佳工况下运行，有效降低各种消耗。

（4）在主机正常运行的状况下，满足机组的脱硫需求。

（5）提高石膏品质。

二、脱硫系统运行调整的主要方法

1. 制浆系统的调整

制浆系统调整的首要任务是保证石灰石浆液品质合格，并使制浆系统经常在最优出力下运行，以满足脱硫装置安全、稳定、可靠、经济的运行需求。

2. 制浆系统出力的主要影响因素

（1）给料量的均匀程度。

（2）湿式球磨机的给料粒径。

（3）湿式球磨机入口补水（滤液）量。

（4）湿式球磨机钢球装载量以及钢球大小配比。

（5）旋流子投运个数及运行情况。

（6）物料的可磨性系数。

（7）湿式球磨机出口水力旋流器的分离效果以及系统的堵塞情况。

3. 制浆系统的常用调整手段

（1）进入湿式球磨机的石灰石粒径应小于 20mm，如果在运行过程中发现球磨机的给料粒径过大，应及时逐级汇报，联系原料供应单位予以及时解决。

（2）运行中要严格控制石灰石的给料和进入湿式球磨机滤液量的

配比。

(3) 运行中注意及时调整称重皮带给料机的转速，保证湿式球磨机内给料量适当。

(4) 运行中注意监视湿式球磨机的运行电流。发现球磨机的运行电流小于正常值，应及时补充合格的钢球。

(5) 运行中注意监视湿式球磨机浆液循环箱液位，严防球磨机浆液循环箱出现溢流。

(6) 如果运行过程中发现制备出的石灰石浆液品质不合格，并且通过调整仍不合格时，要立即逐级汇报，以便及时查找出问题原因并妥善解决。

4. 脱硫吸收塔脱硫效率、pH 值和石灰石浆液补浆量的常用调整手段

(1) 正常运行时，吸收塔补浆量应根据吸收塔浆液 pH 值、出口 SO_2 浓度以及石灰石浆液密度进行综合调整。石灰石浆液密度和 pH 值降低时，应适当加大补浆量，当出口 SO_2 浓度升高时可以适当增加补浆量。

(2) 吸收塔补浆量的大小对脱硫装置的影响巨大，如果补浆量偏少，则无法满足烟气脱硫要求，脱硫效率降低，导致出口烟气含硫量增大。如果补浆量偏大，则会导致石灰石的浪费、吸收塔浆液密度增大，还会导致石膏中石灰石含量增大，从而降低石膏品质。

(3) 如果脱硫吸收塔脱硫效率过低，一般可以通过提高石灰石品质、加大补浆量、增启浆液循环泵、加强除雾器冲洗等多种方式进行调整。有停机检修机会时，应检查各喷淋层喷嘴的浆液雾化情况并进行有针对性的维护。

5. 脱硫吸收塔浆液密度的常用调整手段

(1) 吸收塔浆液密度的适时调整对于整个脱硫装置的安全、稳定、经济运行具有重要的作用。如果调整不当，极易造成泵及管道的磨损、腐蚀、结垢以及堵塞。吸收塔浆液密度过高会增加设备运行阻力，造成设备运行电流的上涨，增加下游设备运行负担，影响真空皮带脱水机脱水效果，拉低石膏品质，导致设备能耗升高等。

(2) 如果吸收塔浆液密度偏低，一般可以加大石膏旋流器底部回流，减小溢流回流，增大吸收塔补浆量，减少进入吸收塔的工艺水量。如果吸收塔浆液密度偏高，则应当按上述调整手段的反向进行调整。

6. 脱硫吸收塔液位的常用调整手段

(1) 脱硫吸收塔的液位高低对脱硫效果以及系统的安全运行影响极大。如果吸收塔液位过高，会缩小脱硫剂与原烟气的反应空间，降低脱硫

效率，严重时甚至有可能造成原烟气烟道和氧化空气管道进浆，以及石膏一级旋流器回浆不畅的后果。如果吸收塔液位过低，则会缩小氧化反应的空间，影响石膏品质，吸收塔液位过低还会对浆液循环泵的正常运行造成扰动，有时还会出现原烟气从溢流管逃逸的情况。

（2）如果吸收塔液位偏高，要确认排浆管路阀门开关正确且控制系统无误，同时关闭除雾器冲洗水和吸收塔补水门，并根据吸收塔浆液密度值适当调小滤液返塔量，必要时可以打开吸收塔底部排浆门排浆至正常液位。如果吸收塔液位偏低，应确认吸收塔补水管路无泄漏或者堵塞现象，除雾器冲洗水可正常喷雾，同时应当开大除雾器冲洗水及吸收塔补水手动门，并根据吸收塔浆液密度值适当调大滤液返塔量。

7. 提高石膏品质的常用调整手段

（1）如果石膏中酸不溶物含量偏高，应及时汇报上级，调整吸收塔上游设备的运行参数，降低原烟气中携带的粉尘含量。

（2）如果石膏中 $CaSO_3$ 含量偏高，应及时调整氧化风机运行参数，保证吸收塔氧化池中的 $CaSO_3$ 可被充分氧化。

（3）如果石膏中 $CaCO_3$ 含量偏高，应及时调整吸收塔补浆量，并联系化验人员对石灰石浆液品质和该批石灰石进行专项化验。如果石灰石浆液粒径过粗，调整细度至合格范围内。如果石灰石原料中杂质过多，立即通知石灰石供应单位处理，以保证石灰石品质在合格范围内。

（4）如果石膏含水率大于10%，应对真空皮带脱水机的转速或者给浆量进行调整，保证真空皮带脱水机的真空度在设计范围内，石膏饼的厚度在设计范围内。

第五节 脱硫系统运行的安全性及注意事项

一、脱硫效率、pH 值及供浆量调节

随着烟气中 SO_2 含量的变化，吸收剂（石灰石浆液）的加入量以 SO_2 脱除率为函数。负荷决定于干烟气体积流量和原烟气的 SO_2 含量。加入 $CaCO_3$ 流量取决于 SO_2 负荷与 $CaCO_3$ 和 SO_2 的摩尔比。随着吸收剂 $CaCO_3$ 的加入，吸收塔浆液将达到某一 pH 值。高 pH 的浆液环境有利于 SO_2 的吸收，而低 pH 则有助于 Ca^{2+} 的析出，因此选择合适的 pH 值对烟气脱硫反应至关重要。有关研究资料表明，应用碱液吸收酸性气体时，碱液浓度的高低对化学吸收的传质速度有很大的影响。当碱液的浓度较低

时，化学传质的速度较低；当提高碱液浓度时，传质速度也随之增大；当碱液浓度提高到某一值时，传质速度达到最大值，此时碱液的浓度称为临界浓度。烟气脱硫的化学吸收过程中，以碱液为吸收剂吸收烟气中的 SO_2时，适当提高碱液（吸收剂）的浓度，可以提高对 SO_2的吸收效率，吸收剂达临界浓度时脱硫效率最高。但是，当碱液的浓度超过临界浓度之后，进一步提高碱液的浓度并不能提高脱硫效率。为此应控制合适的 pH 值，此时脱硫效率最高，Ca/S 摩尔比最合理，吸收剂利用率显示最佳的效果。

在调试时，连续一段时间（10h）内人为调整石灰石浆液进吸收塔的流量，使浆液的 pH 值先从小到大，然后又逐渐减少，发现在一定范围内随着吸收塔浆液 pH 值的升高，脱硫率一般也呈上升趋势。但当 pH 值大于 5.8 后脱硫率不会继续升高，反而降低；pH 值等于 5.9 时，石膏浆液中 $CaCO_3$的含量达到 2.98%，而 $CaCO_4 \cdot 2H_2O$ 含量也低于 90%，显然此时 SO_2与脱硫剂的反应不彻底，既浪费了石灰石，又降低了石膏的品质；pH 再下降时，石膏浆液中 $CaCO_4 \cdot 2H_2O$ 含量又回升了，$CaCO_3$百分含量则下降了，因此实际情况与理论推断相符。根据工艺设计和调试结果，一般控制吸收塔浆液 pH 值在 5.0～5.4 之间，反应浆液密度在 $1080kg/m^3$左右，这样能使脱硫反应的 Ca/S 摩尔比保持在设计值 1.028 左右，获得较为理想的脱硫效率。正常运行时通过比较设定的 pH 值和实际的 pH 值来控制石灰石的加入量，当出现不断补充 $CaCO_3$无法维持 pH 值，不能满足烟气脱硫的需要时，运行人员应从下列各方面加以控制：

（1）pH 计是否需要校正。

（2）原烟气、净烟气的 SO_2浓度含量是否出现测量偏差。

（3）石灰石仓料位是否低于最低限定料位，石灰石浆液罐的液位、制浆水源是否正常，石灰石的品质是否合格，密度是否控制在规定范围。

（4）石灰石浆液补充到吸收塔管线上的调节阀是否正常工作，给料管线是否堵管等。从而排除故障点以维持正常运行的 pH 值。

二、吸收塔浆液循环泵

在湿法烟气脱硫技术中常用“液/气比”来反映吸收剂量与吸收气体量之间的关系。实践证明，增加浆液循环泵的投用数量或使用高扬程浆液循环泵可使脱硫效率明显提高。这是因为加强了气液两相的扰动，增加了接触反应时间或改变了相对速度，消除气膜与液膜的阻力，加大了 $CaCO_3$与 SO_2的接触反应机会，提高吸收的推动力，从而提高 SO_2的脱除率。

研究表明，烟气中的SO_2被吸收剂完全吸收需要不断进行循环反应，增加浆液的循环量，有利于促进混合浆液中的HSO_3^-氧化成SO_4^{2-}形成石膏，提高脱硫效率。但当液气比过大时，会增加烟气带水现象，使排烟温度降得过低，加重GGH的工作负担，不利于烟气的抬升扩散。一般在脱硫效率已达到环保要求的情况下，以选择较小的液/气比为宜。在吸收塔内每层喷淋层均对应一台循环泵，排列顺序为自下而上，因每台循环泵的扬程不同，出力不一，故不利于经济运行。为此在运行实践中对浆液循环泵运行方式进行了优化试验。

实际是当烟气量和烟气中SO_2的含量发生较大变化时，pH值的改变对脱硫效率的影响度不够，可通过调整循环浆液泵的数量和组合控制液/气比来实现对脱硫效率的有效控制。另外，循环浆液泵使用中还应注意以下几点：

（1）切换操作时要特别注意石灰石浆液补充正常，以确保新鲜吸收剂的补充。

（2）停用循环泵后要做好冲洗和注水工作（注水时母管压力一般情况下应达到0.05MPa），以防下次启动时气蚀给循环泵带来危害。

（3）长期运行后，随着吸收塔浆液中$CaCO_3$垢增加，可能会引起浆液循环泵入口滤网局部堵塞，增加对循环泵叶轮与泵壳的磨损和气蚀，引起出力下降等情况。运行人员应根据泵的出口压力、电流参数的变化，加以分析及早发现由于浆液循环量的下降对液/气比产生的影响，并做好防范工作。

三、氧化风机

烟气中的SO_2与石灰石反应生成的亚硫酸盐，必须经氧化后才能形成石膏。维持浆液中足够的氧量，有利于亚硫酸盐的转换，提高脱硫效率。但是，烟气中的氧量不能完全满足这一要求时，需要由氧化风机通过吸收塔的壁式搅拌器压力侧的喷嘴喷入塔内反应浆液中，浆液吸收O_2的能力随着压力的升高而增大。在搅拌器强涡流高剪切力的作用下，液体被强制地在空气泡周围流动而产生强烈的搅拌，使得HSO_3^-在液相中完全氧化成硫酸盐，推动化学吸收的进程。实践中发现，烟气量、SO_2浓度、Ca/S摩尔比、烟温等参数基本恒定的情况下，随着O_2含量的增加，石膏的形成加快，其品质提高，脱硫率也呈上升趋势。

四、吸收塔的浆液密度

吸收塔浆液密度对于整个脱硫装置的运行十分重要，如果调整不当就会造成管道及泵的加速磨损、腐蚀结垢以及堵塞，从而影响脱硫装置的正常运行。随着烟气与脱硫剂反应的进行，塔内的浆液密度不断升高，当密度大于一定值时，混合浆液中 $CaSO_4 \cdot 2H_2O$ 的浓度已趋于饱和，$CaSO_4 \cdot 2H_2O$ 对 SO_2的吸收有抑制作用，脱硫效率会有所下降。为了维持脱硫效率往往会补充过量的 $CaCO_3$，但这样不利于经济运行，当石膏浆液密度低于一定值时，其中部分 $CaCO_3$还没有完全反应，此时如果排出吸收塔，将导致石膏中 $CaCO_3$含量增高，影响石膏品质，且浪费了石灰石。运行中控制浆液密度在 1080kg/m^3左右，将有利于 FGD 的高效经济运行，而控制吸收塔浆液密度的有效方法是使其能够正常外排。正常运行时不管负荷如何，石膏浆液都会经外排泵从吸收塔中排入石膏脱水系统，经石膏脱水皮带上脱水后外运，直至达到预先设定的最小的体浓度，然后滤液再回吸收塔，此过程是根据浆液浓度变化不断循环往复的。每次外排时要注意：

（1）滤液泵的运行控制方式应为自动模式，且经常监视其状态，以确保滤液箱液位稳定，滤液箱液位低于设定值将会造成真空皮带机的不正常运行。

（2）重视石膏旋流站的压力监视工作，当压力偏离正常工作值时，应及时对管路的堵塞或沉沙嘴的磨损情况及压力表本身进行检查判断，必要时可对泵的磨损情况和沉沙嘴的磨损情况进行检修更换。

（3）真空泵密封水流量不够及真空皮带机的润滑水流量报警都将会造成设备保护停运。

（4）对石膏缓冲泵和管线及旋流站应加强停运后的冲洗疏放工作。

（5）每班定期对石膏样品进行取样分析，以便根据化验结果对运行工况作必要的调整。

五、吸收剂（石灰石）品质

石灰石的品质（纯度和细度）是影响脱硫效率的另一个重要因素。根据计算，为保证脱硫效率大于95%，工程所需的石灰石中 $CaCO_3$的含量应大于90%，在磨机出力一定的情况下，磨机的通风量也基本上保持不变，因此磨机旋流器是调节石灰石细度的主要手段。随着旋流器压力的提高，石灰石细度也越细，两者基本上呈线性变化关系。

六、氯离子含量的调整

吸收塔浆液氯离子含量严格控制在 20000×10^{-6}以下，如超标将对吸收塔及设备管道产生严重的腐蚀。运行中根据化学浆液化验报告，发现氯

离子含量超过 15000×10^{-6} 就要有针对性的采取预防措施，增加排浆量，加水进行稀释，减少滤液的返回量，加大浆液的置换工作。脱水系统要保证排往废水的处理量，增加化学浆液的化验频率，定期监控，直至合格。在应对的同时需要注意配合浆液 pH 值、浓度及脱硫效率。

七、烟气系统

原烟气中的飞灰在一定程度上阻碍了 SO_2 与脱硫剂的接触，降低了石灰石中 Ca^{2+} 的溶解速率，同时飞灰中不断溶出的一些重金属如 Hg、Mg、Zn 等离子会抑制 Ca^{2+} 与 HSO_3^- 的反应。过高的飞灰还会影响副产品石膏的品质，也是 FGD 各组成部分结垢的诱因之一。因此运行时还应加强电除尘的管理工作，减少进入 FGD 系统的粉尘。烟气温度低于设计值时将会影响脱硫后的烟气再热效应，对烟囱的防腐、GGH 的膨胀间隙均不利，因此，要合理调节增压风机静叶，维持烟道压力在 +0.2 ~ 0.6kPa 的范围，以确保锅炉安全运行。GGH 长期运行后会引起积灰，导致通流面积减小、进出口压差增加，不但换热效率差，还会诱发增压风机喘振，除每班必须进行高压空气吹扫外，必要时还应进行高压水在线清洗，以便及时清除积灰。

虽然系统是按照安全管理的需求进行设计和提供的，但是在日常运行中也必须遵守下列事项：

（1）在运行中，身体和衣服的任何部分都不得靠近泵和风机的联轴器或任何其他转动部件。

（2）检查或修理设备之前，即使设备不在运行中，也必须断开电源，而且还要关闭并锁住运行开关，并注意与烟气脱硫控制室保持密切的联系。

（3）在对气体/液体取样时，按要求穿戴好防护用具，了解气体/液体的各种属性。

（4）注意避免物体从上面落下，防止高空落物。

（5）沟道盖板和人孔门打开时，要采取绳索捆绑等适当的措施，对已经打开的盖子，应设置醒目标志，防止事故发生。

在例行检查时，进入吸收塔和箱罐/坑时，必须遵守下面的要求：

（1）进入吸收塔、风道或箱体/坑内部检查时，外部必须有人负责监护和联系，还要确保通风充分，并检查氧气表上的 O_2 浓度值是否符合要求。

（2）系统内部的湿度较高，注意防止短路、电击，并确保有足够的通风。

（3）进入系统风道时，壁上如果积有灰尘或粘有低 pH 值液体，必须穿戴防护服，携带防护用具。

（4）在例行检查时，由于工作人员需要进出设备和风道，要特别注意与锅炉运行人员和现场检查人员保持密切联系，制订明确的命令制度，避免误启动设备。

提示 本章共五节。其中第一节、第二节、第三节适用于中级工，第四节、第五节适用于高级工。

第七章

脱硫系统的停运

第一节　烟气系统停运

脱硫系统烟气系统的停运步骤如下：

（1）接主机单元长令，做好增压风机停运准备。

（2）将增压风机静叶由“自动”位切为“手动”位。

（3）缓慢开启增压风机旁路挡板电动调节门（100%全开）。

（4）根据入口烟气压力（－150Pa左右），逐步将增压风机静叶开度调至5%以下。

（5）停运增压风机。

（6）增压风机停运后增压风机出、入口挡板自动全开，静叶自动开至100%，旁路挡板自动开至100%。

（7）待增压风机轴承温度降至50℃以下，停运增压风机冷却风机。

（8）停运增压风机润滑油泵。

第二节　石灰石浆液制备系统停运

脱硫系统浆液制备系统停运步骤如下：

（1）石灰石料仓走尽，将称重皮带机转速调至最低，停止运行。

（2）启动磨机高压油泵，准备停运球磨机。

（3）关闭磨机后轴补水和循环箱补水。

（4）停运球磨机，停运喷淋油站，停运高压油泵。

（5）调整磨机循环箱液位，停运磨机循环泵并冲洗疏放。

（6）磨机停运1h后，视磨机轴承温度停低压油泵和关冷却水。

第三节　吸收塔系统停运

脱硫系统吸收塔系统停运步骤如下：

（1）停止供浆泵，并对管路进行冲洗。

（2）执行除雾器冲洗顺序控制将除雾器冲洗一遍后，将除雾器冲洗调至手动，停止冲洗。

（3）停运氧化风机，检查联动正常。

1）氧化风机释放门打开。

2）停运氧化风机。

3）关闭氧化风机出口门。

（4）关闭氧化风减温水门及油站冷却水。

（5）依次顺序控制停运循环泵，检查联动正常。

（6）吸收塔液位降至3m以下，停运吸收塔搅拌器。

第四节　脱水系统停运

脱硫系统脱水系统停运步骤如下：

（1）将石膏浆液排出泵至石膏缓冲箱变频调至0位，切断石膏浆液排出泵至石膏缓冲箱流量，停运石膏缓冲泵，用工艺水冲洗管道及旋流子。

（2）关闭脱水机滤饼冲洗水。

（3）当真空皮带脱水机上无石膏后停止真空皮带脱水机运行。

（4）停运真空泵，关闭脱硫真空泵密封水电动门及手动门。

（5）停运滤布冲洗水泵，关闭滤布冲洗水至真空皮带脱水机手动门。

第五节　废水排放处理系统停运

脱硫系统废水停运步骤如下：

（1）停运废水旋流给料泵并冲洗疏放。

（2）停运废水泵，并将设备和管道冲洗干净。

（3）将各加药泵变频调至0位，并停运。

（4）按检修需要排空废水箱（正常停运不需排空）。

（5）澄清池污泥排放干净后将压滤机冲洗干净，并停运。

（6）停运出水泵，并对母管进行冲洗。

（7）三联箱、出水箱不检修情况下可以不排空。

第六节 公用系统停运

脱硫系统公用系统停运步骤如下：

(1) 待所有设备停运冲洗完毕且所有转动机械全部停运后关闭各设备密封水、冷却水，FGD 系统无需工艺水泵供水时，停运工艺水泵。

(2) FGD 停运后，根据需要停运压缩空气系统。关闭主机至脱硫压缩空气供气总门，根据需要排空储气罐。

(3) 打开脱硫仪用气储气罐疏水；关闭仪用气储气罐入口手动门、脱硫区域气动阀门手动门、脱硫装置烟气分析仪手动门；关闭除灰压缩空气至脱硫系统手动门、吸收塔区检修手动门、石膏脱水区检修手动门。

(4) 一般情况下事故浆液箱和排水坑不进行排空，以方便下次启动。

提示 本章共六节，全部适用于初级工、中级工。

第八章

脱硫系统故障处理

第一节　脱硫系统常见问题的分析与处理

一、增压风机问题

1. 增压风机的自动控制

FGD 正常运行时，系统增加的阻力由增压风机来克服，因此 FGD 系统正常运行时应尽量控制增压风机的出力与系统的阻力相同。由于整个烟风系统是一个无自平衡能力的多容控制对象，引风机和增压风机串联运行特性不一，各段烟道特性不一，炉膛侧和脱硫侧工况相互影响、参数相互关联都要求必须采用良好的协调控制方式，因此不能把引风机和增压风机的控制设计成独立的单回路控制系统，同时要求增压风机的自动控制性能良好，否则会引发炉膛负压大幅波动、引风机喘振等现象，轻则影响机组的自动投入，严重的会造成机组停运。

2. 增压风机导叶调整机构卡涩

增压风机导叶卡涩及过力矩是常见的问题，除执行器本身质量及运行中损坏外，安装质量也是一个原因。其次就是在调试期间静叶调节时经常出现卡涩及过力矩现象，频繁引发电动执行器保护增大，增压风机入口压力变化大造成引风机喘振。

3. 增压风机油系统故障

增压风机润滑油系统故障主要表现为管路堵塞或泄露造成油压低、油箱油温高或低、系统联锁设计不合理等。在调试时润滑油流量、压力等必须严格按照使用说明书进行调整，压力过大可能出现管路漏油，压力过低或者润滑油流量过小可能出现润滑效果欠佳从而导致轴承温度升高、风机振动增大等，影响风机的稳定运行。油箱温度高低的原因主要是冷油器设计不合理或运行故障、油箱加热器未正常工作，调试时做好其联锁启停功能就可避免。稀油站示意如图 8－1 所示。

4. 增压风机振动

增压风机的振动问题主要是安装时造成的，风机安装过程中应该注意

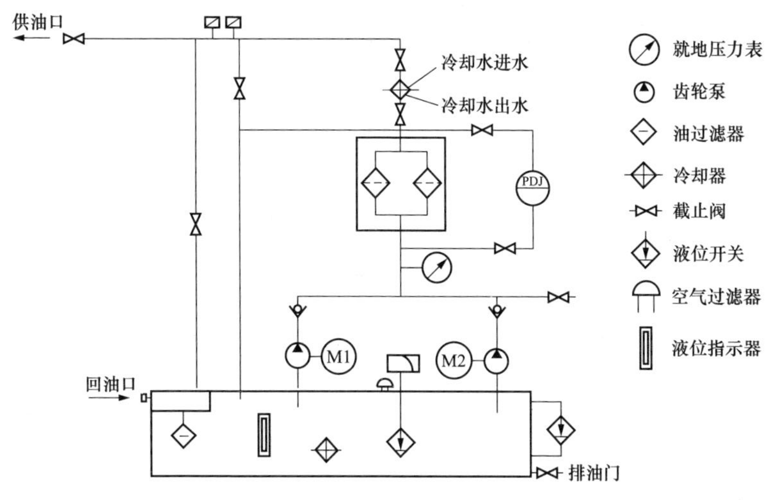

图 8－1　稀油站示意

如下事项：

（1）振动测量装置的安装必须严格按照说明书进行，目前风机的振动测量装置一般为水平振动和垂直振动两种，两种测量仪为不同型产品，在安装时必须注意区分，同时振动仪作为精密仪表，其信号线必须屏蔽以避免出现干扰。另外，振动传感器就地布置部分应有相应的防雨措施。

（2）目前增压风机一般都是通过中间轴连接电动机轴承和风机主轴，所以在安装联轴器时必须保证其同心度，任何一点的偏差都可能导致风机的振动超标。

（3）因为风机运行时处于热态，所以在风机轴承的膜式联轴器安装时必须保证其膨胀余量，一般要求不小于 5mm。

（4）必须在风机专业技术人员的现场指导下严格按照有关规定进行。

FGD 系统运行中，由于原烟气含尘量大或烟气腐蚀性大造成增压风机叶片磨损腐蚀或积灰，致使风机叶片不平衡而产生振动，对于这种情况，应保证锅炉电除尘器运行良好、改善燃煤质量，停运时及时清理风机叶片。增压风机的喘振具有驼峰形性能曲线，如图 8－2 所示。增压风机在 K 点以左的范围内工作时即在不稳定区域内工作，而系统中的容量又很大时则风机的流量、压头和功率会在瞬间内发生很大的周期性波动，引起剧烈的振动和噪音，这种现象称为喘振现象。当风机在大容量的管路中进行工作时，如果外界需要的流量为 q_{VA}，此时管线和风机的性能曲线相交与A点，风机产生的能量克服管路阻力达到平衡运行，因此工作点是稳定的。当外界需要的流量增加至 q_{VB} 时，工作点向A点的右方移动至B点，只要阀门开大些，阻力减小些，此时工作点仍然是稳定的。当外界需要的流量减少至 q_{VK} 时，此时阀门关小，阻力增大，对应的工作点为K点。K点为临界点，如继续关小阀门，K点的左方即为不稳定工作区。当外界需要的流量继续减小到 $q_V < q_{VK}$ 时，风机所产生的最大能头将小于管路中的阻力，然而由于管路容量较大，在这一瞬间管路中的阻力仍为HK。因此出现管路中的阻力大于风机所产生的能头，流体开始反向倒流，由管路倒流入风机中（出现负流量），即流量由K点窜向C点。这一窜流使管路压力迅速下降，流量很快由C点跳到D点，此时风机输出流量为零。由于风机继续运行，管路中压力已降低到D点压力，从而风机又重新开始输出流量，对应该压力下的流量是可以达到 q_{VE}，即由D点又跳到E点。只要外界所需的流量保持小于 q_{VK}，上述过程会重复出现，即发生喘振现象。如果这种循环的频率与系统的振荡频率合拍，就会引起共振，造成风机损坏。

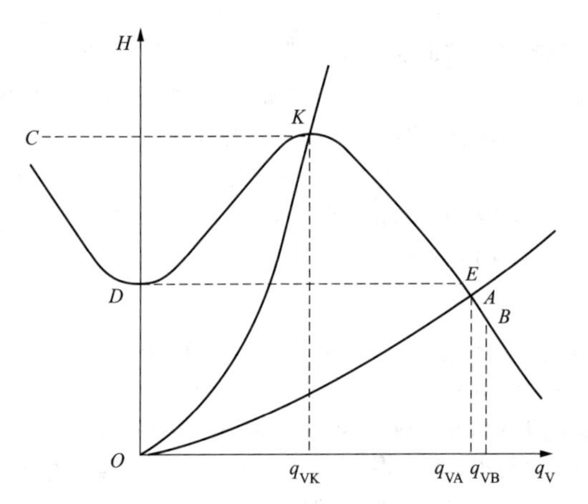

图8－2　典型轴流风机的性能曲线

可见，风机管路系统在下列条件下才会发生喘振：

（1）系统内气流周期性波动频率与风机工作整个循环的频率合拍，产生共振。

（2）风机的管路系统具有较大的容积，并与风机构成一个弹性的空气动力系统。

(3) 风机在不稳定工作区运行，且风机工作点落在 $H-q_V$ 性能曲线的上升段。

二、除雾器、GGH 堵塞及结垢

1. 除雾器、GGH 堵塞、结垢的原因

造成除雾器、GGH 堵塞结垢的原因多，除设计不合理、运行维护工作不到位等原因外，以下几点也是导致 GGH 的结垢与堵塞的原因。

(1) 除雾器堵塞。由于工艺水系统阀门关闭不严，大量工艺水内漏到吸收塔，改变了系统的水平衡。尤其在系统长期低负荷运行时，影响更大，导致除雾器得不到足够地冲洗。除雾器堵塞后，会改变烟气的流通面积，降低除雾效果，堵塞严重的除雾器不能得到充分冲洗，堵塞会进一步发展，会堆积大量的石膏，严重时甚至导致除雾器的坍塌。

除雾器堵塞的原因有除雾器冲洗压力不够，部分除雾器冲洗阀门故障没能及时排除。由于运行人员在进行系统调整时，因系统水平衡、物料平衡控制不当，造成吸收塔液位长期在高液位下运行，除雾器无法冲洗，堵塞除雾器。由于除雾器的堵塞，造成净烟气侧流速增快，烟气携带大量浆液进入 GGH，浆液在 GGH 表面蒸发结晶堵塞。

(2) 运行参数控制不到位。当吸收塔循环泵浆液的 pH 值较高时，烟气透过除雾器夹带的液滴中含有未反应的 $CaCO_3$ 与原烟气中高浓度的 SO_2 反应形成结晶石膏，即所谓石膏硬垢，牢固地黏附在换热板上，很难清除。在运行中有时吸收塔液位过高，溢流管排浆不畅，浆液从吸收塔原烟气入口倒流入 GGH，另外吸收塔运行时在液面上常会产生大量泡沫，泡沫中携带石灰石和石膏混合物颗粒；液位测量反映不出液面上的虚假部分，造成泡沫从吸收塔原烟气入口倒流入 GGH，随着泡沫水分的蒸发进而黏附在换热片表面，造成结垢。

2. GGH 堵塞及结垢处理措施

减缓 GGH 堵塞和结垢的措施应从以下方面进行：

(1) 系统设计方面。

1) 采用易冲洗板型换热元件，上下蒸汽吹灰，使流经除雾器的烟气流速均匀分布在合适的范围内，避免产生流速不均引起烟气携带液滴而影响除雾效果。除雾器尽可能水平布置在吸收塔内，可使凝结在除雾元件上的液滴在重力作用下，直接落入吸收塔浆池内，降低除雾器结垢的几率。

2) GGH 应尽量选择封闭型的传热元件，开放型的换热元件虽然具有高效换热性能，但是存在烟气通道不封闭造成吹扫压缩空气压力过早衰减，不利于吹透换热片，导致吹灰效果差的问题，造成无法将刚刚黏附在

GGH 换热片上的灰尘及石膏颗粒彻底吹掉。

（2）运行管理方面。

1）浆液浓度和 pH 值应控制在合理范围。浆液浓度和 pH 值越高，液滴中石膏、石灰石混合物浓度就越高，对烟气中 SO_2 与液滴中的石灰石反应越有利，但会造成石灰石耗量增加，同样条件下净烟气带到 GGH 的固体物增加。吸收塔浆液浓度一般控制在 10% ~15%，pH 值控制在 5.0 ~ 5.5，最大不超过 5.8。

2）在运行过程中注意加强监测吸收塔液位，总结吸收塔真实液位以上的虚假液位规律，防止泡沫从吸收塔烟气入口进入 GGH。

三、烟道膨胀节泄漏

FGD 烟道膨胀节泄漏也是一个普遍问题，特别是在吸收塔出口，膨胀节本身质量和安装质量是造成泄漏的主要原因。由于 FGD 系统的烟气中带有一定量的水分，烟气温度较低时，水分便凝结成水，沉积在膨胀节空腔中，即使在非金属蒙皮上设置疏水口，但由于运行时蒙皮的不规则底部形状以及疏水口的数量限制，也无法将沉积水完全排出。酸性的水不仅会腐蚀金属框架的防腐层，而且也不断腐蚀非金属蒙皮。同时酸性的水可能从蒙皮与防腐层的接合面渗漏出来。所以仅通过将蒙皮处螺栓拧紧，也无法保证接合面不渗漏。所以非金属膨胀节的结构和非金属蒙皮内衬材料的选择是否合理将直接影响非金属膨胀节的耐腐蚀性和是否渗漏。

泄漏的主要原因之一是安装工艺质量问题，烟道膨胀节为散装式，在现场进行组装过程中如产生刮破、折皱，出现破口等就会造成泄漏。另外，管道与膨胀节连接部位密封不严也是造成泄漏的主要原因之一，为此部分电厂采购了质量优良的非金属膨胀节并严格施工，彻底解决了烟道膨胀节泄漏问题。

四、吸收塔系统故障

1. 浆液循环泵

烟气脱硫吸收塔采用的浆液循环泵均为离心泵，石灰石中二氧化硅含量高、浆液浓度大、浆液 pH 值低、浆液泵转速低、叶轮材料不合，均可能导致浆液泵过流部件磨损腐蚀，目前浆液循环泵普遍存在的问题及缺陷包括机封泄漏、叶轮磨损汽蚀、减速机超温等。

（1）机封泄漏。浆液泵的密封处也是易漏之处，循环泵、石膏排出泵、石灰石浆液输送泵因相继发生机械密封损坏的故障而泄漏，而且大部分都是发生在启停过程中。在启停过程中，由于压力变化较大，浆液中的颗粒状物容易进入机械密封，虽然机械密封材料的硬度大，但比较脆，转动时挤压使机械密封损坏。

分析其产生的原因主要有产生料干摩擦、泵本身的振动超标以及机械密封本身制造问题。

（2）泵的汽蚀及叶轮磨蚀。有的脱硫工程投运后不足半年甚至不足三个月便出现循环泵出口压力下降，导致脱硫效率下降，解体检查发现叶轮局部磨损严重。其原因主要在于：

1）叶轮铸造前对钢水中镍元素加入量不足（取样化验结果）。

2）浆液中硬质颗粒超标，泵机转速太高，加剧磨损；泵的汽蚀在FGD系统也常见，加上磨损和腐蚀，使泵产生噪声和振动、缩短泵的使用寿命、影响泵的运转性能，严重时循环泵不到2个月就会报废。

（3）减速机超温及其他故障。目前，循环泵与电动机的连接有直接连接和通过减速器连接2种形式。实践表明，几乎所有的减速器都存在超温现象，一个主要原因是减速器设计过小，内部冷却面积偏小，冷却水流量难以增大。作为临时措施，一些电厂在减速器外加冷却水，更多的电厂是进行改造，将减速器拆除而更换较低速的电动机。

循环泵噪声超标主要是电动机问题，选用质量好的电动机及确保安装质量，可减少噪声。另外，一些循环泵包括石膏排出泵入口设有不锈钢或PP（聚丙烯）滤网，滤网破损及堵塞也常发生，停运时要及时更换和清理。

2. 氧化风机

（1）氧化风管堵塞。造成堵塞的原因是氧化风管标高较低，浆液倒流管内结垢。FGD氧化系统的送风总管在循环浆液池中安装的位置相对降低，其管道已浸在浆液之中，当浆池中的浆液没有排空、罗茨风机停止运行时，浆液沿着布风管迅速倒流至管道内沉积，长此以往造成管内沉积物增多、结垢，堵塞氧化风管。所以设计时应使送风管的底部标高高于液面的最高标高，防止浆液倒流管内结垢，并设有冲洗水，在风机停运时冲洗氧化风管道。在现有的情况下，运行操作时应在液面浸到送风管之前，启动罗茨风机运行，在浆液排空后，停止罗茨风机运行，以防浆液倒流管内结垢。

（2）噪声超标。氧化风机噪音超标也是常见问题，根据调查和测试，脱硫氧化风机在运行中产生的噪音主要有：

1）进、出气口及放气口的空气动力性噪声。

2）机壳以及电动机、轴承等的机械性噪声。

3）基础振动辐射的固体声等。

在以上几部分噪声中，以进、出（放）气部位的空气动力性噪声强度最高，是脱硫氧化风机噪声的主要部分。在采取噪声控制措施时，应首先考虑对这部分噪声的控制。另外，机壳及电动机整体噪声也严重超标，整体噪声频率呈宽带和低、中频特性，高噪声透过门、窗、墙体向外辐射，使厂界噪声超标，对脱硫运行人员产生危害。

脱硫氧化风机噪声控制可按声级大小、现场条件及要求，采取不同的措施。一般包括安装消声器、加装隔声罩、车间吸声及新型机房设计等。

3. 除雾器

（1）除雾器堵塞坍塌。除雾器是湿法脱硫中必不可少的设备，其结垢和堵塞现象较为常见，当除雾器堵塞严重时会导致除雾器不堪重负而坍塌。除雾器的堵塞情况，除设计流速过大造成堵塞外，运行方面的主要原因有：

1）除雾器冲洗时间间隔太长。

2）除雾器冲洗水量不够。

3）除雾器冲洗水压低，造成冲洗效果差。

4）除雾器冲洗水质不干净，造成冲洗水喷嘴堵塞。

5）冲洗水阀故障。

6）冲洗水管断裂等。

除雾器的堵塞不仅会导致本身的损坏，还可导致除雾器的气速增高，除雾效果变差，更多的石膏液滴夹带进入出口烟道，颗粒物沉积在 GGH 上，引起 GGH 的堵塞；严重者引起烟囱下石膏雨，这在国内没有 GGH 再热系统的 FGD 烟囱中发生过多次。因此，正确运行除雾器是非常重要的。运行中防止除雾器堵塞的处理措施一般有：

1）严格控制吸收塔液位，保证吸收塔液位不超过高液位报警。

2）控制水质，保证冲洗水干净无杂物。

3）保证定期冲洗是除雾器长期、安全、可靠运行的前提。

4）根据除雾器压降的多少来判断是否冲洗，定期检查和清理除雾器的堵塞情况。

5）粉尘不仅影响 FGD 系统的脱硫效率和石膏品质，而且会加剧 GGH 和除雾器的结垢堵塞，对 FGD 系统来说务必要控制入口粉尘含量。

（2）除雾器冲洗水管及阀门内漏。在许多 FGD 系统中出现了除雾器冲洗水管断裂现象，如图 8－3 所示。

其原因主要有：①冲洗水阀门开启速度过快，冲洗水对水管产生了水冲击现象，频繁的冲击造成水管断裂；②设计冲洗水管时固定考虑不周、

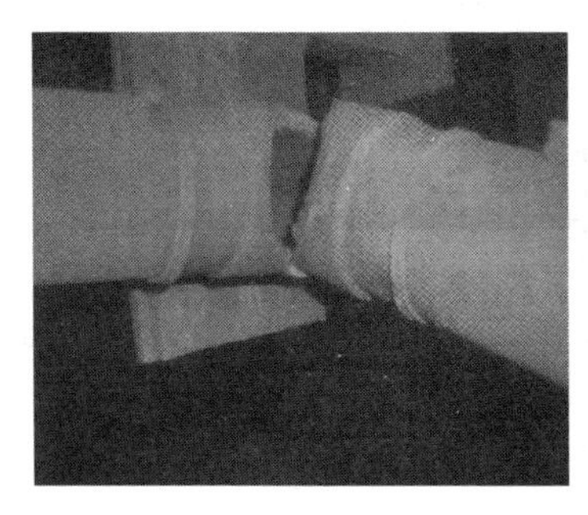

图 8－3　断裂的除雾器冲洗水管

不牢固，冲洗除雾器时水管或多或少地存在振动，最后造成水管断裂；③安装不合格，如 PP 管连接处未严格按要求加热连接，或固定不牢。

五、石膏脱水系统故障

1. 真空泵

水环式真空泵在运行中，经常发生内部结垢情况，致使转子无法转动。造成转子不能转动的主要原因是真空泵的工作介质，水硬度高、水中钙、镁化合物沉积结垢造成泵转子与壳体之间间隙变小、堵塞，进而引起真空泵不能正常运行。其处理措施一般有：

（1）启动前手动盘车。

（2）出现试转困难的时候采取柠檬酸清洗。

（3）增加泵停运后水冲洗环节，确保停运后泵体内的清洁，维持真空泵的正常运行。

（4）若有条件，可将真空泵密封水更换为软化水。

2. 真空皮带脱水机

脱水机常见的问题有皮带跑偏、滤布跑偏、滤布打折破损、滤布接口断裂、冲洗水管道和喷嘴堵塞、落料不均匀或堵塞等，运行中出现的问题有：

（1）电动机因过流或过热跳闸。

（2）滤布纠偏装置故障。

（3）胶带磨损。真空皮带脱水机胶带和胶带支撑平台之间发生了比较严重的胶带磨损。在胶带支撑平台两边的接水槽中，随处可见磨损下来的胶带碎末。一方面，磨损下来的橡胶条会堵塞接水槽；另一方面，还会堵塞支撑平台润滑水槽，致使皮带摩擦阻力增大，严重影响胶带的使用寿命。

（4）真空皮带脱水机真空盒漏水严重。

3. *石膏旋流器*

目前国内火电厂石灰石－石膏湿法脱硫装置中旋流器大多为进口设备，从使用情况看，破损情况严重，筒体或锥体开裂，石膏浆或石灰石浆四溢，致使石膏脱水系统或湿式磨石机制浆系统无法正常运行，尤其石膏浆液旋流器破损更为严重。石膏水力旋流器破裂一是因为旋流子材料太差、制造粗糙，易出现磨穿事故；二是运行控制不当，旋流器入口压力太高，超出了其设计承压能力。破裂的石膏旋流器旋流子如图8－4所示。

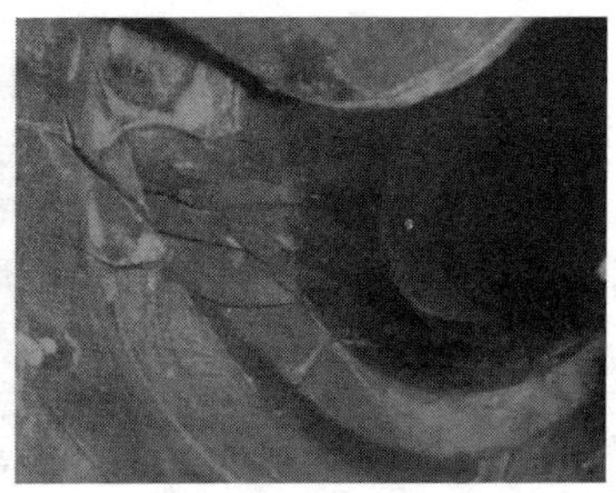

图8－4　破裂的石膏旋流器旋流子

通常可采取的对策如下：

（1）选用材质可靠的旋流器。对开裂的聚氨酯旋流子，建议与供货商联系，并取样请质检单位化验分析，确认是合格的聚氨酯产品还是贴牌伪劣产品。在聚氨酯旋流器中以聚周醚型为宜。若聚氨酯质量难以保证时，可采用钢制外壳内衬碳化硅的旋流子，耐磨耐腐。

（2）向旋流器供货商提供的设计参数应考虑燃煤含硫量、灰分及电除尘器除尘效率、因水质变化对浆液浓度、黏度与粒度的要求或影响，并留有合理的裕量。脱硫项目设计部门应对供货商提供的旋流器性能参数与结构参数予以分析确认。对废水旋流器，因废水中固形物浓度与粒度更小，尤应认真设计或采用其他有效的分离方式。

（3）重视旋流器的装配精度。旋流器一般是由一组零部件装配而成，轴向各连接部分应保证一定的同轴度，并且内表面不能有凸凹或裂缝，否则其内部流场的不对称性加剧，或使内部流场受到破坏，使分离性能恶化。因此对采用法兰连接的旋流器，对加工精度、密封垫圈的尺寸及边缘光整等应有较高的要求。

（4）供浆泵出口压力应与旋流器进料设计压力匹配，并保持稳定。

石灰石浆旋流器一般在此前设置石灰石浆循环罐，由再循环泵向旋流器供料，其液位与压力较稳定，故其破损明显低于石膏浆旋流器。而石膏浆液旋流器，大部分设计由吸收塔旁的石膏浆排出泵直接向石膏浆旋流器供料，输送距离长，输送管道压力降设计偏大，致使旋流器进料压力不稳定，明显超过旋流器设计参数，对旋流器分离效率与使用寿命均有不利影响，故建议在条件许可的情况下，在石膏浆旋流器前设置石膏浆缓冲罐，保持稳定的液位，用压力匹配的石膏浆缓冲泵向旋流器供料。另外，按设计要求运行可减少旋流器破裂的发生。

（5）加强检修维护，对旋流子易磨损的部位如进料口与沉砂嘴，及时进行修补或更换。在条件许可的情况下，旋流器上应多设几个在线备用的旋流子。

六、石灰石制浆系统故障

1. 球磨机入口堵塞

球磨机入口堵塞，浆液溢流，磨机不能正常运行，主要原因是磨机入口水管设计不合理。脱硫磨机设计为湿式球磨机，运行中石灰石和工艺水同时进入磨机系统，水源主要来自滤液池的滤液水，水温在50℃左右，入口水管安装位置在弯头下部约200mm处，这样一来水中的蒸汽在弯头上遇冷凝结，使石灰石下料中的粉状物逐渐黏附在弯头上部，积到一定厚度便造成下料口堵塞。解决的措施通常为：

（1）将入口来水管变更在弯头上部，减少水汽对下料的影响。

（2）加装报警装置并引入控制室，便于运行人员及时发现和处理堵塞。

2. 湿式球磨机内衬板损坏

橡胶衬板用于石灰石制备系统中的磨机内衬，衬板在磨机内主要受到腐蚀、撞击、磨损，易损坏，因此选择合适的磨机衬里在石灰石浆液的制备生产中很重要。磨机衬板要求必须具有很好的耐磨、抗冲击、耐老化、抗腐蚀的性能，其中耐磨是最主要的。国家标准对磨石机橡胶衬板的技术要求是：拉伸强度16MPa，硬度65±5，拉断伸长率大于或等于400%，回弹性36%，相对体积磨耗量小于或等于60mm^3。

从磨损的观点看，影响衬板磨损的主要因素有进料尺寸、磨矿介质尺寸、磨机转速、磨机直径、矿物硬度与填充率，但通常这些参数是不变的。因此正确的衬板结构设计和安装质量，直接影响到磨机处理能力、生产效率、衬板磨损速度和磨矿成本。若运行中球磨机筒体内撞击声音异常增大，是橡胶内衬损坏的征兆，需及时停机检查更换。

3. 湿式球磨机漏浆

由于球磨机筒体内装有大量浆液，筒体的旋转给球磨机入口的密封带来一定困难，会出现漏浆现象。有的电厂密封形式不好，采用的是填料密封，密封结构简单，加之浆液浸泡和磨损，使用寿命短，不超过一周就有泄漏；有的电厂密封垫的尺寸选择错误，漏浆更为严重。对入口漏浆，一些电厂通过更换更好的机封，在磨机入口机封下部增加汇流管，并从磨机入口比例水引取冲洗水源，减少了漏浆现象。球磨机出料端甩料的原因一般有：

（1）石灰石给料与球磨机给水配比存在问题，配水量过多。造成配比不当的因素有：逻辑控制上，阀门给水配比设置不当；球磨机入口和石灰石浆液循环箱的注水调节门没有设自动，或是阀门有损坏，导致给水量过多；石灰石称重给料机不准等。

（2）球磨机本身问题。因球磨机本身的问题导致甩料的因素有：球磨机安装不水平；球磨机内钢球过多；各种规格的钢球配比不合理。

（3）石灰石浆液旋流器对球磨机甩料有较大影响，主要是控制回流浆液与成品浆液的流量比，回流浆液流量大易使磨石机内浆液过多，磨机系统物料失去平衡而溢流。可以在旋流器喷嘴处通过用水桶、秒表和磅秤等较粗略的方法来测量该处的体积流量和密度，如果测量结果与设计值偏差较大，则需更换旋流子底流沉沙嘴。运行时应逐一排查原因并有针对性地去解决。

4. 磨机出力或浓度达不到设计要求

磨机出力不足主要是设计选取时偏小，或球磨机内钢球装载量不足、钢球大小比例配置不当造成的。前者属先天不足，只有通过更换磨机或增加磨机来满足烟气脱硫装置的运行要求。钢球装载量不足可从运行中电流的大小来判断，这时应及时补充钢球，一般来说，只需补充直径较大的两种型号的钢球即可。球磨机应在额定工况下运行，但给料量小会造成钢球磨损变快和制浆量不足等弊端。根据经验，运行中应按实际钢球装载量的最大出力给料，既可降低电耗也能降低浆液细度。如果小钢球过多则磨机出力也将不足。

脱硫用石灰石浆液对密度和细度有较严格的要求。设计要求石灰石浆液密度一般为 1210 ~ 1250kg/m^3，对应的石灰石浆液质量百分比浓度在 25% ~30% 左右，合格的石灰石浆液细度大多要求为大于 325 目（44μm）90% 通过。密度过高易造成管道磨损和堵塞，同时也会加快石灰石浆液箱搅拌器的磨损；密度过低会造成即便吸收塔供浆调节阀门全开，石灰石浆液量仍无法满足吸收塔的需要，致使吸收塔内吸收液 pH 值过低。湿式球磨机制浆系统运行调整的目的是使磨制出的石灰石浆液的密度（或浓度）细度满足脱硫工艺要求，达到设计值，并保证系统安全稳定运行，能耗最低。磨机带负荷试运时，应通过对石灰石浆液的密度（或浓度）细度等指标进行多次调整，包括对其影响因素如磨机加球量、制浆系统水量平衡、给料量以及旋流器的入口压力及底流流量的调整等多方面的反复试验，才能取得理想的效果。调整石灰石浆液细度的途径通常有：

（1）保持合理的钢球装载量和钢球配比。石灰石靠钢球撞击、挤压和碾磨成浆液，若钢球装载量不足，细度将很难达到要求。运行中可通过监视磨机主电机电流来判断钢球装载量，若发现电流明显下降则需及时补充钢球。磨机在初次投运时钢球质量配比应按设计进行。

（2）调节磨机入口进料量。为了降低电耗，磨机应经常保持在额定工况下运行，但当钢球补充不及时，则需根据磨机主电动机电流降低情况适当减小给料量，才能保证浆液细度合格。

（3）控制进入磨机石灰石粒径大小和 Fe_2O_3、SiO_2 成分，使之处于设计范围内。一般湿式球磨机进料粒径应小于 20mm。

（4）调节进入磨机入口工艺水（或来自脱水系统的回收水）量。磨机入口工艺水（或来自脱水系统的回收水）的作用之一是在筒体中流动带动石灰石浆液流动，若水量大则流动快，碾磨时间相对较短，浆液粒径就相对变大；反之变小。为保证浆液的密度和细度，水量应与磨机出力相对应，要控制在一个合适的范围内，通常情况下，进入磨机的石灰石和给水量比例在 2.3 ~ 2.5 较为合适，石灰石较湿时可减少给水量。

（5）调节旋流分离器的水力旋流强度。旋流器入口压力越大，旋流强度则越强，底流流量相对变小，但粒径变大；反之粒径变小。因此在运行中要密切监视旋流器入口压力在适当范围内。调节旋流分离器入口压力时，若系统装有变频式再循环泵，则可通过调节泵的转速来改变旋流器入口压力；若旋流器由多个旋流子组成，则可通过调节投入旋流子个数去实现调整目的。旋流子投入个数和旋流器压力应在运行中找出一个最佳组合范围，这是保证浆液细度、物料调节平衡的关键。

（6）适当开启细度调节阀，让一部分稀浆再次进入磨机碾磨。旋流器入口石灰石浆液的密度设定值一般不要超过 $1.5t/m^3$，超过此限值系统磨损、堵塞现象明显加剧，磨制的浆液细度也无法保证。

（7）各种手段的调节需要检测、化验数据，因此运行应经常冲洗密度计，保证测量准确性，同时加强化学监督，定期化验浆液细度和密度，为磨机的调节提供依据。

第二节　脱硫系统的事故处理

一、脱硫系统事故处理原则

（1）脱硫所有运行人员应熟悉自己的生产范围。

（2）发生事故时，班长应在值长的直接指挥下，领导全班人员迅速果断地按照现行规程处理事故。运行人员应综合参数的变化及设备异常现象，正确判断和处理事故，防止事故扩大，限制事故范围或消除事故，在保证设备安全的前提下迅速恢复机组运行，满足机组脱硫的需要。在机组确已不具备运行条件或继续运行对人身、设备有直接危害时，应停运脱硫装置，并迅速将情况向值长或有关领导汇报，按照规程的规定和领导的指示进行处理，在紧急情况下应迅速处理事故，同时尽快向领导汇报。

（3）当发生规程列举的事故时，运行人员应根据自己的经验与判断，主动采取对策，迅速处理。

（4）事故处理结束后，值班人员应实事求是地将事故发生和处理的详细情况记入交班记录簿内，记录的内容应有事故前的运行状况事故现场描述、保护动作、事故处理时间和顺序及结果，如有设备损坏应描述损坏情况，并汇报有关领导。

（5）值班中发生的事故，应召集有关人员，对事故现象的特征、经过及采取的措施认真分析，并用书面材料报有关运行部门、安监处，以便分析事故发生的原因，吸取教训，总结经验，落实责任。

二、GGH 运行中跳闸

1. GGH 跳闸的一般原因

（1）GGH 主电机报警，延时 5s 跳闸。

（2）电动机损坏。

（3）驱动装置齿轮箱、小齿轮损坏。

（4）机械卡死。

（5）围带损坏。

2. 通常的处理方法

（1）GGH 跳闸后，FGD 将联锁停用，按 FGD 紧急停用处理。

（2）如因机械卡死，不可强行手动盘车，以防驱动装置和防腐损坏。待自然冷却后手动盘车 2 周以上，根据需要启动 GGH。

（3）如非机械卡死故障跳闸，电动机无法启动，则进行手动盘车，直至 GGH 进出口烟温差小于 20℃。

（4）如围带损坏联系检修更换。

三、吸收塔浆液循环泵跳闸

1. 吸收塔浆液循环泵跳闸的现象

（1）循环泵跳闸，声光报警信号发出。

（2）循环泵指示灯红灯熄、绿灯亮，电动机停止转动。

（3）联锁开启 BUF 旁路挡板、停运增压风机，关闭 FGD 烟气进、出口挡板。

2. 吸收塔浆液循环泵跳闸的主要原因

（1）6kV 电源中断。

（2）吸收塔液位过低。

（3）吸收塔循环泵控制回路故障。

（4）循环泵电动机轴承温度高。

（5）循环泵电动机线圈温度高。

（6）循环泵轴承振动大。

（7）循环泵进口门关。

3. 吸收塔浆液循环泵跳闸的常规处理方法

（1）确认联锁动作正常，BUF 旁路挡板自动开启增压风机跳闸，烟气进口、出口挡板自动关闭，若增压风机未跳闸，挡板动作不良，应手动处理。

（2）查明浆液循环泵跳闸原因，并按相关规定处理。

（3）启动备用浆液循环泵，维持 FGD 正常运行。

（4）及时汇报值长，必要时通知相关检修人员处理。

（5）检查吸收塔液位计是否正常，低液位报警和跳闸值设定是否正常，视情况对液位计进行冲洗或校验，若仍无效联系检修处理。

（6）检查吸收塔底部排放门有无异常。

（7）若所有浆液循环泵均跳闸，应确认 FGD 紧急停机保护动作。

（8）若属 6kV 母线失电引起跳闸应按厂用电失电预案处理。

（9）视吸收塔内烟温情况，开启事故喷淋冲洗水，以防止吸收塔防腐及除雾器损坏。

（10）做好 FGD 启动准备工作，待故障消除后，根据需要投入 FGD 运行。

（11）若短时间内不能恢复运行，按短时停运处理。

四、工艺水中断

1. 工艺水中断的现象

（1）工艺水压力低报警信号发出。

（2）生产现场各处用水中断。

（3）相关箱罐液位下降。

（4）各设备的密封水、冷却水中断。

2. 工艺水中断的原因

（1）运行工艺水泵故障，备用水泵联动不成功。

（2）工艺水泵出口门故障关闭或工艺水泵进、出口门误关。

（3）工艺水箱液位太低，工艺水泵跳闸。

（4）工艺水管破裂等。

3. 工艺水中断的处理

（1）启动备用工艺水泵，维持工艺水压力正常。

（2）检查工艺水泵运行正常，进、出口门位置正常，如不正常，进行调整，停用故障工艺水泵。

（3）检查工艺水箱水位正常，检查工艺水箱进水门动作正常。

（4）如工艺水管道有泄漏，设法隔离泄漏点。

（5）若短时间无法恢复工艺水系统运行时，应汇报值长。按短时停运处理。

五、氧化风机跳闸

1. 氧化风机跳闸的现象

（1）氧化风机跳闸，声光报警信号发出。

（2）氧化风机电流到零，电动机停止转动。

（3）氧化风机油站压力低或油温低报警。

2. 氧化风机跳闸的原因

（1）氧化风机轴承温度高。

（2）氧化风机电动机轴承温度高。

（3）氧化风机线圈温度高。

（4）氧化风机振动大。

（5）氧化风机出口门已关且氧化风机排空门已关。

（6）风机油站加热器故障或冷却水阀门内漏。

3. 氧化风机跳闸的处理

（1）确认备用氧化风机自启动正常，若不自启动，手动启动备用氧化风机，维持 FGD 系统运行正常。

（2）检查氧化风机冷却水系统是否正常，若不正常，设法恢复。

（3）检查跳闸氧化风机的轴承温度、电动机轴承温度、线圈温度是否正常。若不正常联系检修隔绝处理。

（4）通知检修处理油站滤网和加热器。

六、增压风机及电动机轴承温度高

1. 故障现象

（1）增压风机轴承温度高报警。

（2）电机温度高报警。

2. 故障可能原因

（1）轴承损坏。

（2）两台密封风机均故障。

（3）冷却水中断，造成油温过高。

（4）油质恶化或油位过低。

3. 故障常规处理

（1）若密封风机故障，联系检修尽快修复。

（2）检查油站润滑油泵运行正常。

（3）检查冷却水投运行正常。

（4）若油位过低或恶化，加油或换油。

七、增压风机失速

1. 故障现象

（1）增压风机失速报警。

（2）电流发生大幅度变化。

（3）风机噪声明显增加，严重时机壳、烟道发生振动。

2. 故障可能原因

（1）风机在不稳定工况区域运行。

（2）GGH 或除雾器堵塞严重，或烟气挡板操作不当，烟气系统阻力增加。

3. 故障常规处理

（1）立即将增压风机静叶调节置于手动并关小静叶。

（2）如因烟气进、出口挡板误关所致，应立即打开，同时调整静叶开度。

（3）必要时开启 BUF（增压风机）旁路挡板，关小增压风机静叶。

（4）如经上述处理无效，联系值长，要求降低机组负荷。

（5）经处理失速消失，则稳定运行工况，进一步查找原因并采取相应的措施后，方可逐步增加风机的负荷，关闭烟气旁路挡板。

（6）经处理后无效或已严重威胁设备的安全时，应立即停止该风机运行。

八、增压风机振动异常

1. 故障可能的原因

（1）FGD进、出口挡板位置不正常。

（2）风机叶片上有积灰。

（3）叶片磨损造成不平衡。

（4）轴承异常。

2. 故障常规的处理

（1）检查FGD的进、出口挡板位置。

（2）联系值长，要求降低机组负荷或开启烟气旁路挡板，降低增压风机的出力。

（3）降低增压风机负荷无效时，振动仍大于4.6mm/s时，调停处理。

九、增压风机静叶调节装置故障

1. 故障可能的原因

（1）静叶油压不正常下降。

（2）运行油泵跳闸，备用油泵未自启动。

（3）油站滤网堵塞差压大。

（4）油箱油位低，造成打空泵。

（5）增压风机液压缸有缺陷。

（6）静叶调节执行机构故障。

2. 故障常规处理

（1）如静叶油压不正常，应立即启动备用油泵，设法恢复油压正常。

（2）如静叶油系统漏油应及时联系检修处理并加油维持油位正常，维持增压风机正常运行。如泄漏严重或爆破，无法维持静叶开度，静叶自行开大或关小，增压风机出口压力无法维持时，必要时停用增压风机。

（3）增压风机静叶油泵全部故障，或液压油系统无法向液压缸供油时，严禁操作风机静叶，汇报值长，联系停运FGD。

（4）由于液压缸卡涩、执行机构等原因造成风机静叶无法操作时，禁止操作该风机的静叶，维持风机原开度运行，汇报值长，联系检修处理。

十、增压风机油站油温过高

1. 故障可能的原因

（1）加热器运行不正常或设定过高。

（2）冷却水量太小或未开。

（3）冷却水温度高。

（4）冷却器污染或质量差。

（5）环境温度高。

2. 故障常规处理

（1）检查调温器，关掉加热器。

（2）增加冷却水量。

（3）联系检修处理。

（4）隔离外界热源。

十一、增压风机油站油压异常

1. 故障可能的原因

（1）油站滤网堵塞。

（2）油管道泄漏。

（3）阀门失调或堵塞。

（4）压力阀故障，油温高，油位低。

（5）油泵故障。

（6）调压门失调。

2. 故障常规处理

（1）切换至备用滤网运行，并联系检修清洗或更换滤网。

（2）检查泄漏点并联系检修处理。

（3）联系检修处理。

（4）联系检修调节调压门。

十二、GGH 差压大

1. 故障常见的现象

（1）GGH 差压大报警（大于初始值的 1.5 倍）。

（2）增压风机电流增大、出口压力增大。

2. 故障可能的原因

（1）电除尘器故障使除尘效率下降，烟气含尘量太大。

（2）进入 GGH 净烟气侧的烟气携带有大量的含有石膏浆液的颗粒。

（3）除雾器严重结垢或者除雾效率低，导致烟气中含有大量的大颗粒的雾滴，这些水分与烟气中的 SO_3 发生反应产生硫酸，黏附在传热元件表面，与烟气中的灰尘、石膏结合形成难以去除的硬垢，尤其在除雾器进行冲洗时更会加剧恶化。

（4）吹灰装置工作不正常。

（5）吹灰器的介质参数没有满足要求，如蒸汽压力不够、过热度不够、疏水不够导致蒸汽带水等。

（6）除雾器冲选过频、冲洗压力过高，使烟气二次带水，造成飞灰的黏结。

3. 故障常规处理

（1）检查电除尘器运行情况，尽快恢复电除尘器正常运行。

（2）经常检查除雾器的压降，定期对除雾器进行冲洗，确保除雾器的除雾效率达到要求。

（3）控制吸收塔内的浆液液位正常，防止发生烟气携带的液体、固体颗粒增多。

（4）控制吸收塔内的 pH 值正常。

（5）增加吹灰次数，缩短吹灰间隔，提高 GGH 吹灰蒸气温度（不低于 300℃）。

（6）处理无效进行高压水在线冲洗。

（7）及时调整除雾器冲洗频率和压力，避免烟气二次带水。

十三、吸收塔液位异常

1. 故障可能的原因

（1）吸收塔液位突变。

（2）液位计故障。

（3）吸收塔、浆液循环管泄漏。

（4）吸收塔液位控制系统故障。

（5）吸收塔补水门、除雾器冲洗门等内漏，大量工艺水进入吸收塔。

2. 故障常规处理

（1）检查液位突变的原因。

（2）检查并校验液位计。

（3）检查并修补循环浆液管路。

（4）检查吸收塔及底部排放门位置并调整至正常位置。

（5）若吸收塔补水门、除雾器冲洗门等内漏，手动关闭并联系检修处理。

十四、氧化空气流量异常

1. 故障可能的原因

（1）氧化管道或氧化风机进口滤网堵塞。

（2）氧化风机故障或管道泄漏。

2. 故障常见处理

（1）启动备用氧化风机，停用故障氧化风机。

（2）检查氧化风机进口滤网，若有堵塞进行清理。

（3）检查管道是否泄漏，设法隔绝泄漏点。

十五、石灰石浆液流量降低

1. 故障可能的原因

（1）石灰石浆液泵故障。

（2）石灰石浆液管道堵塞。

（3）吸收塔进浆调节门故障，调节失常。

（4）流量计故障，显示失常。

2. 故障常规处理

（1）启动备用浆液泵，停用故障浆液泵。通知检修处理。

（2）冲洗石灰石浆液管道。

（3）检查调整吸收塔进浆调节门。如无效则应开启旁路门，手动调节浆液流量。通知检修处理。

（4）检查处理石灰石浆液流量计。

十六、除雾器差压高

1. 故障可能的原因

（1）除雾器冲洗不正常，除雾器结垢。

（2）除雾器设计不合理。

（3）吸收塔烟气流速过高或流速分布不均匀，局部偏高。

（4）冲洗系统设计不合理或运行中冲洗不正常。

（5）除雾器差压管路堵塞或表计故障。

2. 故障常规处理

（1）控制合理的 pH 值，在能保证脱硫效率的情况下尽量能控制较低的 pH 值，当然也不可低于 4.5。

（2）当除雾器压差不正常升高，或压差较大时，调整冲洗方式延长单阀冲洗的时间，以提高冲洗的效果。

（3）检查吹扫除雾器差压表。

十七、pH 计指示异常

1. 故障可能的原因

（1）pH 计流量过小、堵塞。

（2）pH 计冲洗水泄漏。

(3) pH 计电极污染、损坏、老化。

2. 故障常规处理

(1) 检查冲洗 pH 计管路。

(2) 检查调整 pH 计冲洗门，消除泄漏。

(3) 冲洗 pH 计，检查 pH 计的电极并校验表计。

十八、真空泵启动困难、跳闸或电流超限

1. 故障可能的原因

(1) 启动时泵体内水位过高。

(2) 填料压盖上得太紧。

(3) 皮带拉得过紧

(4) 内部机件结垢生锈。

(5) 电控柜电流保护调整不当。

2. 故障常规处理

(1) 按规定水位启动（泵的中心线以下）。

(2) 联系检修处理。

(3) 通知检修调整皮带。

(4) 化验水质，更换软质水源。

(5) 通知电气调整保护定值。

十九、真空泵吸气量或真空度明显下降

1. 故障可能的原因

(1) 皮带打滑而引起转速下降。

(2) 供水量不足或温度过高。

(3) 真空系统有泄漏。

(4) 介质有腐蚀或带入物料磨蚀，使内部间隙加大。

(5) 填料密封泄漏。

(6) 泵内结垢严重。

2. 故障常规处理

(1) 联系统检修处理。

(2) 调节供水量，检查供水管路是否堵塞。

(3) 检查管路连接的密封性。

(4) 净化介质，防止固体物料吸入泵体内。

二十、吸收塔浆液循环泵振动大

1. 故障常见的现象

(1) 吸收塔浆液循环泵振动大。

（2）设备声音异常。

（3）设备温度升高。

2. 故障可能的原因

（1）安装质量工艺欠佳。

（2）浆液循环泵入口滤网存在堵塞现象。

（3）浆液浓度大，过负荷。

（4）设备磨损腐蚀严重，受力不均匀。

3. 故障常规处理

（1）停运设备，通知检修人员检查处理。

（2）有效控制浆液 pH 值（5.0～5.6）和吸收塔浆液浓度小于 20%，且密度维持在 1150kg/m^3 以下。

提示 本章共两节，全部适用于高级工。

第二篇

除尘设备运行

第九章

粉尘排放控制

第一节　粉尘的基本性质及排放标准

粉尘是由自然力和机械力产生的，能够悬浮于空气中的固体细小微粒。国际上将粒径小于75μm的固体悬浮物定义为粉尘。在除尘技术中，一般将1~200μm乃至更大颗粒的固体悬浮物均视为粉尘。由于粉尘的多样性和复杂性，粉尘的性质参数是很多的。

在粉尘的来源中，自然过程产生的粉尘一般可以靠大气的自净作用来除去，而人类活动产生的粉尘要靠除尘设施来完成。

一、粉尘分类

（1）按物质组成分类。可分为有机尘、无机尘、混合尘。有机尘包括植物尘、动物尘、加工有机尘；无机尘包括矿尘、金属尘、加工无机尘等。

（2）按粒径分类。按尘粒大小或在显微镜下可见程度粉尘可分为：粗尘，粒径大于40μm，相当于一般筛分的最小粒径；细尘，粒径10~40μm，在明亮光线下肉眼可以看到；显微尘，粒径0.25~10μm，用光学显微镜可以观察；亚显微尘，粒径小于0.25μm，需用电子显微镜才能观察到。不同粒径的粉尘在呼吸器官中沉着的位置也不同，又分为：可吸入性粉尘即可以吸入呼吸器官，直径约大于10μm的粉尘；微细粒子直径小于2.5μm的细粒粉尘，微细粉尘会沉降于人体肺泡中。

（3）按形状分类。不同形状的粉尘可以分为：三向等长粒子，即长宽高的尺寸相同或接近的粒子；片形粒子；纤维形粒子，如柱状、针状、纤维粒子；球形粒子，外形呈圆形或椭圆形。

（4）按物理化学特性分类。根据粉尘的湿润性、黏性、燃烧爆炸性、导电性、流动性可以区分不同属性的粉尘。如按粉尘的湿润性分为湿润角小于90°的亲水性粉尘和湿润角大于90°的疏水性粉尘；按粉尘的黏性力分为拉断力小于60Pa的不黏尘，60~300Pa的微黏尘，300~600Pa的中黏尘，大于600Pa的强黏尘；按粉尘燃烧、爆炸性分为易燃、易爆粉尘和一般粉尘；按粉料流动性可分为安息角小于30°的流动性好的粉尘，安息角为30°～45°的流动性中等的粉尘及安息角大于45°的流动性差的粉尘。按粉尘的导电性和静电除尘的难易可分为高比电阻粉尘、中比电阻粉尘和低比电阻粉尘。

（5）其他分类。还可分为生产性粉尘和大气尘、纤维性粉尘和颗粒状粉尘、一次扬尘和二次性扬尘等。

二、粉尘特性

（1）粉尘的粒径分布。粉尘的粒径分布是指粉尘中各种粒径的粉尘所占质量或数量的百分数。粉尘的粒径分布也做分散度。按质量计的称为质量粒径分布，按数量计的称为计数粒径分布；在除尘中通常用质量粒径分布，粉尘的分散度不同，对人体的危害以及除尘机理和所采取的除尘方式也不同，掌握粉尘的分散度是评价粉尘危害程度、评价除尘器性能和选择除尘器的基本条件。

（2）粉尘的堆积密度和真实密度。粉尘在自然状态下是不密实的，颗粒之间与颗粒内部都存在空隙。自然堆积状态下单位体积粉尘的质量称为堆积密度或称容积密度，它是设计灰斗和运输设备的依据。已去除所含气体和液体即密实状态下的单位体积粉尘的质量称为真实密度或称尘粒密度，它对机械类除尘器的工作效率具有较大的影响。

（3）粉尘的爆炸性。当粉尘的表面积大为增加时，其化学活泼性会迅速加强，在一定的温度和浓度下会发生爆炸。对于有爆炸危险的粉尘，在设计除尘系统时必须按照设计规范进行，采取必要的防爆措施。

（4）粉尘的荷电性及比电阻。悬浮在空气中的尘粒，由于相互摩擦、碰撞和吸附会带有一定的电荷，处在不均匀电场中的尘粒也会因电晕放电而荷电，这种性质称为荷电性。粉尘比电阻是指面积为1cm^2、厚度为1cm的粉尘层所具有的电阻值，电除尘器就是专门利用粉尘能荷电的特性从含尘气流中捕集粉尘的，比电阻过低或过高都会使除尘效率显著下降，最适宜的范围为104～5×1010Ω·cm。

（5）粉尘的湿润性。有的粉尘容易被水湿润，与水接触后会发生凝聚、增重，有利于粉尘从气流中分离，这种粉尘称为亲水性粉尘；有的粉尘虽然亲水，但一旦被水湿润就粘结变硬，这种粉尘称为水硬性粉尘。

三、火电厂粉尘排放标准

自2014年7月1日起，国家环保部将对现有火力发电厂执行新的大气污染物排放标准（GB 13223—2011）。新排放标准对火电厂主要排放污染物提出了更加严格的限值要求。火电厂作为国控企业，既是大气污染的主要“贡献者”，也是大气环境治理的重要“参与者”，环保压力和社会责任都日益增加。

四、污染物排放控制要求

自2014年7月1日起，现有火力发电锅炉及燃气轮机组执行表9－1规定的烟尘、二氧化硫、氮氧化物和烟气黑度排放限值。

自2012年1月1日起，新建火力发电锅炉及燃气轮机组执行表9－1规定的烟尘、二氧化硫、氮氧化物和烟气黑度排放限值。

自2015年1月1日起，燃烧锅炉执行表9－1规定的汞及其化合物污染物排放限值。

表9－1　火力发电锅炉及燃气轮机组大气污染物排放浓度

mg/m^3（烟气黑度除外）

序号	燃料和热能转化设施类型	污染物项目	适用条件	限值	污染物排放监控位置
1	燃煤锅炉	烟尘	全部	30	烟囱或烟道
		二氧化硫	新建锅炉	100 200①	
			现有锅炉	200 400①	
		氮氧化物（以 NO_2 计）	全部	100 200②	
		汞及其化合物	全部	0.03	
2	以油为燃料的锅炉或燃气轮机组	烟尘	全部	30	
		二氧化硫	新建锅炉及燃气轮机组	100	
			现有锅炉及燃气轮机组	200	
		氮氧化物（以 NO_2 计）	新建燃油锅炉	100	
			现有燃油锅炉	200	
			燃气轮机组	120	
3	以气体为燃料的锅炉或燃气轮机组	烟尘	天然气锅炉及燃气轮机组	5	
			其他气体燃料锅炉及燃气轮机组	10	
		二氧化硫	天然气锅炉及燃气轮机组	35	

① 位于广西壮族自治区、重庆市、四川省和贵州省的火力发电锅炉执行此限制。

② 采用W型火焰炉膛的火力发电锅炉，现有循环流化床火力发电锅炉，以及2003年12月31日前建成投产或通过建设项目环境影响报告书审批的火力发电锅炉执行该限值。

第二节　含尘气体的收集技术

含尘气体分离要求把气体中的尘粒去除，得到洁净的气体。含尘气体简单分为工业生产过程气体、室内空气与室外大气，根据不同的气体对象、固体颗粒与气体之间性能差异，使用袋滤、深床过滤、微滤膜分离、重力沉降、惯性分离、离心沉降、电除尘、吸附、湿法除尘、气体置换等方法除去气体中的固体颗粒。

废气处理方法有各种分类办法，按废气中污染物的物理形态可分为：颗粒污染物治理（除尘）方法以及气态污染物治理方法。

一、颗粒污染物分离条件

含尘气体进入分离区，在某一种或几种力作用下，粉尘颗粒偏离气流，经过足够的时间，移到分离界面上，就附着在上面，并不断除去，以便为新的颗粒继续附着在上面创造条件。由此可见，要从气体中将粉尘颗粒分离出来，必须具备的基本条件是：

（1）有分离界面可以让颗粒附着在上面。

（2）有使粉尘颗粒运动轨迹和气体流线不同的作用力，常见有：重力、离心力、惯性力、扩散、静电力、直接拦截等，此外还有热聚力、声波和光压等。

（3）有足够的时间使颗粒移到分离界面上，这就要求分离设备有一定的空间，并要控制气体流速等。

（4）能使已附在界面上的颗粒不断被除去，而不会重新返混入气体内，这就是清灰和排灰过程，清灰有在线式和离线式两种。

二、颗粒污染物分离机理

1. 粉尘重力分离机理

以粉尘从缓慢运动的气流中自然沉降为基础的，从气流中分离粒子是一种最简单，也是效果最差的机理。因为在重力除尘器中，气体介质处于湍流状态，故而粒子即使在除尘器中逗留时间很长，也不能期求有效地分离含尘气体介质中的细微粒度粉尘。重力分离对较粗粒度粉尘的捕集效果要好得多，但这些粒子也不完全服从静止介质中粒子沉降速度为基础的简单设计计算。粉尘的重力分离机理主要适用于直径大于100～500μm的粉尘粒子。

2. 粉尘离心分离机理

由于气体介质快速旋转，气体中悬浮粒子达到极大的径向迁移速度，从而使粒子有效地得到分离。离心除尘方法是在旋风除尘器内实现的，但除尘器构造必须使粒子在除尘器内的逗留时间短。相应地，这种除尘器的直径一般要小，否则很多粒子在旋风除尘器中短暂的逗留时间内不能到达器壁。在直径约1～2m的旋风除尘器内，可以十分有效地捕集10μm以上大小的粉尘粒子。但工艺气体流量很大，要求使用大尺寸的旋风除尘器，而这种旋风除尘器效较低，只能成功地捕集粒径大于70～80μm的粒子。对某些需要分离微细粒子的场合通常用更小直径的旋风除尘器。

增加气流在旋风除尘器壳体内的旋转圈数，可以达到增加粒子逗留时间之目的，但这样往往会增大被净化气体的压力损失，而在除尘器内达到极高的压力。当旋风除尘器内气体圆周速度增大到超过18～20m/s时，其效率一般不会有明显改善。其原因是气体湍流强度增大，粒子受到往往不予考虑的科里奥利力的作用而产生阻滞。此外，由于压力损失增大以及可能造成旋风除尘器装置磨损加剧，无限增大气流速度是不相宜的。在气体流量足够大的情况下可能保证旋风除尘器装置实现高效率的一种途径是并联配置很多小型旋风除尘器，如多管旋风除尘器，但是此时则难以保证均匀分配含尘气流。

旋风除尘器的突出优点是能够处理高温气体，造价比较便宜。但在规格较大而压力损失适中的条件下，对气体高精度净化的除尘效率不高。

3. 粉尘惯性分离机理

粉尘惯性分离机理在于当气流绕过某种形式的障碍物时，可以使粉尘粒子从气流中分离出来。障碍物的横断面尺寸愈大，气流绕过障碍物时流动线路严重偏离直线方向就开始的愈早，相应地，悬浮在气流中的粉尘粒子开始偏离直线方向也就愈早。反之，如果障碍物尺寸小，则粒子运动方向在靠近障碍物处开始偏移。

4. 粉尘静电力分离机理

静电力分离粉尘的原理在于利用电场与荷电粒子之间的相互作用。虽然在一些生产中产生的粉尘带有电荷，其电量和符号可能从一个粒子变向另一个粒子，因此，这种电荷在借助电场从气流中分离粒子时无法加以利用。由于这一原因，电力分离粉尘的机理要求使粉尘粒子荷电。利用静电力机理实现粉尘分离时，只有当粒子在电场内长时间逗留才能达到高效率。电力分离装置由于要保证含尘气流在其内长时间逗留的需要，尺寸一般十分庞大，相应地提高了设备造价。

5. 粉尘分离的扩散过程

绝大多数悬浮粒子在触及固体表面后就留在表面上，靠近沉积表面会产生粒子浓度梯度。因为粉尘微粒在某种程度上参加其周围分子的布朗运动，故而粒子不断地向沉积表面运动，浓度差趋向平衡。粒子浓度梯度愈大，这一运动就愈加剧烈。悬浮在气体中的粒子尺寸愈小，则参加分子布朗运动的程度就愈强，粒子向沉积表面的运动也相应地显得更加剧烈。

6. 热力沉淀作用

管道壁和气流中悬浮粒子的温度差影响这些粒子的运动，如果在热管壁附近有一不大的粒子，则由于该粒子受到迅速而不均匀加热的作用，其最靠近管壁的一侧就显得比较热，而另一侧则比较冷。靠近较热侧的分子在与粒子碰撞后，以大于靠近冷侧分子的速度飞离粒子，朝着背离受热管壁的方向运动。从而引起粒子沉降效应，即所谓热力沉淀。

7. 凝聚作用

凝聚是气体介质中的悬浮粒子在互相接触过程中发生黏结的现象。之所以会发生这种现象，也许是粒子在布朗运动中发生碰撞的结果，也可能是由于这些粒子的运动速度存在差异所致。粒子周围介质的速度发生局部变化，以及粒子受到外力的作用，均可能导致粒子运动速度产生差异。

三、颗粒污染物分离方法

粉尘的分散度越高，即粉尘粒径越小，其在空气中的稳定性越高，在空气中悬浮越持久，工人吸入的机会越多，对人体危害越大。生产性粉尘既污染环境，又严重危害作业工人的身体健康，人体吸入生产性粉尘后，可刺激呼吸道，引起鼻炎、咽炎、支气管炎等上呼吸道炎症。呼吸性粉尘可沉淀在呼吸性的支气管壁和肺泡壁上，长期吸入生产性粉尘易引起以肺组织纤维化为主的全身性疾病，即尘肺病，属国家法定职业病。其中硅肺、煤尘肺、电焊工尘肺、石棉肺和水泥尘肺等均属于以胶原纤维增生为主的尘肺。职工长期高浓度吸入含量大于10%的游离SiO_2粉尘（即硅尘），会引起硅肺病。肺组织胶原纤维性变是一种不可逆转的破坏性病理组织学改变，目前尚无使其消除的办法，临床一般表现为气短、胸闷、胸痛、咳嗽和咯痰等呼吸功能障碍症状，最终可因呼吸功能衰竭而死亡。对于这一种尘肺，尤其是硅肺的治疗，主要是对症治疗和积极防治并发病，以减轻患者痛苦，延缓病情发展，努力延长其生命。火电厂生产性粉尘73%以上是粒径小于5μm的粉尘，因此一定要重视粉尘危害后果的严重性，做好粉尘防治工作。

粉尘的控制技术常称除尘技术，除尘技术和设备种类很多，各具不同的性能和特点，要选择一种合适的方法和设备，除需考虑当地大气环境质量的特性，尘的环境容许标准、排放标准、设备的除尘效率及有关经济技术指标外，还必须了解粉尘的特性，如粒径、粒度分布、性状、密度、比电阻、亲水性、黏性、可燃性、凝集特性以及含尘气体的化学成分、温度、压力、湿度、黏度等，除尘方法和设备主要有以下五类。

1. 重力沉降

重力沉降是利用含尘气体中的颗粒受重力作用而自然沉降的原理将颗粒污染物与气体分离的过程。重力沉降室是空气污染控制装置中最简单的一种，因此，它主要用于高效除尘装置的初级除尘器。

2. 旋风除尘

旋风除尘是利用旋风的含尘气流所产生的离心力，将颗粒污染物从气体中分离出来的过程。该设备结构简单，占的面积小，投资低，操作维修方便，压力损失中等，动力消耗不大，可用各种材料制造，并具有可直接回收干颗粒物的优点，所以，在工业上的应用已有一百多年的历史。

3. 湿式除尘器除尘

它是利用水形成液网，液膜或液滴与尘粒发生惯性碰撞、扩散效应、粘附、扩散漂移与热漂移、凝聚等作用，从废气中捕集分离尘粒，并兼备吸收气态污染物的作用。其主要优点是：在除尘粒的同时还可去除某些气态污染物；除尘效率较高，投资相对较低；可以处理高温废气及黏性的尘粒和液滴。但存在能耗较大，废液和泥浆需要处理，金属设备易被腐蚀，在寒冷地区使用可能发生结冻等问题。

4. 过滤式除尘器除尘

过滤除尘器是利用多孔过滤介质分离捕集气体中固体或液体粒子的净化装置。因一次性投资比电除尘器少，运行费用又比高效湿式除尘器低，因而被人们所重视。目前在除尘技术中应用的过滤式除尘器可分为内部过滤式和外部过滤式两种。

5. 电除尘器除尘

电除尘器使浮游在气体中的粉尘颗粒荷电，在电场的驱动下作定向运动，从气体中被分离出来，即驱使粉尘作定向运动的力是静电力——库仑力，这是电除尘器与其他除尘器的本质区别。因此，它具有独特的性能与特点，它几乎可以捕集一切细微粉尘及雾状液滴，其捕集粒径范围在0.01～100μm。粉尘粒径大于0.1μm时，除尘效率可高达99%以上。由于电除尘器是利用库仑力捕集粉尘的，所以风机仅仅担负运送烟气的任务，因而，电除尘器的气流阻力很小，约98～294Pa，即风机的动力损耗很小。尽管本身需要很高的运行电压，但是通过的电流却非常小，因此电除尘器所消耗的电功率亦很少。此外，电除尘器适用范围广，从低温、低压到高温、高压，在很宽的范围内均能适用，尤其能耐高温，最高可达500℃。电除尘器的主要缺点是设备造价偏高，钢材消耗量大，需要高压变电及整流设备。目前在火力发电厂、冶金等部门得到广泛应用。

第三节 除尘器类型

除尘器是用于捕集、分离悬浮于空气或气体中粉尘粒子的设备，也称为收尘器。除尘器的具体种类有很多，可按照不同的分类形式进行划分。

一、按干湿分类

（1）干式除尘器。主要指应用粉尘惯性作用、重力作用而设计的除尘设备，主要针对高浓度粗颗粒径粉尘的分离或浓集而采用。

（2）湿式除尘器。依靠水力亲润来分离、捕集粉尘颗粒的除尘装置，在处理生产过程中发生的高浓度、大风量的含尘气体场合采用较多。对较粗的，亲水性粉尘的分离效率比干式机械除尘器要高。

湿式除尘器按净化机理分为：

（1）重力喷雾湿式除尘器，如喷洗条塔。

（2）旋风式湿式除尘器，如旋风水膜除尘器、水膜式除尘器。

（3）自激式湿式除尘器，如冲激式除尘器、水浴式除尘器。

（4）填料式湿式除尘器，如填料塔、湍球塔。

（5）泡沫式湿式除尘器，如泡沫除尘器、旋流式除尘器漏板塔。

（6）文丘里湿式除尘器，如文丘里除尘器。

（7）机械诱导除尘器，如拨水轮除尘器。

（8）静电湿式处理器，如湿式电除尘器。

二、按除尘机理分类

除尘器按除尘机理分类如表9－2所示。

表9－2　　除尘器按除尘机理分类

除尘方法	除尘设备
机械力除尘	重力除尘器、惯性除尘器（百叶沉降式除尘器、钟罩式除尘器、蜗壳浓缩分离器和百叶窗式除尘器等）、离心除尘器（单极旋风式、双极旋风式、铸铁多管式、陶瓷多管式等）等
洗涤式除尘	水浴式除尘器、泡沫式除尘器，文丘里管除尘器、水膜式除尘器等

续表

除尘方法	除 尘 设 备
过滤式除尘	包括布袋除尘器和颗粒层除尘器等
静电除尘	电除尘器
磁力除尘	磁力除尘器
组合式除尘	各类串联组合式除尘装置

（1）机械力除尘器。机械除尘器依靠机械力将尘粒从气流中除去，其结构简单，设备费和运行费均较低，但除尘效率不高。

（2）洗涤式除尘器。洗涤除尘器用液体洗涤含尘气体，使尘粒与液滴或液膜碰撞而被俘获，并与气流分离，除尘效率为80%～95%，运转费用较高。

（3）过滤式除尘器。过滤除尘器使含尘气流通过滤料将尘粒分离捕集，分内部过滤和表面过滤两种方式，除尘效率一般为90%～99%，不适用于温度高的含尘气体。

（4）静电除尘器。电除尘器利用静电力实现尘粒与气流分离，常按板式与管式分类，特点是气流阻力小，除尘效率可达99%以上，但投资较高。占地面积较大。

（5）磁力除尘器。

（6）组合式除尘器。为提高除尘效率，往往采用“在前级设粗颗粒除尘装置，后级设细颗粒除尘装置”的各类串联组合除尘装置。

三、按作用力原理分类

（1）重力式除尘。以粉尘从缓慢运动的气流中自然沉降为基础，是从气流中分离粒子的一种最简单的机理。它效率较低，占地面积大，主要用于较大颗粒除尘。

（2）惯性力除尘。它的机理在于当气流绕过某种形式的障碍物时，可以使粉尘粒子从气流中分离出来。这种除尘装置的效率较低，通常与重力沉降装置配合使用。

（3）离心式除尘。由于气体介质快速旋转，气体中悬浮粒子达到极大的径向迁移速度，从而使粒子达到极大的径向迁移速度，从而使粒子有效地得到分离。一般有单极旋风式、双极旋风式、铸铁多管式、陶瓷多管式等，效率尚可，可以处理高温气体，造价比较便宜，运行费用较低，用途最为广泛。

（4）静电式除尘。利用电场与荷电粒子之间的相互作用，来从气流中分离粒子。可以捕集最小尺寸的粒子，效率很高，但运行费用高。

以上是关于除尘器种类的简单介绍，在选择除尘器的时候，需要结合实际的生产需要以及用途来挑选合适的除尘器。

第四节　超低排放技术概述

一、超低排放基本原则

考虑到我国的环境状况，国家对煤电企业的环境监管日益严格，燃煤电厂在选择超低排放技术路线时，应选择技术上成熟可靠、经济上合理可行、运行上长期稳定、易于维护管理、具有一定节能效果的技术。烟气污染物超低排放技术路线选择时应遵循“因煤制宜，因炉制宜，因地制宜，统筹协同，兼顾发展”的基本原则。

因煤制宜，不仅要考虑设计煤种、校核煤种，更要考虑随着市场变化，电厂可能燃烧的煤种与煤质波动，要确保在燃用不利煤质条件下，污染物能够实现超低排放。例如，对于煤质较为稳定、灰分较低、易于荷电、灰硫比较大的烟气条件，选择低低温电除尘器 + 复合塔脱硫系统协同除尘作为颗粒物超低排放的技术路线，不失为是一种经济合理的选择。对于煤质波动大、灰分较高、荷电性能差、灰硫比较小的烟气条件，则应优先选择电袋复合除尘器或袋式除尘器进行除尘，后面是否加装湿式电除尘器，则取决于除尘器的出口浓度以及后面采用的脱硫工艺的协同除尘效果，湿式电除尘器是应对不利因素的最佳选择。

因炉制宜，主要是考虑不同炉型对飞灰成分与性质的影响。如循环流化床锅炉，适用于劣质燃料的燃烧，通常灰分含量高，颗粒粒径较煤粉炉大，排烟温度也普遍较高，可根据实际燃烧煤质情况选择除尘方式。对于燃烧热值较高煤炭的循环流化床锅炉，可选用余热利用的低温电除尘器；对于燃烧煤矸石等劣质燃料的循环流化床锅炉，宜采用电袋复合除尘器或袋式除尘器。燃用无烟煤或低挥发分煤的 W 型火焰锅炉或者煤粉炉，则要关注飞灰中的含碳量，碳的存在影响电除尘器的除尘效率。

因地制宜，既要考虑改造机组的场地条件，也要考虑机组所处的海拔高程。如采用双塔双 pH 值脱硫工艺、加装湿式电除尘器、增加电除尘器的电场等一般都需要场地或空间条件。对于高海拔的燃煤电厂，还应考虑相应高程的空气条件。

统筹协同，烟气超低排放是一项系统工程，各设施之间相互影响，在设计、施工、运行过程中，要统筹考虑各设施之间的协同作用，全流程优化，实现控制效果好、运行能耗低、成本最经济的最佳状态。

兼顾发展，就是不仅要满足现在的排放要求，还应考虑排放要求的发展以及技术、市场的发展变化。如目前我国燃煤电厂排放要求中，对烟气中的三氧化硫排放没有要求，对汞及其化合物的排放要求还比较宽松，技术路线选择时就应考虑下一步排放限值的发展。此外，污染防治技术也在不断发展，需要考虑技术进步及其改造的可能性。煤炭市场、电力市场等均处于不断变化之中，煤质稳定性有无保障，电力负荷的变化与煤电深度调峰对烟气成分的影响等，在选择技术路线时可能都需要考虑。

总之，燃煤电厂烟气污染物超低排放技术路线的选择既要考虑一次性投资，也要考虑长期的运行费用；既要考虑投入，也要考虑节能减排的产出效益；既要考虑技术的先进性，也要考虑其运行可靠性；既要考虑超低排放的长期稳定性，也要考虑故障时运行维护的方便性；既要立足现在，也要兼顾长远。

二、颗粒物超低排放技术路线选择

燃煤电厂要想实现颗粒物超低排放，至少面临两方面技术的选择。

（1）烟气脱硝后烟气中烟尘的去除，可以称之为一次除尘技术，主流技术包括电除尘技术、电袋复合除尘技术和袋式除尘技术，电除尘技术通过采用高效电源供电、先进的清灰方式以及低低温电除尘技术等有机组合，可以实现除尘效率不低于99.85%，电袋复合除尘器及袋式除尘器可以实现除尘效率不低于99.9%。

（2）烟气脱硫过程中对颗粒物的协同脱除或是脱硫后对烟气中颗粒物的脱除，可以称之为二次除尘或深度除尘，对于复合塔工艺的石灰石－石膏湿法脱硫，采用高效的除雾器或在湿法脱硫塔内增加湿法除尘装置，协同除尘效率一般大于70%，湿法脱硫后加装湿式电除尘器，颗粒物去除效果一般均在70%以上，且除尘效果较为稳定；对于干法、半干法脱硫，脱硫后烟气中颗粒物浓度较高，均是采用袋式除尘器或电袋复合除尘器，如不能实现颗粒物超低排放要求，也需加装湿式电除尘器。

具体工程实际选择时需要结合工程实际情况，具体分析，综合考虑各种技术的原理、特点及适用性、影响因素、能耗、经济性、成熟度等因素，给出燃煤电厂颗粒物超低排放技术路线，见表9－3。

三、典型的烟气颗粒物超低排放技术路线

烟气污染物超低排放涉及烟气中颗粒物的超低排放、二氧化硫的超低排放以及氮氧化物的超低排放，每种污染物的超低排放都可以有多种技术

表 9－3　　**燃煤电厂颗粒物超低排放技术路线**

锅炉类型（燃烧方式）	机组规模（万 kW）	入口烟气含尘浓度（g/m³）	一次除尘			二次除尘	
			电除尘（效率≥99.85%）	电袋符合除尘（效率≥99.99%）	袋式除尘（效率≥99.99%）	湿式静电除尘器 WESP（效率≥70%）	湿法脱硫 WFGD 协同（效率≥70%）
煤粉炉（切向燃烧、墙式燃烧）	≤20	≥30	1	3	3	3	1
		20～30	2	2	2	2	2
		≤20	3	1	1	1	3
	30	≥30	1	3	2	3	1
		20～30	2	2	1	2	2
		≤20	3	1	1	1	3
	≥60	≥30	1	3	0	3	1
		20～30	2	2	0	2	2
		≤20	3	1	1	1	3
煤粉炉（W火焰燃烧）	≥30	1	3	1	2	3	1
	20～30	2	3	1	1	2	2
	≤20	3	2	2	1	1	3
CFB 锅炉			1	3	2	3	1

选择，同时还需考虑不同污染物治理设施之间的协同作用，因此会组合出很多的技术路线，适用于不同燃煤电厂的具体条件。颗粒物的超低排放技术不仅涉及一次除尘，而且涉及到二次除尘（深度除尘），比较而言，技术路线选择较多，这里仅以颗粒物超低排放为例，介绍近几年发展起来的得到较多应用的典型技术路线。

1. 以湿式电除尘器作为二次除尘的超低排放技术路线

湿式电除尘器作为燃煤电厂污染物控制的精处理技术设备，一般与干式电除尘器和湿法脱硫系统配合使用，也可以与低低温电除尘技术、电袋复合除尘技术、袋式除尘技术等合并使用，可应用于新建工程和改造工程。对 PM2.5 粉尘、SO_3酸雾、气溶胶等多污染物协同治理，实现燃煤电厂超低排放。

根据现场场地条件，WESP 可以低位布置，占用一定的场地；如果没有场地，也可以高位布置，布置在脱硫塔的顶端。颗粒物的超低排放源于湿式电除尘器的应用，2015 年以前燃煤电厂超低排放工程中应用 WESP 较为普遍。WESP 去除颗粒物的效果较为稳定，基本不受燃煤机组负荷变化的影响，因此，对于煤质波动大、负荷变化幅度大且较为频繁等严重影响一次除尘效果的电厂，较为适合采用湿式电除尘器作为二次除尘的超低排放技术路线。

当要求颗粒物排放限值为 $5mg/m^3$ 时，WESP 入口颗粒物浓度宜小于 $20mg/m^3$，不宜超过 $30mg/m^3$。当要求颗粒物排放限值为 $10mg/m^3$ 时，WESP 入口颗粒物浓度宜小于 $30mg/m^3$，不宜超过 $60mg/m^3$。当然，WESP 入口颗粒物浓度过高时，还可通过增加比集尘面积、降低气流速度等方法提高 WESP 的除尘效率，实现颗粒物的超低排放。

2. 以湿法脱硫协同除尘作为二次除尘的超低排放技术路线

石灰石 - 石膏湿法脱硫系统运行过程中，会脱除烟气中部分烟尘，同时烟气中也会出现部分次生物，如脱硫过程中形成的石膏颗粒、未反应的碳酸钙颗粒等。湿法脱硫系统的净除尘效果取决于气液接触时间、液气比、除雾器效果、流场均匀性、脱硫系统入口烟气含尘浓度、有无额外的除尘装置等许多因素。

对于实现二氧化硫超低排放的复合脱硫塔，采用了旋汇耦合、双托盘、增强型的喷淋系统以及管束式除尘除雾器和其他类型的高效除尘除雾器等方法，协同除尘效率一般大于 70%，可以作为二次除尘的技术路线。2015 年以后越来越多的超低排放工程选择该技术路线，以减少投资及运行费用，减少占地。

当要求颗粒物排放限值为5mg/m^{3}时，湿法脱硫入口颗粒物浓度宜小于20mg/m^3。当要求颗粒物排放限值为10mg/m^{3}时，湿法脱硫入口颗粒物浓度宜小于30mg/m^3。

3. 以超净电袋复合除尘为基础不依赖二次除尘的超低排放技术路线

采用超净电袋复合除尘器，直接实现除尘器出口烟尘浓度<10mg/m^{3}或5mg/m^3。对后面的湿法脱硫系统没有额外的除尘要求，只要保证脱硫系统出口颗粒物浓度不增加，就可以实现颗粒物（包括烟尘及脱硫过程中生成的次生物）浓度<10mg/m^{3}或5mg/m^3，满足超低排放要求。

该技术路线适用于各种灰分的煤质，且占地较少，电袋复合除尘器的出口烟尘浓度基本不受煤质与机组负荷变动的影响。2015年以后在燃煤电厂超低排放工程中，该技术路线的应用明显增多。

燃煤电厂现有的除尘、脱硫和脱硝等环保设施对汞的脱除效果明显，基本都可以达标。对于个别燃烧高汞煤、汞排放超标的电厂，可以采用单项脱汞技术。

提示 本章内容适用于初级工、中级工、高级工的学习。

第十章

袋式除尘器的调试与运行

第一节　袋式除尘器的基本理论

一、袋式除尘器工作原理

袋式除尘器是一种干式滤尘装置。它适用于捕集细小、干燥、非纤维性粉尘。滤袋采用纺织的滤布或非纺织的毡制成，利用纤维织物的过滤作用对含尘气体进行过滤，当含尘气体由除尘器下部进气管道，经导流板进入灰斗时，由于导流板的碰撞和气体速度的降低等作用，粗粒粉尘将落入灰斗中，其余细小颗粒粉尘随气体进入滤袋室，由于滤料纤维及织物的惯性、扩散、阻隔、钩挂、静电等作用，粉尘被阻留在滤袋内，净化后的气体逸出袋外，经排气管排出。排放物经处理后可以达到环保排放要求，满足规定的颗粒物和烟气黑度的排放限值。滤袋上的积灰用气体逆洗法去除，清除下来的粉尘下到灰斗，经卸灰阀排到输灰装置。滤袋上的积灰采用喷吹脉冲气流的方法去除，从而达到清灰的目的，清除下来的粉尘由排灰装置排走。袋式除尘器结构如图 10－1 所示。

（一）粉尘的过滤机理

在滤料纤维的过滤机理中，如扩散、重力、惯性碰撞、静电等对粉尘层的作用都是存在的，但主要的是筛分作用。在袋式除尘器开始运转时，新的滤袋上没有粉尘，运行数分钟后在滤袋表面形成很薄的尘膜。由于滤袋是用纤维织造成的，所以在粉尘层未形成之前，粉尘会在扩散等效应的作用下逐渐形成粉尘在纤维间的架桥现象。滤袋纤维直径一般为 20～100μm。针刺毡纤维直径多为 10～20μm。纤维间的距离多为 10～30μm，架桥现象很容易出现。架桥现象完成后的 0.3～0.5mm 的粉尘层常称为尘膜或一次粉尘层。在一次粉尘层上面再次堆积的粉尘称二次粉尘层。

平纹织物滤布本身的除尘效率为 85%～90%，效率比较低。但是在滤布表面粉尘附着堆积时，可得到 99.5% 以上的高除尘效率。因而有必要在清除粉尘之后，使滤布表面残留 0.3～0.5mm 厚的粉尘层，以防止除尘效率下降。问题在于除尘器运行过程中如何完成使第一次粉尘层保留，

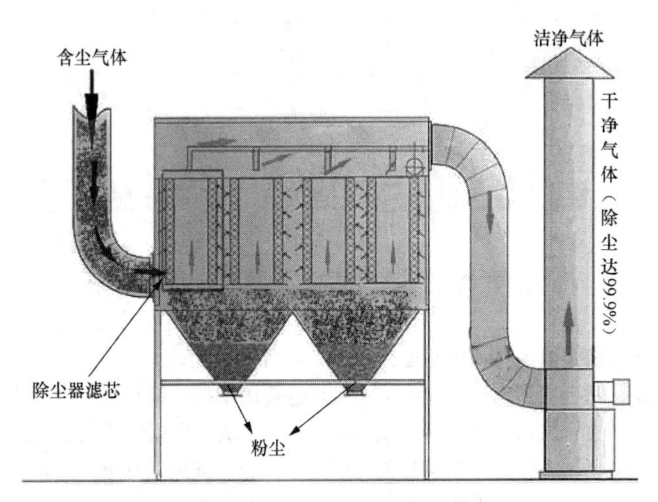

图 10－1　袋式除尘器结构

而仅仅清除第二次粉尘层，这个问题对设计制造厂来说既是技术问题，又是一种处置经验。因此可以说袋式除尘器的历史，就是循序渐进不断完善的历史。基于粉尘层对效率的影响，所以在粉尘层剥落部分除尘效率就急剧下降；同时，由于压力损失减少，烟气就在这部分集中流过。因此，几秒钟后滤布表面又形成了粉尘层，除尘效率又上升了，即每一清除周期可排出一定量的粉尘。

另一方面，若过滤风速设计得当，到了滤布表面过滤层有一定的压力损失（常为 1000～1500Pa），即在所需的时间内过滤层达到一定的厚度时，时间与过滤风速成反比。另外，采用非织布型针刺毡作为滤布，一般可采用 1.5～2.5mm 厚度，这一层相当于前所述及的一次粉尘层，它存在于滤布的内层。

烟气与粉尘从除尘滤袋表面渗透穿过，同时用某种方法来清除灰尘，前述的两种作用取得平衡后，在滤布的内层（毛毡型）就形成了厚度为 0.5～0.7mm，由灰尘和滤布纤维交缠而成的层，这就称为内层过滤层，相当于前述平纹织物的一次过滤层，而烟气重新在滤布表面上堆积而成的为二次粉尘层。这样内过滤层同纤维交织在一起，与二次粉尘层相比其性质大为不同，所以如果清除的仅仅是二次粉尘层，内过滤层完全保留，清除粉尘后的除尘效率就不会下降。粉尘在滤布上的附着力是非常强的，当过滤速度为 0.28m/s 时，直径 10μm 的粉尘粒子在滤料上的附着力可以达到粒子自重的1000倍，5μm的粉尘粒子在滤料上的附着力可以达到粒子自重的4200倍。所以在滤袋清灰之后，粉尘层会继续存在。粉尘层的存在，使过滤过程中的筛分作用大大加强，过滤效率也随之提高。粉尘层形成的筛孔比滤料纤维的间隙小得多，其筛分效果显而易见。

粉尘层的形成与过滤速度有关，过滤速度较高时粉尘层形成较快；过滤速度很低时，粉尘层形成较慢，如果单纯考虑粉尘层的过滤效果。过滤速度低未见得有利的。粉尘层继续加厚时，必须及时用清灰的方法去除，否则会使阻力过高，或者粉尘层的自动降落，从而导致粉尘间的“漏气”现象，降低捕集粉尘的效果。

（二）表面过滤机理

基于粉尘层形成有利于过滤的理论，人为地在普通滤料表面覆上一层有微孔的薄膜以提高除尘效果。所以过滤表面的薄膜又称为人造粉尘层。

（1）粉尘层的形成与过滤速度有关，过滤速度较高时粉尘层形成较快，过滤速度很低时，粉尘层形成较慢。如果单纯考虑粉尘层的过滤效果，过滤速度低未见得是有利的。粉尘层继续加厚时，必须及时用清灰的方法去除，否则会形成阻力过高，或者粉尘层的自动降落，从而导致粉尘间的漏气现象，降低捕集粉尘的效果。

（2）为了控制对不用粒子的捕集效率，不同用途的微孔表面薄膜其微孔孔径是变化的。例如，过滤普通粉尘时，微孔孔径通常小于2μm，过滤细菌时，孔径小于0.3μm，过滤病菌时，孔径小于0.05μm，这种区别就像筛孔一样，根据筛上筛下的要求，选用不同筛孔的筛网。

（3）表面过滤的薄膜可以覆在普通滤料表面，也可以覆在塑烧板的表面。目前滤布上覆的滤膜都是采用聚乙烯膜，底布类型达20多种，薄膜却只有一种，薄膜的厚度在10μm左右，各厂家产品略有不同。

（4）薄膜表面过滤的机理同粉尘层过滤一样，主要靠微孔筛分作用。由于薄膜的孔径很小，能把极大部分尘粒阻留在膜的表面，完成气固分离的过程。这个过程与一般滤料的分离过程不同，粉尘不深入到支撑滤料的纤维内部。其好处是：在滤袋工作一开始就能在膜表面形成透气很好的粉尘薄层，既能保证较高的除尘效率，又能保证较低的运动阻力，而且如同所述，清灰也容易。

应当指出，超薄膜表面的粉尘剥离情况与一般滤袋有很大差别，试验表面，复合滤袋上的粉尘层极易剥落，有时还未到清灰机构动作，粉尘也会掉落下来。还有另一个重要事实是，即使水硬性粉尘（如水泥灰），在膜表面结块初期也会被剥离下来。但是，如果粉尘结块现象严重或者烟气结露，覆膜滤料也无能为力，必须采取其他措施来解决。

(三) 清灰基本理论

对袋式除尘器而言，清灰理论与过滤理论一样重要，因为只有过滤—清灰两个环节连续不断地交替进行才能组成完整的除尘过程。由于清灰因素比过滤因素变化更多、更为复杂，再加上观点不一致，所以著作中介绍不多。

清灰是袋式除尘器正常工作的重要环节和影响因素。常用的清灰方式主要有三种，即机械清灰、脉冲喷吹清灰和反吹风清灰。对于难于清除的粉尘，也可同时并用两种清灰方法，如采用反吹风和机械振动相结合清灰以及声波辅助清灰。

1. 滤布的流体阻力特点

滤布的流体阻力是衡量袋式过滤器的重要指标之一。滤布流体阻力的高低不仅决定除尘设备的动力消耗，而且影响到设备的清灰制度和工作效能。

在相同的流速条件下，由于滤布的编织结构不同，阻力系数不同，其阻力也不同，如针刺毡的阻力比玻璃丝布和工业涤纶绒布低1/4～1/2左右。

同一种滤布在过滤风速相同的条件下滤布表面粉尘负荷不同，其压力损失是不相同的。同种滤布在不同粉尘负荷下压力损失的变化情况：①在相同过滤风速下，随着滤布表面粉尘负荷的增加，气流通过滤布的流体阻力也增加，其增加程度与表面粉尘负荷密切相关；②当表面粉尘负荷大于800g/m^{2}后，气流通过滤布的流体阻力随过滤风速增加而急剧增加，这对于决定除尘设备的反吹清灰制度有积极意义。

在粉尘负荷相同的条件下不同的滤料压力损失值也是不同的，原因是滤布上形成的粉尘层空隙率受粉尘的物理性质和负荷、滤布结构、过滤速度等因素的影响。所以，粉尘的阻力是很复杂的，从而出现各种清灰方式、清灰理论。

2. 袋式除尘器振打清灰方式与原理

机械清灰是指利用机械振动或摇动悬吊滤袋的框架，使滤袋产生振动而清灰的方法。常见的三种基本方式：①水平振动清灰，有上部振动和中部振动两种方式，靠往复运动装置来完成；②垂直振动清灰，它一般可利用偏心轮装置振动滤袋框架或定期提升除尘骨架进行清灰；③机械扭转振动清灰，即利用专门的机构定期地将滤袋扭转一定角度，使滤袋变形而清灰。也有将以上几种方式复合在一起的振动清灰，使滤袋做上下、左右摇动。

机械清灰时为改善清灰效果，要求在停止过滤的情况下进行振动。但对小型除尘器往往不能停止过滤，除尘器也不分室。因而常常需要将整个除尘器分隔成若干袋组或袋室，顺次地逐室清灰，以保持除尘器的连续运转。

机械清灰方式的特点是构造简单，运转可靠，但清灰强度较弱，故只能允许较低的过滤风速，例如一般取0.6～1.0m/min。振动强度过大会对滤袋会造成一定的损伤，增加维修和换袋的工作量。这正是机械清灰方式逐渐被其他清灰方式所代替的原因。机械清灰原理是靠滤袋抖动产生弹力使沾附于滤袋上的粉尘及粉尘团离开滤袋降落下来的，抖动力的大小与驱动装置和框架结构有关。驱动装置动力大，框架传递能量损失小，则机械清灰效果好。

荷尘滤布的阻力是除尘布袋和残留粉尘层阻力的总和，这些粉尘残留量和比率，是由滤布、粉尘性质和数量、清除灰尘的能量等决定。振动次数一定，振动幅度小的话，则粉尘残留粉尘量大，则阻力也大。清灰时间延长可以使滤布上的粉尘层稳定在一定数值而不再增加。

3. 反吹风清灰方式与原理

反吹风清灰是利用与过滤气流相反的气流，使滤袋变形造成粉尘层脱落的一种清灰方式。除了滤袋变形外，反吹气流速度也是粉尘层脱落的重要原因。

采用这种清灰方式的清灰气流，可以由系统主风机提供，也可设置单独风机供给。根据清灰气流在滤袋内的压力状况，若采用正压方式，称为正压反吹风清灰；若采用负压方式，称为负压反吸风清灰。

反吹风清灰多采用分室工作制度，利用阀门自动调节，逐室地产生反向气流。

反吹风清灰的原理，一方面是由于反向的清灰气流直接冲击尘块；另一方面由于气流方向的改变，滤袋产生胀缩变形而使尘块脱落。反吹气流的大小直接影响清灰效果。

反吹风清灰在整个滤袋上的气流分布比较均匀。振动不剧烈，故过滤袋的损伤较小。反吹风清灰多采用长滤袋（4～12m）。由于清灰强度平稳，过滤风速一般为0.6～1.2m/min，且都是采用停风清灰。

采用高压气流反吹清灰，如回转反吹袋式除尘器清灰方式在过滤工作状态下进行清灰也可以得到较好的清灰效果，但需另设中压或高压风机。这种方式可采用较高的过滤风速。

对反吹风清灰，研究认为，没有压密实的粉尘层的脱落阻力不大。对于中位径为 1um、密度为 6 × 103kg/m^3 的粉尘层，其阻力仅有 50Pa。然而，气流压力并不是作用在粉尘层整个面积上，而是只作用在开孔的地方，因此，为使粉尘脱落就需要在过滤布上施加更高的反吹压力。滤材的孔隙率越高，使粉尘层脱开所需的余压越低，其清灰达到阻力下降程度越高。对每种滤布都有反吹清灰的最大流速，再超越该数值并不能明显地增加粉尘的脱离，而只能引起多余能耗。

从粉尘的分散性和质量看，粉尘在滤袋上沿高度的分布是不均匀的。最粗的组分沉积的滤袋的下部和中间部分，难以分离的组分在上部。

试验表明，过滤周期开始阶段的净率取决于清灰程度。清灰后的阻力降为 270 ~ 230Pa 时，开始从滤袋层透出的含尘浓度高达清灰前的 7 倍之多。

在某些情况下，为了改善微细尘部分的分离效果并降低反吹空气耗量，将反吹过程安排为间歇式的，中间有 1 ~ 2 次中断，每段反吹持续 4 ~ 6s。由于滤布的补充形变，粉尘的脱落状况能得到一定的改善。反吹次数超过 2 次以后，对阻力下降的影响就渐趋减弱。所以，间断只需 1 ~ 2 次即可。

4. 脉冲喷吹清灰方式与原理

（1）脉冲喷吹清灰是利用压缩空气（通常为 0.15/0.7MPa）在极短暂的时间内（不超过 0.2s）高速喷入滤袋，同时诱导数倍于喷射气流的空气，形成空气波，使滤袋由袋口至底部产生急剧的膨胀和冲击振动，造成很强的清落积尘作用。

喷吹时，虽然被清灰的滤袋不起过滤作用，但因喷吹时间很短，而且滤袋依次逐排地清灰，几乎可以将过滤作用看成是连续的，因此，可以采取分室结构的离线清灰，也可以采取不分室的在线清灰。

脉冲喷吹清灰作用很强，而且其强度和频率都可调节，清灰效果好，可允许较高的过滤风速，相应的阻力为 1000 ~ 1500Pa，因此在处理相同的风量情况下，滤袋面积要比机械振动和反吹风清灰要少。不足之处是需要充足的压缩空气，当供给的压缩空气压力不能满足喷吹要求时清灰效果大大降低。

（2）脉冲喷吹理论脉冲喷吹清灰的机理通常有两种解释：一种观点认为粉尘从上落下来是压力变化的结果，滤袋内外压力不同引起粉尘的脱落，并用压力峰值、压力变化和大小来判断；另一种观点认为瞬间的喷吹气流使袋产生运动、变形和冲击，从而使粉尘从滤袋脱落下来，并用最大加速度、气流峰值和压力上升速率来衡量。也有人认为冲喷吹清灰是压力变化和加速度同时作用产生的结果，因为压力理论难以解释粉尘离开滤袋时的速度问题，而加速度理论又无法说明塑烧板除尘器在塑烧板不产生加速度的条件下粉尘脱落的缘由。

（3）脉冲袋式除尘过程十分复杂，发生时间短，测量手段不完善，对清灰机理众说不一，但总的来说，可归结为以下4种：①反吹气流作用；②惯性作用；③弹性作用；④清灰能量消耗。

5. 联合清灰

联合清灰是将两种清灰方式同时用在同一除尘器内，目的是加强清灰效果。例如，采用机械振打和反吹风相结合的联合清灰袋式除尘器，以及脉冲喷吹和反吹风相结合的袋式除尘器等，都可以适当提高过滤风速和清灰效果。

联合清灰除尘器一般分成若干袋滤室，清灰时将该室的进排气口阀门关闭，切断与邻室的通路，以便在联合清灰作用下，使清下粉尘落入灰斗。

联合清灰方式部件较多，结构比较复杂，从而增加了设备维修的工作量和运行成本。

二、袋式除尘器的分类

现代工业的发展和环保日趋严格，对袋式除尘器的要求越来越高，因此在滤布材质、滤袋形状、清灰方式、箱体结构等方面也不断更新发展。在各种除尘器中，袋式除尘器的类型最多，根据其特点可进行不同的分类。袋式除尘器的结构如图10－2所示。

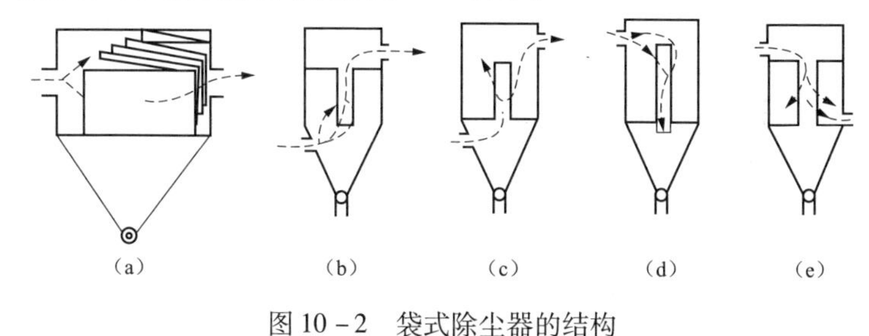

图10－2　袋式除尘器的结构

（a）外滤布袋；（b）外滤下进风；（c）内滤下进风；（d）外滤上进风；（e）内滤上进风

除尘器主要是根据其结构特点，如滤袋形状、过滤方向、进风口位置以及清灰方式进行分类。

1. 按滤袋形状分类

（1）圆袋式除尘器。图10－2（b）、（c）、（d）、（e）所示均为圆袋式除尘器。滤袋形状为圆形，由于圆袋的支撑骨架及连接较简单，清灰容易，维护管理也比较方便，所以应用非常广泛。

（2）扁袋式除尘器。图10－2（a）是扁袋式除尘器。滤袋形状为扁形，最大的优点是单位容积的过滤面积大，但由于清灰、检修、换袋较复杂，使其广泛应用受到限制。

2. 按过滤方向分类

（1）内滤式袋式除尘器。图10－2（c）、（e）为内滤式袋式除尘器。含尘气流由滤袋内侧流向外侧，粉尘沉积在滤袋内表面上。优点是滤袋外部为清洁气体，便于检修和换袋，甚至不停机即可检修。一般机械振动、反吹风等清灰方式采用内滤式袋式除尘器。

（2）外滤式袋式除尘器。图10－2（b）、（d）为外滤式袋式除尘器。含尘气流由滤袋外侧流向内侧，粉尘沉积在滤袋外表面上，其滤袋内要设支撑骨架，脉冲喷吹，回转反吹等清灰方式多采用外滤式袋式除尘器。

3. 按进气口位置分类

（1）下进风口袋式除尘器。图10－2（b）、（c）为下进风袋式除尘器。含尘气体由除尘器下部进入，气流自下而上，大颗粒直接落入灰斗，减少了滤袋磨损，延长了清灰间隔时间。但由于气流方向与粉尘下落方向相反，容易带出部分微细粉尘，降低了清灰效果，增加了阻力。下进风袋式除尘器结构简单结构简单，成本低，应用较广。

（2）上进风袋式除尘器。图10－2（d）、（e）为上进风袋式除尘器。含尘气体的入口设在除尘器上部，粉尘沉降与气流方向一致，有利于粉尘沉降，除尘效率有所提高，设备阻力也可降低15%～30%。

三、袋式除尘器的清灰方式

1. 振动清灰方式

利用机械装置阵打或摇动悬吊滤袋的框架，使滤袋产生振动而清落灰尘，圆袋多在顶部施加振动，使之产生垂直的或水平的振动，或者垂直或水平的两个方向同时振动，施加振动的位置也有在滤袋中间的位置的。由于清灰时粉尘要扬起，所以振动清灰时常采用分室工作制，即将整个除尘器分隔成若干个袋室，顺次地逐室进行清灰，可保持除尘器的连续运转。进行清灰的袋室，利用阀门自动地将风流切断，不让含尘空气进入。以顶部为主的振动清灰，每分钟振动可达数百次，使粉尘脱落入灰斗中。

振打清灰的强度可由振动的最大加速度来表示，清灰强度和振动频率的二次方与振幅之积成正比。但是，振动频率过高时，则振动向全部滤袋的传播不够充分，而是有一个比较合适的范围。采用振动电动机时，一般取振动频率为20～30次/s，振幅为20～50mm，减少振幅，增加频率，能减轻滤布的损伤，并能使振动波及与整个滤袋。对于黏附性强的粉尘，需增大振幅，减少滤袋张力，以增强对沉积粉尘层的破坏力。

振打清灰方式的机械构造简单，运转可靠，但清灰作用较弱，适用于纺织布滤袋。

2. 反吹风清灰方式

反吹风清灰方式也叫反吹气流或逆压清灰方式，这种方式多采用分室工作制度。利用阀门自动调节，逐室地产生与过滤气流方向气流。反吹清灰法多用内滤式，由于反向气流和逆压的作用，将圆筒形滤袋压缩成星形断面并使之产生反向风速和振动而使沉积的粉层尘脱落。

因为是内滤式，所以要适当地调整滤袋的拉力，使滤袋的变形收缩不过大也不过小。为此在滤袋长度方向上隔一定距离加一金属环，控制滤袋的变形，使清灰作用比较均匀地分布到整个滤袋上。在清灰期间，多进行两次以上反吹的清灰过程。

这种清灰方式大多使用编织布滤料（如729滤布），对于比较容易清落的粉尘也可使用过滤黏类滤料。

反向气流的产生，对负压式，是关闭出口侧阀门，打开反吹风阀门，由大气或者风机排出管道吸入气体而形成反向气流：对于正压式，则关闭灰斗入口侧阀门，打开反吹风阀门，由通往风机的入风管道吸入大气而形成反向气流。为增向反吹效果，也有安设专门小型风机的形式。

反吹清灰方式的清灰作用比较弱，比振动清灰方式对滤布的损伤作用要小，所以，玻璃纤维滤布多采用这种清灰方式。

3. 反吹振动联合清灰方式

是指仅用反吹清灰方式不能充分清落灰尘时，再加上微弱振动的联合清灰方式，高温玻璃纤维滤袋实际上多采用这种联合清灰方式。

4. 脉冲喷吹清灰方式

固定滤袋用的多孔板（花板）设在除尘器箱体的上部，在每排滤袋的上方有一喷吹管，喷吹管上对着每一滤袋的中心开一压气喷射孔（嘴），喷吹管的另一端与脉冲阀、控制阀等组成的脉冲控制系统及压缩空气储气罐相连接，根据规定的时间或阻力值，按自动控制程序进行脉冲喷吹清灰。

滤袋多采用外滤式，内侧设支撑骨架，粉尘被捕集而沉降在滤袋的外侧的表面。清灰时的一瞬间，当高速喷射气流通过滤袋顶端时，能诱导几倍于喷射气量的空气，一起吹向滤袋内部，形成空气波，使滤袋由上向下产生急剧的膨胀和冲击振动，产生很强的清落粉尘的作用。脉冲周期可以调整，一般为1分钟到几分钟。

脉冲清灰作用较强，清灰效果较好，可提高过滤风速。其强度和频率都是可以调节的，清灰作用与大气压文氏管构造以及射流中心线和滤袋中心线是否一致等因素有关。滤袋较长时，使用较好的喷吹装置同样可以获得良好的清灰效果。

5. 气环反吹清灰方式

这种清灰方式是在内滤式圆型滤袋的外侧，贴近滤袋表面设置一个中空带缝的圆环，圆环可上下运动并于压缩空气或高压风机管道相接，由圆环上内向的缝状喷嘴喷出的高速气流，把沉积于滤袋内侧的粉尘层清落。

气环反吹工作原理是相邻几个气环组成一组，固定在一个框架上，用链条传动，使之沿导轨上下移动，其结构比较复杂，且容易发生损伤滤袋的现象。因脉冲喷吹清灰方式的应用，除特殊用途外，已很少应用。

6. 气箱脉冲清灰方式

也叫强制脉冲方式，其特点是将滤袋分成若干室，在滤袋上方净气箱内用隔板分隔起来而形成分室，滤袋的上端不设文氏管。清灰是按顺序逐室进行的，关闭排气口阀门，从一侧向分室上部喷射脉冲气流，经分室进入到各个滤袋内，利用其冲击与膨胀作用清灰。

7. 脉冲反吹清灰方式

是对前述反吹清灰方式的反向气流给予脉动动作的清灰方式，它具有较强的清灰作用，但要有能产生脉动作用的机械构造。由于清灰作用较强，如采取部分滤袋逐次清灰时，则不需要分室结构形式。

第二节 袋式除尘器调试前准备

袋式除尘器正式投入使用前必须进行检查调试，检查调试过后才能进行使用，这样做的目的是为了保证设备在正常运转之后能够稳定运行，不出故障。

一、调试前应具备的条件

1. 技术文件的准备

（1）调试大纲及调试措施的编写已完成。

（2）设备单体调试记录检查整理完成。

（3）各设备和各子系统调试方案确定。

2. 组织和管理准备工作

组建调试小组和专业调试技术队伍，明确分工和责任，提出团队精神，认真做好培训工作，及早进行风险预测和风险管理，积极组织技术交流工作和试运前技术交底。调试人员到位，操作程序明确，环境已清理干净。机组各方面的硬件条件满足调试要求，设备和系统已经安装结束。通信、现场施工人员全部随身携带通信工具（对讲机），调试人员带证上岗。

二、调试前的检查

1. 脉冲阀

逐一检查确保每个脉冲阀喷吹正常。仔细逐一检查每个脉冲阀是否存在漏气现象，确保每个脉冲阀不漏气。

2. 引风机

检查电动机接线是否正确，接电后点动启动观察风机转向于标识是否一致，风机运行时发生漏油、剧烈噪声、剧烈震动时要马上停止，查明原因消除故障后再调试。

3. 卸料器

上电运行后，检查有没有泄漏、机体振动情况。

三、联机调试

整机联机试运行调试步骤：

（1）单机试验和区域联动试验完成，准备下一步联机试运行调试；

（2）将袋式除尘器所需用的气源供应到备用状态；

（3）将袋式除尘器所有用电控制箱和设备通过电气配电柜操作上电；

（4）按启动按钮，除尘器投入运行。

四、调试质量标准

1. 调试技术质量目标

（1）系统严密，无泄漏。

（2）各个设备正常工作，无缺陷。

（3）调试的质量检验，分项目合格率100%。

（4）试运的质量检验，整体优良率≥95%。

（5）对照图纸检查各部接线是否正确。

2. 调试工作质量计划

根据“安全、可靠、先进、经济、规范、环保”的原则，有效控制调试质量，为实现除尘系统试运成功，对除尘系统试运的质量过程控制主要采取事前质量控制、事中过程质量控制、事后质量控制原则，严格控制该系统调试中的每一个环节，确保烟气系统试运成功。

五、安全注意事项

（1）所有调试工作人员必须遵守《电业安全工作规程》，必须配戴相应的防护用品。

（2）所有的现场调试工作必须制定相应的安全措施，调试区域设有隔离设施和明显的警告牌。

（3）临时设施使用前必须经过检查，确认其安全性能。

（4）若调试现场发生意外危险，调试人员应尽快远离危险区域。

（5）设备系统启动前，严格检查设备系统状态，有隐患或缺陷的设备必须处理完毕符合要求后再启动，设备启动后检查设备运行情况，确认良好。

（6）除尘器调试期间：

1）确保除调试人员外所用无关人员全部撤离除尘器，确保除尘器内部所有人员撤出。

2）要保证调试人员与安全负责人员及各专业人员之间通信畅通。

3）调试中如发生任何设备故障，应停止调试，消缺后方可继续。

第三节 袋式除尘器的调试

一、无负荷各设备单体试运行

（1）电磁脉冲阀、挡板阀、手动阀、卸灰阀应在通电情况测试调好。进行单机试运转前，检查行程时间、气压等指标是否达到限位要求，阀门密封程度有无漏气现象，气缸工作有无杂音和异常现象，并做好记录。

（2）检查所有阀门的执行机构动作灵活，运行可靠，状态反馈正常。

（3）对压缩空气配管系统进行通气试压，试验压力为工作压力的1.25倍，检查装置上的气水分滤器、调压阀、油水分离器和有关阀门、管路运转是否正常，有无漏气和堵塞现象，油雾器喷雾状态是否正常。

（4）压缩空气配管系统通气前应将水平干管排泄阀打开，排出管路内油污、杂物等，清洗干净后关闭排泄阀。

（5）将测压系统各导管末端排泄阀打开，接通差压计，检查管路通气是否畅通，检查差压变送器工作是否可靠。

（6）将振动器用手转动20～30圈，再接通电源检查振动器是否正常。如振力过大或过小，则要调整偏心块，直至激振力正常。

（7）将脉冲清灰装置打开，检查脉冲阀动作是否正常，各脉冲参数调节是否方便。

二、分系统调试

1. 卸灰系统调试前的确认内容及调试

（1）检查工序报验材料，确认仓壁振动器安装位置符合图纸要求，卸灰阀与灰斗螺栓紧固到位，安装位置正确，卸灰口水平无倾斜。

（2）检查设备外观无损伤、油漆完好、各标识牌齐全完好。

（3）所有紧固件应无松动现象，连接螺栓应符合规定。

（4）检查电气设备、自动化仪表设备接线是否正确、规范。

（5）电气设备接地可靠，电动机接地电阻小于4Ω，绝缘电阻高于10MΩ。

（6）各电动机、阀门电动装置、操作箱、电仪自控系统安装接线、校线完毕，各指示仪表、安全保护装置及电控装置均应灵敏、准确、可靠；各仪表已安装完成，并经过校验并合格；调试设备的正式电源等已具备供电条件。

（7）调试前的各准备工作应确认到位。

（8）协灰系统试运转流程：检查设备启动前准备工作——→检查确认卸灰阀、仓壁振动器外观完好，无损伤——→依次启动卸灰阀——→确认转向正常，没个卸灰阀动作5次——→无异常状况后，依次启动仓壁振动器——→振动器振打2～3min后，振动电动机温度、声音正常、激振力合适——→无异常噪声，运行无卡阻，作好调试记录。

2. 输灰系统调试前的确认内容及调试

（1）检查工序报验材料，确认安装位置是否符合图纸要求，无漏装、错装现象。

（2）检查各连接部位螺栓是否紧固到位，所有紧固件应无松动现象，设备外观无损伤、表面油漆完好。

（3）检查螺母与垫圈按设计配备齐全，螺栓外漏螺纹长度不小于1.5倍螺距。

（4）检查各管线密封安装到位，无漏装错装现象。

（5）检查输送空压机内是否已加油，油位在正常位置。

（6）检查电动机防护罩是否已恢复到位。

（7）检查现象垃圾清理情况，垃圾应清理干净。

（8）检查电气设备、自动化仪表设备接线是否正确、规范。

（9）电气设备接地可靠、电动机接地电阻小于4Ω，绝缘电阻高于10MΩ。

（10）各电动机、阀门电、气动装置、操作箱、电仪自控系统等安装接线、校线完毕；各指示仪表、安全保护装置及电控装置均应灵敏、准确、可靠；各类仪表已安装完成，经过校验并合格；调试设备的正式电源等已具备供电条件。

（11）调试前的各项准备工作确认是否到位。如：工作人员是否到位，各项调试前的确认工作均已完成并符合要求，试车工具、器具和通信设备、检测仪器等是否到位。

（12）调试人员应经过调试培训，应熟悉调试流程和调试方案，以及故障和事故的处理方式，并有培训记录。

（13）输灰系统试运流程：

检查设备启动前准备工作⟶检查确认输送空压机调试前确认内容到位⟶确认无误后⟶启动电动机确认电动机转向正常后，开启电动机单机运行不少于2h⟶投运过程中记录电动机温度、振动等数据⟶确认各项合格后，连续投入输灰系统⟶无异常噪声、运行无卡涩，做好调试记录。

3. 喷吹系统调试前的确认内容及调试

（1）检查工序报验资料，确认喷吹管中心是否在布袋中心，确认管道安装水平无歪斜，管卡都已紧固到位。

（2）所有滤袋应无皱折现象。

（3）袋笼与滤袋的配合紧密，袋笼垂直，无弯曲现象。

（4）检查确认脉冲阀已安装到位，外观无损伤、油漆完好、个标识牌已到位。

（5）各阀门动作灵活，无卡阻现象，气缸行程合适。

（6）所有紧固件应无松动现象，检查螺母与垫圈按设计配备齐全，螺栓外漏螺纹长度不小于1.5倍螺距。

（7）检查确认所有布袋已安装并正确固定在花板上，袋笼上的整条布袋在其长度方向上没有扭曲。

（8）检查确认启动元件，喷吹装置等连接可靠，喷吹箱体内清理干净无杂物。

（9）检查电气设备、自动化仪表设备接线是否正确、规范。

(10) 电气设备接地可靠、电动机接地电阻小于4Ω，绝缘电阻高于10MΩ。

(11) 各电动机、阀门电、气动装置、操作箱、电仪自控系统等安装接线、校线完毕，各指示仪表、安全保护装置及电控装置均应灵敏、准确、可靠；各类仪表已安装完成，经过校验并合格；调试设备的正式电源等已具备供电条件。

(12) 调试前的各项准备工作确认是否到位。如：工作人员是否到位，各项调试前的确认工作均已完成并符合要求，试车工具、器具和通信设备、检测仪器等是否到位。

(13) 调试人员应经过调试培训，应熟悉调试流程和调试方案，以及故障和事故的处理方式，并有培训记录。

(14) 喷吹系统调试流程：

检查各设备启动前准备工作⟶检查喷吹系统调试前确认内容已到位⟶确认无误后接通电源，确认气体已到位，开启阀门⟶确认压力、喷吹频率是否正常，脉冲阀有无不工作现象等⟶确认无异常，做好调试记录。

三、系统整体调试

1. 机务应具备的条件

(1) 布袋除尘器本体安装完毕，保温合格。

(2) 除灰系统安装完毕，空负荷程控试验正常。

(3) 除尘器出、入口、阀安装工作完毕。

(4) 电磁脉冲阀及喷吹用的压缩空气及系统安装完毕，且压缩空气系统吹扫干净、打压合格。

(5) 灰斗下部的加热装置及空气炮安装完毕。

2. 电气、热工应具备的条件

(1) 布袋除尘器控制系统调试完成。

(2) 各风门挡板，能达到远操条件。

(3) 电磁阀就地开关与DCS画面显示一致，且操作正常。

(4) 布袋除尘器出入口差压、单室差压、温度显示正常。

(5) 除尘器出口的浊度仪显示正常。

3. 土建应具备的条件

(1) 试运现场道路畅通、平台盖板、扶梯齐全。

(2) 照明充足，临时脚手架拆除，现场清洁。

4. 调试工作程序

袋式除尘器分系统调试工作可按如图 10－3 所示流程图进行。

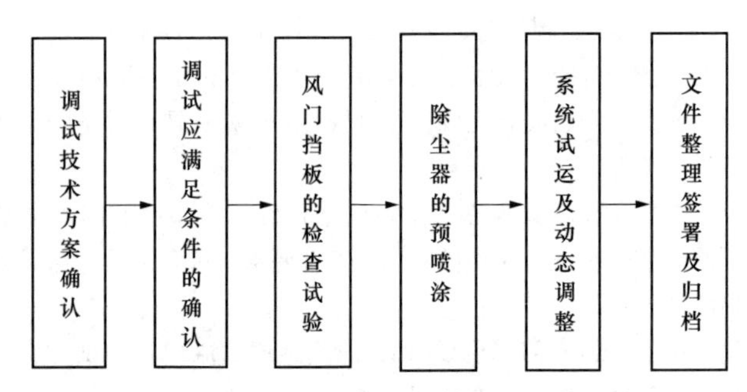

图 10－3 袋式除尘器分系统调试工作流程

5. 调试步骤

(1) 设备的检查确认:

1) 对布袋除尘器的入、出口、提升阀进行操作试验，就地及远操，开关灵活，方向正确，开度指示与显示器显示一致。

2) 除尘器的喷吹电磁阀远传动作正常，喷吹系统无泄漏。

3) 灰斗内无杂物、各人孔门封闭、除灰系统具备同步投入条件。

(2) 布袋除尘器的预喷涂:

1) 选取 5% 小于 5μm、25% 小于 15μm、75% 小于 20μm 的熟石灰或粉煤灰作为预喷涂的喷涂材料。

2) 打开进风口调节阀，打开每个室的出风提升阀开始对除尘器预涂灰。

3) 在其进风控制阀关闭的情况下开动引风机，当引风机工作到最大速度时，慢慢打开进风控制阀 30% ~40%，但不能让引风机超负荷运行，保证每个室有足够风量来防止预喷涂材料掉下来落进灰斗。

4) 将预喷涂灰罐车或鼓风机放在除尘器进风管附近合适的地方，将车上输送管和烟道内的预喷涂嘴连接，或打开灰斗人孔门。

5) 持续向除尘器内注入预喷涂材料，直到每个室压力降达到或超过 125 ~250Pa 为止。就是通过观察气流或风机的速度，来判断 125 ~250Pa 的增长是因为滤料上的预喷涂造成的，而不是风量的增加。

6) 预喷涂过程中的注意事项：在预喷涂的整个过程中和预喷涂后，在燃料燃烧前禁止对滤袋进行清灰，所有室的清灰定时器和脉冲阀应全部在解除位置。另外，燃料的燃烧应该在预喷涂后的 48h 内进行。

（3）除尘器的启动。当烟气温度大于70℃并撤除油枪后，袋式除尘器投入运行，此时除尘器的正常运行均由PLC按照设定的逻辑自动运行。

（4）滤袋的清灰：

1）除尘器的清灰工序可以由操作人员在现场手动启动。

2）离线清灰长袋低压脉冲袋式除尘器的脉冲清灰控制采用手动和自动两种方式，可相互转换。自动控制采用压差（定阻）和定时两种控制方式，可相互转换，压差检测点分别设置在除尘器的进出口总管处，当达到设定的压差值时除尘器各室依次进行脉冲喷吹清灰，清灰状态采用三状态离线分室依次清灰。清灰程序的执行由主控柜（PLC低压柜）直接进行控制。

①定时控制：选择开关选定“自动”“定时”位置，系统满足定时控制条件后，依次完成所有仓室的清灰工作后进入下一周期，周期结束后再从首室开始清灰工序。

②定阻控制：选择开关选定“自动”“定阻”位置，当除尘器差压达到设定值时，开始清灰工序，依次完成所有仓室的清灰工作。如果一次清灰后除尘器阻力仍然高于设定值，清灰继续进行。如果在清灰过程中，除尘器阻力降低到设定值以下，清灰工序在完成一个周期后停止，直到除尘器阻力超过设定值，开始又一次清灰工序。

3）在除尘器运行期间，出于对滤袋的保护，每个过滤室的压力降最高不得超过系统设计值。

6. 除尘器的停运

（1）用PLC关闭除尘器，除尘器提升阀会关闭，再手动关闭进风口调节阀（注意：在滤袋清灰过程中或灰斗中还有积灰时，不能关闭输灰系统）。

（2）过滤室的关闭由PLC控制（注意：只有在绝对必要的情况下才让单个过滤室离线，并尽快使其恢复在线工作，因为在该室离线时，除尘器清灰频率将增加）。

（3）通过PLC或手动关闭提升阀，并完全关闭进风口手动调节阀，实现过滤室的完全离线。

（4）当除尘器的关闭时间超过48h时，执行以下步骤：

1）关机后，清除除尘器过滤室中的烟气，因为烟气中含有很多的水汽和其他可冷凝气体。

2）在除尘器冷却前对滤袋进行3~5次清灰。

3）将灰斗内的灰尘完全清空。

4）关闭输灰系统。

7. 填写试运记录

试运工作结束后，填写试运记录。

第四节　袋式除尘器运行前的检查与准备

袋式除尘系统的运行可分为：试运行和日常运行。首先，在进行试运行时，必须对系统的单一部件进行检查，然后作适应性运行，同时做一部分性能试验。其次，尽管进入了日常运行，仍然有必须经常进行检查的项目。进行这些检查对布袋除尘器的正常运行是很有益的，尤其是在日常运行条件下，因负荷条件的变化对性能要产生一定的影响，所以先要明确操作程序，在设备投入使用后还要密切注意一段时间。

一、运转前检查的主要内容和要求

（1）彻底清除收尘器内外杂物，积灰和油污，尤其应清除系统内的金属块和其他块状杂物。

（2）滤袋悬挂的松紧程度，不得过松或过紧。滤袋绑扎、固定应牢靠。

（3）凡容易漏风的部位，如检查门、管道、吸风罩、分格轮等处，应按要求封闭严密。

（4）各种阀门、仪表及装置等动作灵活可靠，并在各自相应正确的位置上。清灰装置运转正常。

（5）各润滑部位加足润滑脂（或润滑油）。

（6）各连接部位的固定螺栓全部拧紧，以避免运转时产生振动松脱。

（7）安全防护设施齐全、完整。

（8）密封阀门动作灵活，封闭严密。

（9）在冬季或含尘气体湿度大的情况下，检查电热装置或加温设备，在通电、通风时工作是否正常。

经检查，上述各项全部符合规定要求，得到开车通知后，才允许启动。

二、试运行

在新的袋式除尘器开始试运行前，必须对下列各项进行检查：

（1）风机的旋向、转速、轴承振动和温度。

（2）管道的状况、系统的配套设备（如冷却装置、喷粉机构等）除尘器本体是否漏气以及供水系统和供气系统等。

（3）处理风量和各点的压力与温度是否与设计相符。

（4）测试仪表的指示及记录是否正确。

（5）要反复校验并确认所有安全装置都正常工作。

（6）滤袋的检查：

1）大气反吹式、机械振动式（内滤式）。滤袋的张力在安装之初虽已调好，但在运行几天后，还必须检查滤袋的张力及漏泄情况，因为由于温度和压力的变化以及反复的清灰，可能使某些滤袋脱落或发生松弛现象。

2）脉冲式。滤袋在安装之初虽已调好，但在运行几天后，还必须检查滤袋的漏泄情况，因为由于温度和压力的变化、安装的问题以及反复的清灰，可能出现某些滤袋脱落现象。

（7）新装滤袋的投运：

在一般情况下，新滤袋的阻力较低、表面无粉尘层，如直接投入系统运行，容易发生滤袋堵塞现象，故新装滤袋建议按下列方式开机：

1）对于高温、含湿、含油、粉尘较细和粘的除尘系统：采用喷粉或喂粉的方式，对新滤袋进行人工喂涂，使滤袋表面建立粉尘层，在滤袋室阻力达到200～400Pa或喂粉量达到250g/m^2时，再投入系统运行。

2）对于常温、无油、粉尘较粗和干燥的除尘系统，人工调节风机的阀门减少风量，使过滤速度小于设计值，这样容易使最初的粉尘沉积在滤袋表面，形成粉尘层，然后逐渐地增加至设计风量，使系统恢复正常。

在开始运转的时候，常常会出现一些事先预料不到的情况，需要密切注意。例如，出现异常的温度、压力、水分等将给新装置造成损害，特别是这样的气体进入冷的除尘器时，在箱体和滤袋上可能发生水汽凝结，造成滤袋堵塞和腐蚀。

另外，气体温度的急剧变化，对风机也有不良的影响，应避免这种情况。因为温度的变化，可能引起风机轴的变形，形成不平衡状态，运行时就会引起振动。并且，在停止运行时，如温度急剧下降，再启动的时候也会有振动的危险。

设备的启动对在日常运行中保持系统的良好性能有着重要的作用，必须细心注意和慎重行事。

三、日常运行

袋式除尘器在日常运行中，由于运行条件会发生某些改变，或者出现某些故障，都将影响设备的正常运转和工作性能，要定期地进行检查和适当的调节，以尽力延长滤袋的寿命，降低运行费用，以期用最低的运行费用保持设计的最好性能。主要应注意以下一些问题。

1. 测定值

袋式除尘器的运行状态，可以由系统的压差、入口气体温度、主风机电动机的电压、电流及其变化而判断出来。也就是根据这些测定值可以了解以下各项情况：

(1) 滤袋是否发生堵塞。

(2) 滤袋的清灰是否正常。

(3) 风量是否发生变化。

(4) 除尘设备是否发生粉尘搭积现象。

(5) 在清灰过程中是否发生粉尘泄漏现象。

(6) 滤袋上是否发生粉尘板结现象。

(7) 清灰机构是否发生故障。

(8) 风机的转速是否发生变化。

(9) 滤袋是否出现破损或脱落现象。

(10) 除尘设备进风管是否发生堵塞现象。

(11) 系统的阀门是否出现故障。

(12) 滤袋室是否有泄漏现象。

(13) 压缩空气及冷却水是否有泄漏现象。

(14) 系统管道是否发生破损。

(15) 其他。

对除尘器的测定值是进行正常运行和维护工作所依据的重要指标，所以要安装和备有必要的测试仪表，在日常运行中定期地进行测定，并准确地做好记录。

2. 风量变化

引起系统风量变化的原因：

(1) 除尘设备进口的含尘量增多或布袋发生板结现象。

(2) 系统的吸罩口或分支管阀门发生关闭现象。

(3) 除尘设备在一室离线清灰。

(4) 除尘器本体或系统管道泄漏或堵塞现象。

(5) 风机出现故障。

(6) 其他。

在风量增加时，就会引起过滤速度增大，从而可发生滤袋泄漏、破损等情况。如果风量变小，使管道内流速变慢，会发生粉尘在管道内滞留和沉积，从而又进一步促使流量减少，将影响系统的抽吸能力。

3. 清灰周期及时间

袋式除尘器的清灰周期和清灰时间是左右捕集性能和运行状态的重要因素。

清灰周期、清灰时间与所采取的清灰方式和处理对象的性质等因素有关，所以必须对粉尘性质、含尘浓度等进行了解，并进行必要的考查之后再确定。清灰周期和清灰时间的确定原则，根据不同的清灰方式采用不同的清灰设定，首先要考虑的是能在滤袋上残留下一次附着层，以确保有效清灰的最少时间，确定清灰周期。使清灰周期尽可能的长，清灰时间短，从而能在经济的除尘设备阻力条件下运行。

（1）大气反吹清灰方式：如果清灰时间过短，则滤袋上的粉尘尚未完全清落就转入工作，将使阻力很快地恢复并逐渐增高起来。反之，清灰时间过长，则由于过度清灰而使过滤速度增加，粉尘能够钻入滤布内部而造成除尘器滤袋堵塞和破损。

（2）振动清灰方式：和大气反吹清灰式基本相同。

（3）脉冲清灰方式：如果清灰周期过短，则由于过度、频繁的清灰，造成粉尘能够钻入滤布内部导致滤袋堵塞和破损。反之，清灰周期过长，则滤袋上的粉尘堆积过多将使设备处于高阻运行。

4. 阻力

布袋除尘器在运行期间，要经常观察压差系统，借以判断是否出现问题。事先应记录好正常运行时的压差数值，如发现压差增高，可能意味着滤袋出现堵塞、粉尘板结，清灰机构失效、灰斗积灰过多等现象。而压差降低，可能意味着滤袋出现破损、脱落，入口侧管道堵塞或阀门关闭，箱体或分室之间有泄漏等现象。

5. 运行条件的改变

一般在设计布袋除尘系统时，虽已经考虑到含尘浓度、粉尘的形状、粒径的分布、湿度及其他条件的波动和变化，但是当改变条件时，应对所有的问题进行核实后在确定。

6. 除尘器的停运

布袋除尘器长时间停止运行时，必须注意滤袋室内的湿气和风机轴承。

滤袋室内的湿气凝结是含湿气体特别是燃烧产生的气体冷却所引起的，因此要在系统冷却之前，把含湿气体排除换置干燥的空气，防止除尘布袋和除尘本体的损坏和腐蚀。

在寒冷地区，由于除尘设备周围环境温度的降低，也会产生除尘设备本体凝结现象，为了防止上述现象的产生，在完全排除系统中的含湿气体后，应将箱体密封。冷却水等的冻结可能引起较大事故的出现，所以应将冷却水源关闭并排空。

另一方面，在长时间停止运行时，要充分注意风机的清扫、防锈等工作，特别要防止粉尘和雨水等进入轴承，也要注意电动机的防潮。管道和灰斗堆积的粉尘要及时清扫，清灰机构与驱动部分要经常添加油，如果是长时间停止运行，应取出布袋放在仓库中保管。

考虑到以上几个方面，在停运期间内，定期进行短时间的安全运行（空运行）是最好的预防设备故障的办法。

7. 安全

对于布袋除尘器要特别注意采取防止燃烧、爆炸和火灾事故的措施。在处理燃烧气体和高温气体时，常常有未完全燃烧的粉尘、火星、有燃烧和爆炸性气体等进入设备之中；有许多粉尘具有易燃易爆性，粉尘不仅通过除尘系统而且可能在系统的各部分停滞或堆积；有些粉尘具有自燃或带电性，同时，大多数滤袋的材料又都是易燃的，在这样的运行条件下，存在着发生燃烧、爆炸事故的危险，而且这类事故的后果是很严重的。

要了解除尘器的工作条件，必要时应对粉尘和气体的性质进行化验，以确定处理粉尘和气体是否具有燃烧和爆炸性，并采取下列防火防爆措施：

（1）滤料采用防静电、不易燃烧的材料。

（2）在除尘器的前面布置燃烧室或火花消除器，以使未完全燃烧的粉尘与气体完全燃烧或沉降带入的火星。

（3）系统管道和除尘设备本体设计合理，保持系统畅通，避免粉尘的沉积。

（4）在系统的必要部分设置防爆泄压装置。

（5）除尘系统和除尘设备均采取避雷接地措施。

（6）采取防止静电积聚的措施，各部分用导电材料接地。

（7）电气设备采用防爆型装置。

（8）清除残留堆积的粉尘。

（9）除尘系统设计成负压系统，以免气流中的粉尘撞击风机叶轮或机壳而产生火花。

第五节　袋式除尘器的投运和停运操作

为保证锅炉布袋除尘器安全、稳定、经济运行，保护滤袋，保证除尘效果，袋式除尘器的投运制定了相应的措施。

1. 锅炉除尘器投运

（1）锅炉布袋除尘器首次投运或大量新换滤袋后，为避免油污附着在滤袋表面造成糊袋，除尘器需进行预涂灰，使其表面留有初始灰层，形成良性循环。

（2）预喷涂前必须开启 2 台引风机，而且开度要在 40% 以上。预涂灰要求在原有压差基础上增加 250～300Pa 时停止涂灰，预涂灰期间禁止投入脉冲喷吹，防止破坏初始灰层，等主机切除全部大油枪时再投入脉冲喷吹。

（3）投入除尘器运行条件：一是入口烟气温度应大于 120℃；二是锅炉无大油枪投入。

（4）投入除尘器主路关旁路时，应联系值长、机组长，注意锅炉负压变化。

（5）灰斗加热装置应在锅炉点火前 12h 提前投入。

2. 锅炉除尘器运行

（1）锅炉除尘器投运后，除灰运行人员应密切监视各滤室差压、各烟道烟气温度、旋转电机运行状态、喷吹风机运行状态、喷吹压力、各挡板门及旁路提升阀状态等变化情况。

（2）除灰运行人员应建立起与值长、主机有效的沟通机制，发现异常温度、压差等异常情况时，作出初步判断，及时汇报值长，联系机组长，采取措施。

（3）滤袋连续使用温度在 160℃，严禁长期超温运行，除灰运行人员发现除尘器“超温报警”后，应汇报值长，降低排烟温度至 160℃以下，以保证滤袋安全及除尘效果。

（4）锅炉大量投油助燃时，值长应通知除灰运行。除灰运行人员应视差压情况降低清灰频率或暂时停止喷吹清灰，防止造成糊袋。

（5）除尘运行人员当发现除尘器系统故障需要开启旁路时，应提前汇报值长，保证锅炉稳定运行。

（6）锅炉异常停炉时，应停止清灰，以保证短时停炉后重新投入油枪时，布袋处在均匀挂灰状态。

3. 锅炉除尘器停运

（1）机组计划停机之前值长应及时通知除灰器运行人员，了解停机时间。

（2）短时停机（1－7天），除尘器运行人员在停机前保证差压在正常范围前提下停止清灰，以保证短时停炉后重新投入油枪时，布袋表面留有一定厚度粉煤灰，不必再重新预涂灰。

（3）锅炉长期停运时，喷吹系统继续运行30min以上，尽可能清除除尘布袋上的粉尘层；关闭进、出口挡板门，防止滤袋受潮。在下次开机时必须按照预涂灰操作步骤和要求对滤袋进行预涂灰，并抽样检查，抽样的滤袋表面必须能看到明显的粉尘层附着。

（4）无论何种停机都必须继续运转引风机1h以上（引风机具体运行时间应满足脱硫吸收塔入口烟温小于80℃的要求），将除尘器所有分室内残留的酸性气体置换。

（5）关闭除尘器所有出入口挡板门，直至投入主路运行。

第六节　袋式除尘器的运行调整

在日常运转中，要定期检查和适当地调整如下几个方面的问题：

（1）监测仪表。袋式除尘器系统的运转状态，可以由系统的压差、入口气体温度、主电动机电压和电流等数值及其变化而进行判断，也就是根据这些测定值可以了解下列各项情况：滤袋是否发生了堵塞；滤袋的清灰程度；流量是否发生了变化；是否有粉尘堆积现象；在清灰过程中有无粉尘泄漏现象；滤袋上是否产生凝结现象；清灰机构是否发生故障；风机转数是否发生变化；除尘滤袋是否出现被损或发生脱落现象；入口管道是否发生堵塞；阀门是否出现故障；滤袋室是否有泄漏；冷却水有无泄漏；系统管道是否破坏。

（2）流量变化。引起系统流量变化的主要原因有：入口气体含尘浓度增大；开闭吸尘罩或分支管道的阀门；对一个分室进行清灰；装置本体或管道系统的泄漏或堵塞；风机出现故障。

在流量增加时，会引起过滤速度增大，从而可发生滤袋泄漏、滤袋强力松弛、滤袋破损等现象。若流量减少，使管道内风速变慢，粉尘在管道内产生滞留和沉积现象，从而又使流量减少进一步恶化，影响抽吸粉尘的能力。因此，应设置流量自动控制装置。

（3）清灰周期和时间。袋式收尘器的清灰周期和清灰时间是影响收尘性能和运转状况的重要因素。清灰周期，清灰时间对收尘作业的影响见表10－1。

表10－1　　清灰周期、清灰时间对收尘作业的影响

分类	较长时	较短时
清灰周期	收尘作业中阻力增高	收尘作业中阻力低，如过短时，则：发生泄漏；滤袋寿命缩短；经常有处于清灰的分室阻力增高
清灰时间	开始收尘作业时，阻力较低长时，则：产生泄漏；滤袋堵塞；滤袋寿命缩短；驱动部分寿命缩短	开始收尘作业时，阻力降低不明显。如过短时，开始收尘作业则阻力立即迅速增高

如果清灰时间过短时（清灰周期适宜），滤袋上的粉尘尚未完全清落掉，就转入收尘作业，将使阻力很快的恢复并逐渐增高。反之，清灰时间过长，使一次附着粉尘层将被清落掉，由于过度清灰而使过滤速度增加，粉尘钻入滤布纤维内部而造成滤袋堵塞和被损，在用振动清灰方式时，这也是驱动部分发生故障的主要原因。

清灰周期、清灰时间应依清灰方式不同而异。正确的清灰周期、清灰时间应使袋式收尘器在经济的阻力条件下运转。

（4）阻力。袋式收尘气在运行期间，应经常注意观察压差计的变化，借以判断是否出现问题。如发现压差增高，可能意味着滤袋出现堵塞、滤袋出现水汽冷凝、清灰机构失效、灰斗积灰过多以致堵塞除尘布袋、气体流量增多等情况。反之，若压差降低，则可能意味着出现了滤袋破损或松脱、入风管道堵塞或阀门关闭、箱体或各分室之间有泄漏、风机转速降低等情况。在压差超过允许范围时，应及时检查并采取措施。

（5）作业条件改变。在运转中，应注意尘源的含尘浓度、尘粒形状、粒度分布、湿度、温度以及其他条件的波动和变化。当改变原作业条件时，应进行慎重地研究，不得盲目作业。

（6）运转停止的管理。袋式收尘器系统与时间停止运转时，必须特别注意滤袋室内的湿气和风机轴承。可以采取在完全排出系统中的含湿气体后，将箱体密封。也可以采取在停止运转期中，不断地向滤袋室内供给暖空气。注意管道及驱动部分的防锈、润滑和防潮。长期停用时，应取下滤袋，放在干燥的仓库中妥善保管。

（7）安全管理。在处理可燃气体、高温气体和含有易燃易爆粉尘气体时，应特别注意防止燃烧、爆炸和火灾事故。通常可考虑采取下列防火防爆措施：选用耐高温或不易燃烧的滤料；在收尘器前面设燃烧室或火星捕集器，以便使未完全燃烧的含尘气体在进入除尘器前完全燃烧或消除火种；保持系统畅通，避免粉尘积聚；收尘器如设在室外，要采取避雷措施，如设在室内，应设置防爆泄压和自动灭火设施；采取防止静电积聚措施，一般可用导电材料接地的方法；电气设备采用防爆型，并符合安全要求；清除残留堆积的粉尘；设置发火警报和自动停车装置；对于有毒、有害气体和烟尘不允许漏入室内，或净化后再循环至室内；袋室收尘器使用的高压空气管道，必须安装防爆阀或安全开关，并定期清除高压气包中的有泥污垢，以防燃烧爆炸。

第七节　袋式除尘器的常见故障及排除

袋式除尘器系统常见故障、原因及排除措施列入表10－2。

表10－2　　袋式收尘器系统常见故障、原因及排除措施

故障现象	故障原因	排除措施
滤袋破损	相邻滤袋间摩擦；与箱体摩擦；粉尘磨蚀（滤袋下部滤料毛绒变簿）；相邻滤袋破坏而致	调整滤袋张力及结构；修补已破损或更换
滤袋烧毁	（1）流入火种； （2）粉尘发热	（1）消除火种； （2）清除积灰、降温
滤袋脆化	酸、碱或其他有机溶剂蒸汽作用；其他腐蚀作用	防腐蚀处理
阻力上升	（1）换向阀门动作不良及漏风量大； （2）反吹阀门动作不良及漏风量大； （3）反吹风量调整阀门发生故障及调节不良； （4）反吹风量调整阀门闭塞； （5）换向阀门与反吹阀门的计时不准确；	（1）调整换向阀门，减少漏风量； （2）调整反吹阀门动作、减少漏风量； （3）排除故障、重新调整； （4）调整、修复； （5）调整计时器； （6）清理通疏； （7）修复或更换；

续表

故障现象	故障原因	排除措施
阻力上升	(6) 反吹管道被粉尘堵塞; (7) 换向阀密封不良; (8) 气体温度变化而使清灰困难; (9) 清灰机构发生故障; (10) 粉尘湿度大、发生堵塞或清灰不良; (11) 清灰定时器时间设定有误; (12) 振动机构动作不良; (13) 汽缸用压缩空气压力降低; (14) 汽缸用电磁阀动作不良; (15) 灰斗内积存大量积灰; (16) 风量过大; (17) 除尘布袋堵塞; (18) 因漏水使滤袋潮湿	(8) 控制气体温度; (9) 检查并排除故障; (10) 控制粉尘湿度、清理、通疏; (11) 整定定时器时间; (12) 检查、调整; (13) 检查、提高压缩空气压力; (14) 检查、调整; (15) 清扫积灰; (16) 减少风量; (17) 检查原因、清理堵塞; (18) 修补堵漏
滤袋堵塞	(1) 滤袋使用时间长; (2) 处理气体中含有水分; (3) 漏水; (4) 风速过大; (5) 清灰不良	(1) 更换; (2) 检查原因、处理之; (3) 修补、堵漏; (4) 减少风速; (5) 加强清灰、检查清灰机构
清灰不良	(1) 滤袋过于拉紧; (2) 滤袋松弛; (3) 粉尘潮湿; (4) 清灰中除尘滤袋处于膨胀状态（换向阀等密封不良或发生故障）; (5) 清灰机构发生故障; (6) 清灰阀门发生故障; (7) 清灰定时器时间设定值有误或发生故障; (8) 反吹风量不足	(1) 调整张力（松弛）; (2) 调整张力（紧张）; (3) 检查原因，处理之; (4) 检查密封，排除故障，消除膨胀状态; (5) 检查、调整并排除; (6) 排除; (7) 检查、整定时间设定值; (8) 检查原因，加大反吹风量

续表

故障现象	故障原因	排除措施
阀门动作不良	(1) 对于汽缸或阀门汽缸动作不良； (2) 电磁阀动动作不良； (3) 阀门上附着粉尘较多； (4) 连杆、销钉等脱落或折断； (5) 固定螺栓脱落或折断； (6) 对于电动式阀门： 1) 电动机过负荷； 2) 电动机烧毁； 3) 连杆、销钉等脱落或折断； 4) 固定螺栓脱落或折断； 5) 行程不足	(1) 检查、调整； (2) 检查、调整； (3) 清扫附着粉尘； (4) 修复或更换； (5) 紧固或更换； (6) 电动式阀门处理： 1) 检查原因、消除过负荷现象； 2) 更换、修理； 3) 修复或更换； 4) 修复；紧固或更换； 5) 调整
汽缸动作不良	(1) 电磁阀动作不良； (2) 漏气； (3) 活塞杆锈蚀； (4) 行程不足； (5) 压气管道破损； (6) 压气管道连接处开裂、脱离； (7) 压气的压力不足； (8) 压气未到； (9) 活塞杆断油； (10) 密封填料不良	(1) 检查原因并修复； (2) 检查堵漏； (3) 清锈或更换； (4) 调整行程； (5) 修补； (6) 修理并紧固； (7) 增加压气的压力； (8) 检查，疏通管线； (9) 检查原因、供油； (10) 调整、更换
电磁阀动作不良	(1) 电路发生故障； (2) 因长期放置静摩擦增大； (3) 阀破损； (4) 弹簧折断； (5) 因填料膨胀，使摩擦阻力增大； (6) 活塞环损坏更换； (7) 阀内进入异物； (8) 漏气； (9) 滑阀密封不正常	(1) 检查电路、排出故障； (2) 检查、处理； (3) 更换； (4) 更换弹簧； (5) 更换填料； (6) 更换； (7) 清除异物； (8) 密封处理； (9) 检查原因，排除故障

续表

故障现象	故障原因	排除措施
灰斗中粉尘不能排出	(1) 灰斗下部粉尘发生拱塞; (2) 螺旋输送机出现故障; (3) 回转阀动作不良 (4) 粉尘固结; (5) 排出滞槽堵塞; (6) 粉尘潮湿，产生附着而难于下落	(1) 清除粉尘拱塞; (2) 检查并排除故障; (3) 检查，修理; (4) 清除固结粉尘; (5) 清理滞槽，排出异物; (6) 清扫附着粉尘，防潮处理
粉尘排出装置发生故障	(1) 传动电动机、减速机及传动齿轮有故障; (2) 传动链条折断; (3) 链条断油; (4) 安全销折断; (5) 链条过于松弛; (6) 螺旋连接销折断; (7) 螺旋机壳内固着粉尘; (8) 螺旋叶片折损; (9) 回转阀叶片折断; (10) 回转阀内绞入异物; (11) 螺旋叶片磨损; (12) 螺旋叶片间充满固着粉尘; (13) 机壳内侧固着粉尘与叶片叶摩擦; (14) 灰斗内粉尘拱塞; (15) 回转阀叶片磨损; (16) 回转阀叶片间充满固着粉尘	(1) 检查原因，排除传动故障; (2) 更换链节，重新连接; (3) 供油; (4) 更换; (5) 调整链条张力; (6) 更换; (7) 清理; (8) 修复; (9) 更换; (10) 清除异物; (11) 修理或更换; (12) 清理; (13) 清理机壳内侧固着粉尘; (14) 清除积灰拱塞; (15) 修复或更换; (16) 清除固着粉尘
冷却排水温度急剧上升	(1) 冷却水量不足; (2) 断水; (3) 作业过负荷; (4) 冷却水循环不良; (5) 连接处开裂	(1) 增加冷却水量; (2) 检查原因，疏通管路; (3) 减轻负荷; (4) 检查原因、排除故障; (5) 修补、紧固

续表

故障现象	故障原因	排除措施
风机异常振动	(1) 因叶轮磨损或损坏而不平衡; (2) 因叶轮固着粉尘而致不平衡; (3) 轴弯曲; (4) 联轴器不平衡; (5) 转子与外壳碰撞、摩擦; (6) 密封压盖不完全接触; (7) 压力波动、喘振	(1) 修理,重新做平衡试验; (2) 更换叶轮; (3) 清除固着粉尘; (4) 修复或更换; (5) 调整、找正; (6) 修理、调整侧间隙; (7) 调整、修复; (8) 调整风机工况
风机性能降低	(1) 因电源频率不足而使转速降低; (2) 叶轮磨损或破坏; (3) 阀门动作不良; (4) 滤袋阻力过大	(1) 检查供电系统; (2) 修理或更换; (3) 检查、修理; (4) 检查分析原因、采取措施
风机轴承温度急剧上升	(1) 油质劣或品质不符合要求; (2) 轴承中混入冷却水; (3) 断油; (4) 轴承冷却水量不足; (5) 轴承合金磨损或烧毁; (6) 叶轮不平衡	(1) 换油; (2) 检查、消除漏水; (3) 检查油路、加强供油; (4) 加大冷却水量; (5) 修理或更换; (6) 做平衡试验、找正

提示 本章内容适用于初级工、中级工、高级工的学习。

第十一章

静电除尘器的运行

第一节　静电除尘器的基本理论

静电除尘器是利用静电力（库仑力）将气体中的粉尘或液滴分离出来的除尘设备，也称电除尘器。1907 年美国人科特雷尔（Cot · roll）成功地把静电除尘器用于生产中。静电除尘器在冶炼、水泥、煤气、电站锅炉等工业中得到了广泛应用。

静电除尘器与其他除尘器相比其显著特点是，几乎对各种粉尘、烟雾等，直至极其微小的颗粒都有很高的除尘效率，即使高温、高压气体也能应用，设备阻力低（100～300Pa）维护检修不复杂。

静电除尘器的工作原理是利用直流高压电源产生的强电场使气体分离，产生电晕放电，进而使悬浮尘粒荷电，并在电场力的作用下，将悬浮尘粒从气体中分离出来并加以捕集的除尘装置。用电除尘的方法分离、捕集气体中的悬浮尘粒主要包括以下五个复杂而又相互有关的物理过程：

（1）施加高电压产生强电场使气体分离，产生电晕放电。

（2）悬浮颗粒的荷电。

（3）荷电尘粒在电场力的作用下向电极运动。

（4）荷电尘粒在电场中被捕集。

（5）电极清灰。

一、电晕放电

1. 原子结构及碰撞电离

物质是由分严组成的，分子是保持物质化学性质的一种颗粒。分子是由原子构成，而原子是由带负电荷的电子、带正电荷的质子以及中性的中子三类亚原子粒子组成的。在各种元素的原子里，质子和中子组成原子核。核的净电荷是正，在原子核的外面一定有电子，电子的数目等于原子核子的数目。如果原子没有受到干扰，便没有电子从原子核的周围空间移出，则整个原子呈电中性，也就是原子核的正电荷与电子的负电荷相加为零。如果移去一个电子，剩下来带正电荷的结构就称为正离子，获得一个或多个额外电子的原子称为负离子，失去或得到电子的过程称为电离。当原子（或分子）从外界吸收的能量足够大时，则电子可以脱离原子（或分子），于是原子（或分子）就被电离成自放电电极，由电子和正离子两部分组成，如图 11－1 所示。由于气体电离所形成的电子和正离子在电场作用下，朝相反的方向运动，于是形成电流，图 11－1 所示碰撞电离时的气体就导电了，从而失去了气体通常状态下的绝缘性能。

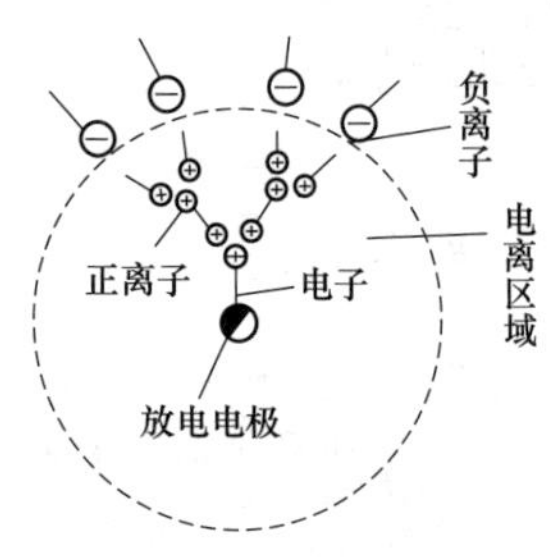

图 11－1　碰撞电离

2. 气体电离

通过电子和气体原子之间碰撞实现气体原子或分子激励和电离，电子碰撞原子并使之电离，这时电子应具有一个最小能量。这个最小能量称为该气体的激励能。使电子在有一定电位差的电场中加速，电子可获得最大的能量，能使气体电离，此时的能量称为电离能。

当具有一定速度的电子与一个气体原子碰撞时，电子的动能就有一部分传给了原子。如果这种碰撞不引起原子内部的变化，即激励或电离，这种碰撞称为弹性碰撞。由于原子的质量比电子的大得多，所以电子传给原子的能量很少，原子不动，电子则改变了运动的方向。如果电子的能量足够大，它的动能可使原子激励或电离，这种碰撞称为非弹性碰撞。电子和原子碰撞时可以使原子被激励，使原子与原子碰撞并也能使原子电离。除了靠电场加速电子碰撞气体原子使之电离外，还有所谓光电离和热电离现象，光电离是靠光的辐射能量使气体电离，热电离是靠粒子的热运动速度达到一定程度，碰撞气体原子而使之电离，但这两种电离静电除尘中很少发生。在电场中除了进行气体的电离外，电离产生的电子、负离子和正离子，还可以重新结合成为基态的原子或分子，这一过程称为离子复合。当电场中电离不再继续进行时，则复合过程将导致离子和绝大部分电子从电场中消失，这种现象称为消电离。当电除尘器供电中断时，电场中发生的过程是消电离过程。气体的电离可分为两类，即自发性电离和非自发性电离。气体的非自发性电离是在外界能量作用下产生的。气体非自发性电离和自发性电离，与通过气体的电流并不一定与电位差成正比。当电流增大到一定的程度时，即使再增加电位差，电流也不再增大而形成一种饱和电流，在饱和状态下的电流称为饱和电流。非自发性电离的特点是气体中的电子或离子数目不会连续增多，这是因为在产生电子和离子的同时，由于不同电性的离子受到库仑力的作用又重新结合成中性分子，此过程称为离子复合。另外，非自发性电离，只要外界能量停止，气体中的电荷也随之消失。气体自发性电离是在高压电场作用下产生，不需特殊的外加能量，静电除尘理论就是建立在气体自发性电离的基础上。气体导电现象分低电压导电和高压导电两种。低电压气体导电是借放电极所产生的电子或离子部分传递电流，静电除尘就属于这一类。

3. 气体导电过程

气体导电过程可用图 11－2 中的曲线来描述，图 11－2 中在 AB 阶段，气体导电仅借助于大气中所存在的少量自由电子；在 BC 阶段，电压虽升高到 C′但电流并不增加，此时使全部电子获得足够的动能，以便碰撞气体中的中性分子。当电压高于 C′点时，由于气体中的电子已获得的能量足以使与发生碰撞的气体中性分子电离，在气体中开始产生新的离子并开始由气体离子传送电流，故 C′点的电压就是气体开始电离的电压，通常称为电离电压。电子与气体中性分子碰撞时，将其外围的电子冲击出来使其成为阳离子，而被冲击出来的自由电子又与其他中性分子结合而成为阴离子。由于阴离子的迁移率比阳离子的迁移率大，因此在 CD 阶段中使气体发生碰撞电离的离子只是阴离子。在 CD 阶段中，放电现象不产生声响，此阶段的二次电离过程，称为无声自发放电。

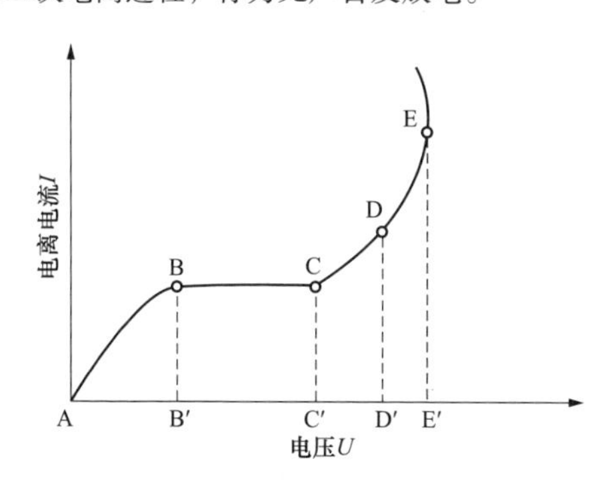

图 11－2　气体导电过程的曲线

当电压继续升高到 D′点时，不仅迁移率较大的阴离子能与中性分子发生碰撞电离，较小的阳离子也因获得足够能量与中性分子碰撞使之电离。因此在电场中连续不断地生成大量的新离子，此阶段，在放电极周围的电离区内可以在黑暗中观察到一连串淡蓝色的光点或光环，或延伸成刷毛状，并伴随有可听到的“嗞嗞”响声。这种光点或光环被称为电晕。

在DE阶段称为电晕放电阶段，达到产生电晕阶段的碰撞电离过程，称为电晕电离过程。此时通过气体的电流称为电晕电流，开始发生电晕时的电压（即D′点的电压）称为临界电晕电压。静电除尘也就是利用两极间的电晕放电而工作的。如电极间的电压继续升到E′点，则由于电晕范围扩大，致使电极之间可能产生剧烈的火花，甚至产生电弧。此时，电极之间的介质全部产生电击穿现象，E′点的电压称为火花放电电压，或称为弧光放电电压。火花放电的特性是使电压急剧下降，同时在极短的时间内通过大量的电流，从而使电除尘停止工作。

根据电极的极性不同，电晕有阴电晕和阳电晕之分。当电晕极和高压直流电源的阴极连接就产生阴电晕，阴电晕形成只是在具有很大电子亲和力的气体或混合气体中才有可能。对于阴电晕，若产生的大量自由电子不能与中性气体分子结合而形成阴离子，则会直接奔向阳极而出现火花放电，不能形成电晕运转。惰性气体及氮气等不是负电性气体，不能吸附自由电子，所以不适宜于阴电晕运转。SO_2是最佳负电性气体，O_2・H_2及CO_2也是负电性气体，因此能产生十分稳定的电晕。

当电晕极和高压直流电源的阳极连接时，就产生阳电晕。在阳电晕情况下，靠近阳极性电晕线的强电场空间内，自由电子和气体中性分子碰撞，形成电子“雪崩”过程。这些电子向着电晕极运动，而气体阳离子则离开电晕线向强度逐渐降低的电场运动，从而成为电晕外区空间内的全部电流。在阳离子向收尘极运动时，因为不能获得足够的能量，所以发生碰撞电离也就比较少，而且也不能轰击收尘极使之释放出电子。阳电晕的外观是在电晕极表面被比较光滑均匀的蓝白色亮光包着，这证明这种电离过程具有扩散性质。

上述两种不同极性的电晕都已应用到除尘技术中。在工业静电除尘器中，几乎都采用电晕，对于空气净化的所谓静电过滤器考虑到阳电晕产生的臭氧较少而采用阳电晕，这是因为在相同的电压条件下，阴电晕比阳电晕产生的电流大，而且火花放电电压也比阳电晕放电要高，静电除尘器为了达到所要求的除尘效率，保持稳定的电晕放电过程是十分重要的。

如图11－3所示一个静电除尘过程，这个过程发生在静电除尘器中。当一个高压电加到一对电极上时，就建立起一个电场。图11－3（a）和图11－3（b）表明在一个管式和板式静电除尘器中的电场线。带电微粒，如电子和离子，在一定条件下，沿着电场线运动。带负电荷的微粒向正电极的方向移动，而带正电荷的微粒向相反方向的负电极移动。在工业静电除尘器中，电晕电极是负极，收尘电极是正极。

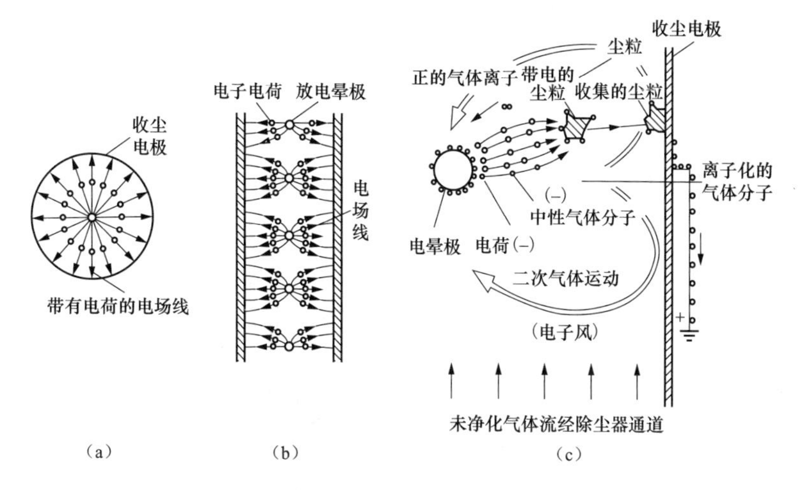

（a）　　（b）　　（c）

图 11－3　静电除尘过程

（a）管式静电除尘器中的电场线；（b）板式静电除尘器中的电场线；

（c）粉尘荷电在电场中沿着电场线移向收尘电极的情况

图 11－3（c）表示了靠近放电电极产生的自由电子沿着电场线移向收尘电极的情况，这些电子可能直接撞击到粉尘微粒上，而使粉尘荷电并使它移向收尘电极。也可能是气体分子吸附电子、而电离成为一个负的气体离子，再撞击粉尘微粒使它移向收尘电极。

二、尘粒的荷电和运动

尘粒荷电是静电除尘过程中最基本的过程。虽然有许多与物理和化学现象有关的荷电方式可以使尘粒荷电，但是，大多数方式不能满足净化大量含尘气体的要求。因为在静电除尘中使尘粒分离的力主要是静电力即库仑力，而库仑力与尘粒所带的电荷量和除尘区电场强度的乘积成比例。所以，要尽量使尘粒多荷电，如果荷电量加倍则库仑力会加倍。若其他因素相同，这意味着静电除尘器的尺寸可以缩小一半。虽然在双极性条件下能使尘粒荷电实现，能使尘粒荷电达到很高的程度，但是理论和实践证明，单极性高压电晕放电使尘粒荷电效果更好，所以静电除尘器都是采用单极性荷电。

就本质而言，阳性电荷与阴性电荷并无区别，都能达到同样的荷电程度。而实践中对电性的选择，是由其他标准所决定的。工业中按惯例除尘用的静电除尘器，选择阴性是由于它具有较高的稳定性，并且能获得较高的操作电压和较大的电流。反之，在空气净化中，由于要求减少臭氧的产生，一般选择阳性荷电。

在静电除尘器的电场中，尘粒的荷电可分为电场荷电和扩散荷电。尘粒的荷电量与尘粒的粒径、电场强度和停留时间等因素有关。就大多数实际应用的工业静电除尘器所捕集的尘粒范围而言，电场荷电更为重要。在静电除尘器中尘粒荷电和电力线畸变如图 11 -4 所示。

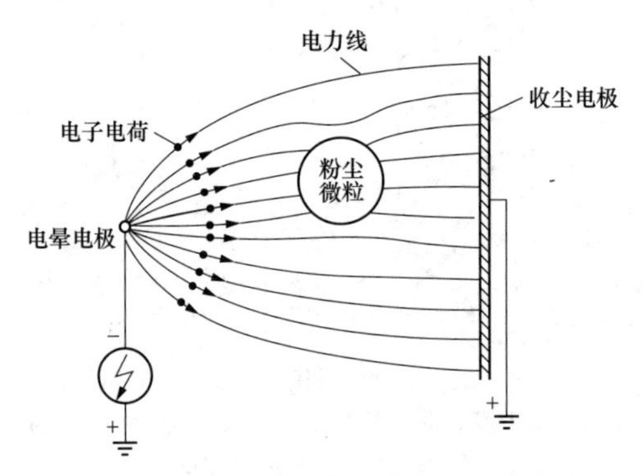

图 11 -4 在静电除尘器中尘粒荷电和电力线畸变

1. 电场荷电

在电场作用下，离子沿电力线移动，与尘粒碰撞黏附于其上并将电荷传至尘粒，这种荷电称为电场荷电或轰击荷电。这种尘粒的电荷是电场强度和粉尘绝缘特性的函数。

2. 扩散荷电

尘粒的扩散荷电是由于离子的无规则热运动造成的。这种运动使离子通过气体扩散，且不考虑离子的随机湍流运动，当离子与存在的粉尘相碰撞，然后黏附于其上，使粉尘荷电。虽然外加电场有助于扩散荷电，但并不依赖于它。尘粒的荷电量除随时间的增加而增加外，它还取决于离子的热能和尘粒的大小等因素。在扩散荷电过程中离子的运转并不是沿电力线而是任意的。

3. 电场荷电和扩散荷电的联合

一般情况下，两种尘粒荷电机理是同时存在的，只是对于不同粒径大小，不同机理所起的主导作用不同而已。对于粒径小于 0.2μm 的尘粒受扩散荷电控制，对粒径近似 1μm 的尘粒受电场荷电控制。一般工业粉尘的粒径，只是小部分在上述范围之内，关于两种机理的荷电率叠加的数学论述极为复杂。

4. 反常的尘粒荷电

有时在静电除尘器中存在着尘粒荷电现象，结果造成尘粒荷电异常地低，给电除尘器正常工作带来困难，降低了除尘效率，严重时使静电除尘器全部失效。

5. 荷电尘粒的运动

粉尘荷电后，在电场的作用下，带有不同极性电荷的尘粒则分别向极性相反的电极运动，并沉积在电极上。工业电除尘多采用负电晕，在电晕区内少量带正电荷的尘粒沉积到电晕极上，而电晕外区的大量尘粒带负电荷，因而向收尘极运动。处于收尘极和电晕极之间荷电尘粒，受到四种力的作用，其运动服从于牛顿定律。这四种为粉尘的重力、电场作用在荷电粉尘上的静电力、惯性、介质阻力。

从理论上来说，荷电尘粒的驱动速度与粉尘粒径成正比，与电场强度的平方成正比，与介质的黏度成反比。粉尘粒径大、荷电量大，驱进速度大是不言而喻的。由于作用在尘粒上的力，除电场力外还有电场在空间位置上发生变化时出现的所谓梯性度力（电压梯度）。梯性度力具有沿电力线方向力的作用，而且在电场梯性度显著的放电线附近特别大。当放电电压低，由电晕放电产生的收尘作用减弱时尘粒就被吸附在放电极上，放电线变粗，这样就使电晕电流减少使收尘效果明显恶化，因此要防止这种现象，放电极需施加较高的电压，并且要经常振打放电线，使粉尘脱落。由于介质的黏度是比较复杂的因素，实际驱进速度与计算值相差尚较大，约小于1/2，所以在设计时还常采用试验或实践经验值。

三、荷电尘粒的捕集

1. 尘粒捕集

在静电除尘器中，荷电极性不同的尘粉在电场力的作用下分别向不同极性的电极运动。在电晕区和靠近电晕区很近的一部分荷电尘粒与电晕极的极性相反，于是就沉积在电晕极上。电晕区范围小，捕集数量也小。而电晕外区的尘粒，绝大部分带有电晕极极性相同的电荷，所以，当这些荷电尘粒接近收尘极表面时，在极板上沉积而被捕集。尘粒的捕集与许多因素有关，如尘粒的比电阻、介电常数和密度，气体的流速、温度，电场的伏—安特性，以及收尘极的表面状态等。要从理论上对每一个因素的影响都表达出来是不可能的，因此尘粒在静电除尘器的捕集过程中，需要根据试验或经验来确定各因素的影响。

尘粒在电场中的运动轨迹，主要取决于气流状态和电场的综合影响，气流的状态和性质是确定尘粒被捕集的基础。

气流的状态原则上可以是层流或紊流。层流条件下尘粒运行轨迹可视为气流速度与驱进速度的向量和，如图 11－5 所示。

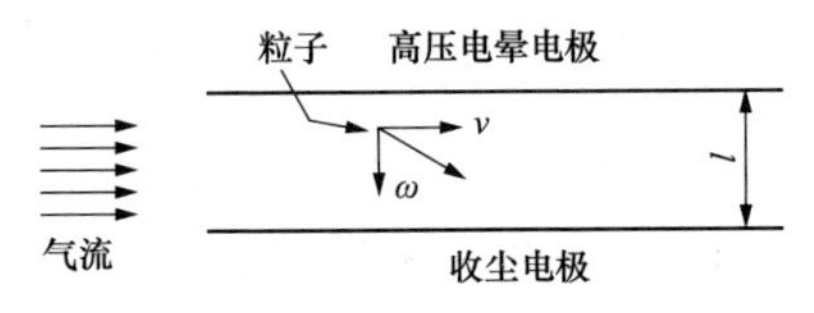

图 11－5　层流条件下电场中尘粒的运动示意

紊流条件下电场中尘粒的运动如图 11－6 所示，从图中可以看出尘粒运动的途径几乎完全受紊流的支配，只有当尘粒偶然进入库仑力能够起作用的层流边界区内，尘粒才有可能被捕集。这时通过电除尘的尘粒既不可能选择它的运动途径，也不可能选择它进入边界区的地点，很有可能直接通过静电除尘器而未进入边界层。在这种情况下，显然尘粒不能被收尘极捕集。因此，尘粒能否被捕集应该说是一个概率问题。就单个粒子来说，收尘效率或者是零，或者是 100%。电除尘尘粒的捕集概率就是收尘效率。

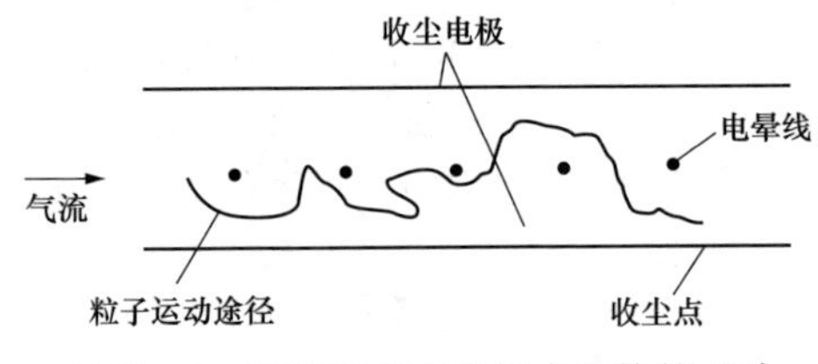

图 11－6　紊流条件下电场中尘粒的运动

2. 除尘效率

除尘效率是电除尘器的一个重要的参数指标，也是设计计算、分析评价除尘器的重要依据。通常除尘器的除尘效率 μ（%）可按下式计算。

$$\mu = 1 - C_1/C_2$$

式中　C_1——电除尘器中出口烟气浓度；

C_2——电除尘器中入口烟气浓度。

通过理论和实践我们发现除尘效率和电场长度成正比，而当管式和板式静电除尘器的电场长度和导极间距相同时，管式静电除尘器的气流速度是板式静电除尘器的 2 倍。除尘效率随驱进速度、比收尘面积的增大而提高，随烟气流量的增大而降低。

四、被捕集尘粒的清除

随着除尘器的连续工作，电晕极和收尘极上会有粉尘颗粒沉积，粉尘层厚度为几毫米，粉尘颗粒沉积在电晕极上会影响电晕电流的大小和均匀性。收集尘极板上粉尘层较厚时会导致火花电压降低，电晕电流减小。为了保持静电除尘器连续运行，应及时清除沉积的粉尘。

收尘极清灰方式有湿式、干式和声波三种方法。湿式静电除尘器中，收尘极板表面经常保持一层水膜，粉尘沉降在水膜上随水膜流下。湿法清灰的优点是无二次扬尘，同时可净化部分有害气体；缺点是腐蚀结垢问题较严重，污水需要处理。干式静电除尘器由机械撞击或电磁振打产生的振动力清灰。干式振打清灰需要合适的振打强度，合适的振打强度和振打频率一般都在现场调试中进行选取。声波清灰对电晕极和收尘极都较好，但声波清灰机能耗较大。

第二节　静电除尘器的性能

一、静电除尘器的分类及应用特点

电除尘器的类型较多，性能参数和影响除尘效果的因素较其他除尘器复杂，因此按照不同类型与性能参数分析掌握影响因素，确保静电除尘器的良好运行有重要意义。静电除尘器的分类及应用特点如表 11－1 所示。

表 11－1　　静电除尘器的分类及应用特点

分类方式	设备名称	主要特性	应用特点
按除尘器清灰方式分类	干式静电除尘器	收下的烟尘为干燥状态	（1）操作温度为 250～400℃或高于烟气露点温度 20～30℃； （2）可采用机械振打、电磁振打和压缩空气振打等方式清灰； （3）粉尘比电阻有一定范围
	湿式静电除尘器	收下的烟尘为泥浆状	（1）操作温度较低，一般烟气需先降温至 40～70℃，然后进入湿式静电除尘器； （2）烟气含硫时有腐蚀性气体时，设备必须防腐蚀； （3）清除收尘电极上的烟尘采用间断供水方式； （4）由于没有烟尘再飞扬现象，烟气流速可较大

续表

分类方式	设备名称	主要特性	应用特点
按除尘器清灰方式分类	酸雾静电除尘器	用含硫烟气制硫酸过程捕集酸雾，收下物为稀硫酸和泥浆	（1）定期用水清除收尘电极电晕电极上的烟尘和酸雾； （2）操作温度低于50℃； （3）收尘电极和电晕电极必须采取防腐措施
	半湿式静电除尘器	收下粉尘为干燥状态	（1）构造比一般静电除尘器更严格； （2）水应循环； （3）适用高温烟气净化场合
按烟气流动方向分类	立式静电除尘器	烟气在除尘器中的流动方向与地面垂直	（1）烟气分布不易均匀； （2）占地面积小； （3）烟气出口设置在顶部，直接放空，可节省烟管
	卧室静电除尘器	烟气在除尘器中的流动方向与地面水平	（1）可按生产需要适当增加电场数； （2）各电场可分别供电，避免电场间互相干扰，以提高收尘效率； （3）便于分别回收不同成分，不同粒径的烟尘分类富集； （4）烟气经气流分布板后比较均匀； （5）设备高度相对低，便于安装和检修，但占地面积大
按收尘电极形式分类	管式静电除尘器	收尘电极为圆管、蜂窝管	（1）电晕极和收尘电极间距相等，电场强度比较均匀； （2）清灰较困难，不宜作用于干式静电除尘器，一般作用于湿式静电除尘器； （3）通常为立式电除尘器
	板式静电除尘器	收尘电极为板状，如网、槽型、波形等	（1）电场强度不够均匀； （2）清灰较方便； （3）制造安装较容易

续表

分类方式	设备名称	主要特性	应用特点
按收尘电晕极配置分类	单区静电除尘器	收尘电极和电晕电极布置在同一区域内	(1) 荷电和收尘过程的特性未充分发挥，收尘电场较长； (2) 烟尘重返气流后再次荷电，除尘效率高； (3) 主要用于工业除尘
	双区静电除尘器	收尘电极和电晕电极布置在不同区域内	(1) 荷电和收尘分别在两个区域内进行，可缩短电场长度； (2) 烟尘重返气流后无再次荷电机会，除尘效率低； (3) 可捕集高比电阻烟尘； (4) 主要用于空调空气净化
按极宽间距分类	常规极距静电除尘器	极距一般为200~325mm，供电电压45~66kV	(1) 安装、检修、清灰不方便； (2) 离子风小，烟尘驱进速度低； (3) 适用烟尘比电阻为$10^4 \sim 10^{10}\Omega \cdot cm$； (4) 使用比较成熟，实践经验丰富
	宽极距静电除尘器	极距一般为400~600mm，供电电压70~200kV	(1) 安装、检修、清灰不方便； (2) 离子风大，烟尘趋进速度大； (3) 适用烟尘比电阻为$10^2 \sim 10^{14}\Omega \cdot cm$； (4) 极间距不超过500mm，可节省材料
按其他标准分类	防爆式	防爆静电除尘器有防爆装置，能防止爆炸	防爆静电除尘器用在特定场合，如转炉烟气的除尘、煤气的除尘等
	原式	原式静电除尘器正离子参加捕尘工作	原式静电除尘器是静电除尘器的新品种
	移动电极式	可移动电极静电除尘器顶部装有电极卷取器	可移动电极静电除尘器常用于高比电阻粉尘的烟气

二、静电除尘器的性能参数

主要参数包括电场内烟气流速、有效截面积、比收尘面积、电场数、电场长度、极板间距、极线间距、临界电压、驱进速度、除尘效率等。

1. 烟气流速

在保证除尘效率的前提下，流速大，可减小设备，节省投资。有色冶金企业静电除尘器的烟气流速一般为0.4～1.0m/s，电力和水泥行业可达0.8～1.5m/s，烧结、原料厂取1～1.5m/s，化工厂为0.5～1m/s。选择流速也与除尘器结构有关，对无挡风槽的极板、挂锤式电晕电极烟气流速不宜过大，对槽形极板或有挡风槽、框架式电晕电极烟气流速可大一些，其相互关系如表11－2所示。

表11－2　　烟气流速与极板、极线的关系

收尘极型式	电晕电极型式	烟气流速（m/s）
棒帏状、网状、板状	挂锤电极	0.4～0.8
槽形（C型、Z型、CS型）	框架式电极	0.8～1.5
袋式、鱼鳞状	框架式电极	1～2
湿式静电除尘器静电除雾器	挂锤式电极	0.6～1

烟气流速影响所选择除尘器的断面，同时也影响除尘器的长度，在烟气停留时间相同时流速低则需较长的除尘器，在确定流速时也应考虑除尘器放置位置条件和除尘器本身的长宽比例。由于电场中烟气速度提高，可以增加驱进速度，因此，烟气速度并非越低越好，烟气速度的确定应以达到最佳综合技术经济指标为准。

2. 除尘器的截面积

静电除尘器的截面积计算一般根据工况下的烟气量和选定的烟气流速计算。

$$F = Q/v$$

式中　F——除尘器截面积，m^2；

Q——进入除尘器的烟气量（考虑设备漏风量），m^2/s；

v——除尘器截面上的烟气流速，m/s。

静电除尘器截面的高宽比一般为1∶(1～1.3)，高宽比太大气流分布则不均匀，设备稳定性较差，高宽比太小，设备占地面积大，灰斗高，材料消耗多，为弥补这一缺点，可采用双进口和双排灰斗。

3. 比收尘面积

静电除尘器烟气量一定、烟尘驱进速度一定时，收尘极板总面积是保证收尘效率的唯一因素。收尘极板面积越大，除尘效率越高，钢材消耗量也相应增加，因此，选择收尘极板面积要适宜。比收尘面积即处理单位体积烟气量所需收尘极板面积，是评价静电除尘器水平的指标。实际生产中常用比收尘面积为 10～20$m^2 \cdot s/m^3$。驱进速度小，除尘效率要求高时，应选取较大值反之可用较小值。收尘极板面积是指其投影面积而不是展开面积。

4. 驱进速度

尘粒随气流在电除尘器中运动，受到电场作用力、流体阻力、空气动压力及重力的综合作用，尘粒由气体驱向于电极称为沉降。沉降速度是在电场力作用下尘粒运动与流体之间阻力达到平衡后的速度。沉降速度亦称驱进速度，它的大小由其获得的荷电量来决定。

5. 电场数

卧式静电除尘器常采用多电场串联，在电场总长度相同情况下电场数增加，每一电场电晕线数量相应减少，电晕线安装误差影响概率也少，从而可提高供电电压、电晕电流和除尘效率。电场数多还可以做到当某一电场停止运行对除尘器性能影响不大，由于火花和振打清灰引起的二次飞扬不严重。静电除尘器供电一般采用分电场单独供电，电场数增加也同时增加供电机组，使设备投资升高。因此，电场数要求选择适当。串联电场数一般为 2～5 个，常用除尘器一般为 3～4 个，对于难收的粉尘可用 4～5 个电场。

6. 电场长度

各电场长度之和为电场总长度。一般每个电场长度为 2.5～6.29m，2.5～4.5m 为短电场，4.5～6.2m 为长电场。短电场振打力分布比较均匀，清灰效果好。长电场根据需要可采取分区振打，极板高的除尘器可采用多点振打。对处理气量大、环保要求高的场合用长电场，如矿石烧结厂和燃煤电厂。

7. 极板、极线距离

20 世纪 70 年代静电除尘器极板间距一般为 260～325mm，后来开始宽极板电收尘器，极板间距至 400～600mm，有的达 1000mm。截面积相同时极距加宽，通道数减少，收尘极面积亦减少，当提高供电电压后粉尘驱进速度加大，能够提高高比电阻烟尘的除尘效率，故对高比电阻尘粒可选用极距为 450～500mm，配用 27kV 电源即能满足供电要求。继续加大极距，则需配备更高的供电设备。

相邻晕线的距离为线距，一般根据异极距来确定。根据试验，异极距和线距之比为0.8～1.2，线距太小，相邻两电晕极会产生干扰屏蔽，抑制电晕电流的产生；线距太大，电晕线总长度要增长，总电晕功率减少，影响除尘效率。线距还要根据收尘极板宽度进行调整。

小C型板宽190mm，每块板配一根线，之间间隙10mm，线距为200mm；Z型板宽385mm，间隙15mm，每块极板配两根线，线距为200mm；大C型板宽480mm，两极板间隙20mm，每块极板配线，线距250mm。上述两种板亦可配一根管状芒刺线，因其水平刺间距超过100mm，相当于线的效果。

8. 除尘效率

静电除尘器的除尘效率和其他除尘器一样，定义为进入除尘器烟气中含尘量。它与捕集下来的粉尘浓度和粒度、比电阻、电场长度及电极的构造等因素有关。静电除尘器的效率与除尘器的容积关系最大。

第三节　静电除尘器调试前准备

电除尘器安装完毕后，应对其进行调试，以检验和保证设备安装质量达到设计要求。调试前应具备条件：各岗位的人员已到位，操作程序明确；试运范围内场地平整，道路（包括消防通道）畅通；施工范围内的脚手架已全部拆除，环境已清理干净，现场的沟道及空洞的盖板齐全，临时空洞装好护栏或盖板，平台有正规的楼梯、通道、过桥、栏杆及其底部护板；现场有足够的消防器材，消防水系统有足够的水源和压力，并处于备用状态；机组各方面的硬件条件满足调整要求；调试的组织和管理程序明确。

设备安装结束后需进行下列检查：

1. 本体检查

（1）安装人员必须检查所有极间距的偏差且应符合要求。

（2）检查电场内部走道阴阳极、灰斗、进出口不得有杂物等，确认后关闭人孔门并锁紧。

（3）用2500V绝缘电阻表测量高压网络绝缘应符合要求，同时对变压器正反向阻值进行检查，符合出厂值。

（4）用接地摇表测量本体接地网接地阻值，符合要求且本体接地必须单独接地。

2. 保温箱内部检查

（1）清除保温箱内部杂物，擦拭所有瓷瓶和绝缘轴；

（2）检查振打装置瓷瓶及电加热器安装是否正确符合规范；

（3）检查高压引线、接线规范可靠；

（4）确认后关闭保温箱人孔门并锁紧。

3. 振打机构的检查

（1）检查振打的平行度竖直度，振打锤露出高度符合要求；

（2）引入振打器的电缆必须就地扎紧且符合要求；

（3）振打器上最好贴上标签号码，以利于检修及调试。

4. 变压器的检查

（1）经长途运输或出厂时间超半年的变压器，安装单位要进行吊芯检查；

（2）变压器油位油质及干燥剂检查；

（3）检查变压器接线盒内接线情况，检查紧固螺母是否松动，接线是否规范，变压器外壳接地是否符合规范。

5. 高压柜检查

断路器在断开位置，控制柜内电压、电流反馈线与地之间的阻值符合规范要求绝缘良好。检查各紧固件、插接件、元器件有无松动，元器件连接有无破损。检查连接线是否符合规范。

6. 控制柜、变压器、本体的接地

均应符合规范。

7. 隔离开关柜的检查

（1）检查阻尼电阻是否完好无损，阻值是否符合要求；

（2）高压隔离开关动作灵活、准确、实际位置与指示位置一致；

（3）隔离开关柜内接线正确可靠。

8. 低压系统的检查

（1）检查各紧固件、元器件紧固，元器件连线无破损。

（2）检查接线符合规范要求。

（3）在低压端子排上检查接线可靠。

9. 准备工作已完毕已具备通电启动条件

满足设备调试仪用或厂用压缩空气需求，设备系统具备足够的照明设施，通信工具已就位。调试场地清洁、畅通，拆除所有障碍物、易燃易爆物品，具备必要的消防器材。

第四节　静电除尘器的调试

设备调试的目的是为了检查设备试运情况，包括检查确认设备启动/停止的操作，电动阀、气动阀、手动阀、安全阀等开关操作，热控仪表的调试和单回路的检查等，确保设备能够安全稳定运行。电除尘器要达到预期效果，必须有良好的安装质量，而安装后的调试则是检验和保证安装质量的必不可少的手段，其工作内容包括：电除尘器设备元件的检查与试验、电除尘器密封性试验、电除尘器安装后检查与调试、电除尘器低压控制回路的检查与调试、电除尘器的高压控制回路的检查与调试、电除尘器阴阳极振打、分布板振打及排灰机构传动件的调试、电除尘器加热器的通电测试、电除尘器的冷态无烟电场负荷测试、电除尘器热态负荷整机测试等。

1. 气密性检查

检查各部焊接牢固可靠，无漏焊错焊。壳体、灰斗、进出口变径管等气密性良好。漏风率应小于5%。

2. 安装后的检查和调整

电除尘器支承轴承安装临时定位清除情况检查及电场内的临时爬梯、支撑等东西的清除情况检查。去除阴阳极各部位的尖角毛刺，仔细检查壳体电场内部除阴阳极、阴极振打传动装置处的屏蔽管处，凡高低电位部位间距小于极线极距处均必须予以处理。100%复检阴极线、阳极板的质量情况及阴阳极中心间距。阴、阳极振打检查：阴、阳极锤头与承击砧接触位置符合设计要求，轴、锤转动灵活可靠。响铃振打锤转角符合设计要求。检查减速器油位、油塞、振打轴壳体处的密封情况。电场内异物清理干净，瓷套、磁轴清洁干燥，且完好无损伤，绝缘子室内清洁干燥。

高压硅整流变压器调试前应检查项目按说明书进行。变压器的气体继电保护器调试前应进行排气。高压隔离开关操作灵活准确到位。穿墙套管清洁干燥且无损伤。加热器、电阻的型号与设计要求相符。对照图纸检查各部位连线正确无误，各类接地可靠；高低压控制设备外观检查按电源厂说明书进行。

电气检查项目完毕后，低压系统方可通电检查。电除尘器供电电源正常。低压控制柜检查按厂家说明进行。

3. 振打回路的检查与调试

先试操作，断开减速机的就地操作开关后合作送电。

手动方式：低压控制柜内电动机驱动保护控制器开关打到“手动”位置，就地操作开关分合三次，减速机接通和断开正确，振打转动方向正确，转动灵活无卡涩现象。控制柜内信号光字牌均应符合设计要求。

自动控制方式：将低压控制柜内电动机驱动保护控制器开关打到“自动”位置，设定振打周期，循环动作三个周期。振打周期正确，控制柜内信号光字均应正确。

上述实验合格后，连续振打试运转8h，传动装置运行正常且振打轴转动灵活，无卡涩现象。

4. 加热器、温度测试回路通电调试

手动方式送电30min后，检查低压柜温度仪表显示值应正常，电加热驱动保护控制器信号及安装单元均应正确。加热回路设有欠电流报警装置，应人为切除该回路任一电加热器，欠电流报警应动作。

5. 电除尘器高压系统通电检查与调试

电除尘器高压系统通电检查与调试应在所有人孔门关闭情况下进行。电除尘器本体接地电阻报应大于2Ω，电场绝缘电阻不应大于500MΩ。高压控制回路无负荷通电检查按厂家说明书进行。

6. 电除尘器冷态、无烟电场负荷调试

高压晶闸管整流设备在空载性能调试合格后，方可进行冷态空电场负荷试验。冷空电场调试顺序，应先投入低压操作控制设备，尤其是加热回路，经检查合格后，再投入高压系统进行调试。高压晶闸管整流设备带空电场负荷调试前，低压操作控制系统应满足：

（1）振打系统工作正常，各电场能按照设计程序进行振打，振打时间和振打周期应符合整定值。

（2）输灰、卸灰系统能正常工作，卸灰时间和卸灰延时时间应符合整定值。

（3）各温度测量及显示单元按系统调试完毕，测温显示正常。

（4）现场实际温度值与操作显示台上相应电的温度显示一致。

（5）冷态空电场升压调试步骤：

冷态空电场升压调试应先进行空载通电升压试验（空载通电升压试验是指：本体振打系统不投入、电除尘器出口引风机不运行，电场处于相对静止状态下的空电场升压试验），再进行动态空电场升压试验（动态空电场升压试验是指电除尘器在不通烟气的情况下，高低压设备全部投入运行）。

1）在分别对各电场升压调试前，应先投入绝缘子室的加热系统。打开各绝缘子室人孔门，除去绝缘子室及绝缘子表面潮气，再将绝缘子室人孔门装复。将高压隔离开关合上，各零部件应准确到位，投入电场，开启示波器，重点监测电流反馈信号波形。电压测量开关置“一次电压”位置。操作选择开关置“手动升”位置，高压柜内调整器面板上电流极限置限制最大的位置。按启动按钮，电流、电压应缓慢上升，此时手不应离开操作开关，注意观察控制柜面上各表计和示波器测得的电流反馈波形，当保护环节出现失灵时会造成高压电气设备的损坏。正常升压时，控制柜面板上各表计应有相应指示，电流反馈波形应是对称的双半波。当电流上升至额定电流值50%时，由于电流极限的整定作用，电流、电压停止上升，此时可将操作选择开关置自动位置，电流极限逐步往限制最小方向调节，如电流为出现闪络，可调节达到额定输出电流值。

2）在初升压过程中，当一、二次电流上升很快，电压表基本无指示，则为二次回路有短路现象，当只有一次电压及二次电压，且电压上升速度快，则为二次回路开路，当二次电压、电流有一定指示，而一次电流大于额定值，一次电压为220V左右，导通角为95%以上，则为单个晶闸管导通或高压硅堆里有一组发生击穿现象，凡出现以上异常现象时应迅速降压停机，待找出原因，排除故障后，方可再次送电升压。

3）空电场升压时，二次电压远低于额定值，高压网络或电场内就有闪络现象，当高压网络和电厂无闪络现象，而高压控制系统内闪络控制环节工作，形成“假闪”现象。此时应对高压硅整流变压器抽头或电抗器抽头和控制器部分进行相应调整，直至“假闪”现象消除为止。

4）在带电厂升压时，必须对个表计进行校正，可用高压静电表测量高压整流变压器输出端，为校对方便，可在二次电压升至40~50kV无闪络时中止，进行二次电压表指示校正。同时用万用表测反馈电流信号直流电压值，由于电流反馈取样电阻确定值，则根据欧姆定律，可校正二次电流表指示。

5）高压硅整流变压器、电抗器抽头的调整可根据电流反馈波形确定，其原则是：调整抽头，使电流反馈信号波形圆滑，导通角最大，即波形接近理想波形为合适。

空载通电升压并联供电的试验：高压晶闸管整流变压器容量的选择是根据电除尘器在通烟气条件下的板线电流密度和电击穿值而定的，由于空载通电升压试验时空气电流密度大，以致单台高压晶闸管整流变压器对单个电场常有供电容量不定的问题，即二次电流达到额定值后被锁定，二次电压无法升到电场击穿值。此时。可采用两台相同容量的高压晶闸管整流变压器并联对同一电场供电，其要点如下：

并联供电必须在单台高压晶闸管硅整流设备分别对同一电场进行调试，且供电设备及电场均无故障后方可进行并联供电时，两台高压晶闸管整流设备在阻尼电阻后并联对同一电场供电，可通过高压隔离开关将两台晶闸管整流设备和一个电场均切换在联络母线上来实现。操作时应同时启动，利用选择开关“手动升”“中止”，使两台供电设备同时升压，在两台供电设备同步上升的电流之和未达到额定值的情况下，可继续升压到电场闪络为止，此时二次电流为两台供电设备电路之和，二次电压为两台供电设备二次电压的平均值。

空载通电升压调试时必须派专人监视高压晶闸管整流变压器有无异常，高压晶闸管整流变压器布置在除尘器顶部时，由于一次反馈电缆较长，必须测量变压器一次侧输入电压，此值与控制柜面板上一次电压表指示比较，若差值较大，应找出原因，排除故障。

在各电场升压过程中，应作好数据记录，记录有微小二次电流时相对应的二次电压值（起晕电压后），记录二次电压每上升 5kV 时相对应的二次电流、一次电压和一次电流值，绘制静态空电场伏安—特性曲线，各电场伏—安特性曲线形状应大致相同，如有个别电场不同，则应对其作进一步处理直至符合要求。对于使用芒刺线，异极距为 150mm/200mm 的电场其二次电压最高值可达 50kV/70kV 以上。动态空载升压试验，有条件的情况下，可连续运行 24h，全面检查各工作回路的运行情况，发现问题及时解决。

7. 电除尘器热态符合整机调试（72h 联动运行）

电除尘器经过上述静、动态冷空电场升压试验合格后，电气设备则已具备投入同烟气运行的条件，此时机务部分应具备以下条件：

电除尘器进口烟道全部安装完，锅炉具备运行条件，引风机试运行完毕，卸、输灰系统全部安装完毕，具备启动条件。

电除尘器通烟气，封闭各人孔门，开启低压供电设备加热系统，使各绝缘子室温度达到烟气露点温度以上，保证各绝缘子不受潮或结露引起爬电，通入烟气，对电除尘器本身预热，使电场绝缘电阻提高，用 2500V 绝缘电阻表测量，应达 500MΩ 以上。

当初点火时，不得投入高压，以免油烟在电除尘器内引起爆炸燃烧，同时也可避免在除尘器极板和极线上造成油膜引起腐蚀，必须在除尘器带负荷达60%以上，投煤粉的情况下（原则上不投油枪）才可投入高压。

采用煤气点火的锅炉，要严格执行安全操作规程，锅炉未运行前不得投入高压，以防产生爆炸。

按冷态空电场升压步骤对各电场送高压，正常情况下，电除尘器带烟气时，由于受工况条件影响，其电场击穿电压值和二次电流值都比冷态空电场时低。

根据电场工况选择最佳运行档位，进行下列调整：

（1）欠压值整定应小于最低起晕电压值。

（2）火花闪络门槛电压值的测定，以电场闪络状态为准，调整门槛电压值，使其输入封锁信号。

（3）录制热态空气运行电场伏—安特性曲线，记录各主要测点的数值及波动。

（4）多功能跟踪晶闸管整流装置，应在冷态无烟气，热态烟气负荷的工况下，分别投入火花跟踪、峰值电压跟踪、可调式脉冲供电等运行方式，录取各种方式下的电场伏—安特性曲线，测量各测点数值，观察各测点波形应无畸形。

（5）根据电场运行情况，适当调整火花率，一般入口电火花率为20~20次/min，中间电场10~30次/min，出口电场5~10次/min（或稳定在较高电晕功率），对于高比电阻粉尘，可适当提高火花率。

（6）具有闪络封锁时间自动跟踪的控制设备，应做模拟火花闪络封闭时间阶梯特性试验。

（7）当电场粉尘浓度大、风速高、气流分布不均匀，将引起电场频繁闪络，甚至过渡到拉弧，此时，可调整熄弧环节灵敏度，从而抑制电弧的产生，但在正常闪络情况下熄弧环节不应动作。

（8）带烟气负荷运行时，各电场工况条件不同，应根据实际运行情况，调整变压器一次侧抽头或电抗器抽头位置，使电流及反馈波形圆滑饱满。

（9）低压控制设备调试：振打回路，主要调整振打周期与振打时间，其整定值主要依据效率测试结果，也可根据电除尘器停止运行后检查的极板极线沾灰情况，反复调整以取得理想的整定值。必须根据各电场实际灰量调整卸灰时间，其原则为：灰斗保持有1/3的储灰。输灰延长时间，其原则为：输灰道上的灰能全部输送完。

第五节 静电除尘器运行前的检查与准备

一、投运前的检查

从安全及发现问题方便处理角度考虑，检查程序宜为电除尘器电场——→电除尘器辅助电气设备——→电除尘器辅助机械设备——→电除尘器高压供电设备。

1. 电除尘器电场检查

检查电场内部已清理完毕，无杂物、无器具等。检查绝缘套管、瓷支柱、电瓷轴及阴极振打轴穿墙处的绝缘挡板表面干燥、清洁、完好无损，极板、极线、极距符合要求。确认电场内部和阴极悬吊绝缘子室内无人后，拆除本体部分临时接地线，测量各电场绝缘全部符合要求后，将全部人孔门关闭落锁。

2. 电除尘器辅助电气设备检查

检查电动机接线和接头完好，电动机绝缘合格。检查低压配电部分，各配电柜电源开关在断开位置，各配电柜熔断器完好，各配电柜及就地操作箱接线良好。就地操作箱工作正常，开关在断开位置。程控柜各部接线良好，功能板位置正确，模拟台指示灯显示正确，盘上各功能开关良好。

3. 电除尘器辅助机械设备检查

（1）检查阴、阳极振打传动装置及卸、输灰传动装置等机械设备完好，油位正常，油质合格，转动灵活，电动机接地良好，安全罩齐全。

（2）检查各部扶梯牢固齐全，通道畅通无杂物，照明设施完好。

（3）检查灰斗插板阀启闭灵活且处于开启位置。确认灰斗中无杂物、积灰。蒸汽加热装置及有关阀门完好。检查灰斗料位计、仓壁振动器正常。

（4）检查各冲灰器喷嘴及阀门完好，冲灰水压下常。

4. 电除尘器高压供电设备检查

（1）整流变压器外观检查包括油位、油色正常，无渗漏油情况，呼吸器的干燥剂颜色正常，进线电缆、出线套管及信号反馈线接线良好，屏蔽接地和工作接地完好，检查阻尼电阻的阻值和绝缘符合要求。

（2）检查高压控制柜内清洁、完好，电流、电压表指示在零位，各接线无松动现象及高压隔离开关操作灵活，接触良好，并在接地位置。

（3）检告隔离开关、整流变压器室和各人孔门的安全联锁及闭锁情况完好，变压器油温指示及保护完好。

（4）用2500V绝缘电阻表测量高压供电回路的绝缘电阻大于1000MΩ。电除尘器投运前的检查应认真填写操作票。

二、投运前的试运行

1. 高压供电系统空载升压试验

（1）确认各人孔门及检查门确已关闭，整流变压强及高压危险区域内已无人。

（2）合上高压隔离开关和高压控制柜的电源开关，将选择开关置于"手动"位置，按下启动按钮，调节升压旋钮，使一、二次电压及电流成对应比例缓慢上升。在升压过程中，逐渐升高电压至50kV时暂停片刻，观察运行参数无异常后再继续缓慢升压到最大值，观察和记录电压及电流的变化，以便及时分析处理。待升压合格后，记录一、二次电流及电压值，并绘制伏一安特性曲线存档。

2. 阴、阳极振打系统试运行

（1）先取下所有阴阳极振打的保险销，使振打电动机处于空载状态，启动振打电动机并检查减速机旋转方向正确无误后装上保险销，检查电动机及链条、链轮、轴承等运行状况良好，各部无异声、机械无卡涩、电动机无过热现象。

（2）连续运行1h，各振打装置无断销现象。检查模拟台控制信号、指示灯对应于运转电动机显示正确。

3. 卸灰系统试运行

（1）手动盘车灵活、无卡死现象后，启动卸灰电动机连续运行1h，检查其运行状况良好，各部位无异声、机械无卡涩、电动机无过热现象。

（2）启动仓壁振动器，检查其工作正常。

（3）检查灰斗料位信号检测装置工作是否正常，模拟台控制信号、指示灯所对应设备显示是否正确。

4. 加热系统试运行

（1）投入电加热器连续运行2h以上，将温度继电器整定值调整到超过烟气露点温度20~30℃。

（2）模拟台控制信号、指示灯所对应设备显示正确。

（3）投入灰斗蒸汽加热装置试运行2h，检查加热管压力在0.3~0.7MPa范围，各阀门仪表等正常运行无漏气现象。

5. 输灰系统的试运行

检查灰斗、灰管畅通。气力输灰系统启闭灵活、气压正常，各部分运转良好。

第六节　静电除尘器的投运和停运操作

一、电除尘器的投运操作

(1) 投运前的检查。检查电除尘器的电场、辅助电气设备、辅助机械设备和高压供电设备应完好，高、低压供电控制系统经试运行合格。

(2) 按照电除尘器运行规程要求填写电除尘器投运操作票。

(3) 接通输灰装置，卸灰装置电源。接通阴，阳极振打装置、电加热装置和高压供电设备的动力。

(4) 在锅炉点火前24h，投入各加热装置（绝缘套管电加热装置、灰斗蒸汽加热装置）并控制各温度在规定范围内。

(5) 在锅炉点火前2h，启动卸灰、输灰装健和冲灰水系统，启动阴、阳极振打装置，并置于连续运行位置。

(6) 在锅炉点火时，投入进、出口烟温和压力检测仪、CO分析仪和烟气浊度仪等检测设备，并注意观察各仪表指示应正常。

(7) 在锅炉点火后期（油煤混燃稳定、油枪数量减少一半、电除尘器入口烟气温度高该类烟气的露点温度或锅炉负荷超过50%），当接到值长命令后，按要求依次投入四、三、二、一电场的高压供电设备。高压供电设备启动时，应先采用“手动”方式升压，判断电场无故障后，方可在自动状态下运行，并调节输出电压和电流至需要值，调节火花率至合格值。

(8) 锅炉正常运行后，将输灰装置，卸灰装置，阴、阳极振打装置等均切换为自动控制方式。

(9) 操作完毕后，应对电除尘器的辅助机械设备和高、低压供电控制设备进行一次全面检查，并报告值长，做好记录。

二、电除尘器的停运操作

(1) 接到锅炉准备停炉通知后，准备好停运操作用具和安全用具。

(2) 按照电除尘器运行规程要求填写电除尘器停运操作票。

(3) 随着锅炉负荷降低，在锅炉投油助燃或电除尘器入口烟温降争露点温度以下时，接值长命令，按要求依次退出一、二、三、四电场的高压供电设备。高压供电设备停运时，应先将电场电压手动降至零后，再按停机按钮，最后断开电源。

(4) 锅炉设备完全停运后，便可退出进、出口烟温和压力检测仪、CO分析仪和烟气浊度仪等检测设备。

(5) 停止对各电场供电后，可将所有振打装置改为连续振打方式运行，待锅炉完全停运后，再继续运行4h后方可停运。

（6）振打装置停运后，确认灰斗内的灰已全部排尽时，方可停运卸灰、输灰装置，并关闭冲灰水供水总阀门。

（7）振打、卸灰、输灰停运后，最后停运各加热装置。

（8）电除尘器整机停止运行后，将控制柜电源开关切至断开位置。

（9）操作完毕后，应对电除尘器的辅助机械设备和高、低压供电控制设备进行一次全面检查，并报告值长，做好记录。

三、启停操作注意事项

（1）高压供电设备投运时，应先在手动状态启动升压，判断电场无故障后，方可在自动状态下运行。

（2）整流变压器严禁开路运行，故启动操作前应保证高压回路完好（主要是高压隔离开关位置正确，接触良好及阻尼电阻无烧毁），一旦发现开路运行（二次电压高，二次电流为0），应立即手动降压停机。

（3）控制柜因某种原因引起跳闸报警后，需先按下控制器上的复位按钮，解除警铃及使有关电路复位后，可再重试启动。

（4）为了减少设备冲击，停机操作时宜用“手动”降压后再分闸，尽量避免在正常运行参数下直接人工分闸。

（5）从安全角度考虑，在正常启动前应先完成一台电除尘器所有电场的高压侧操作检查，停机操作改为检修状态时，一般应在所有电场低压侧电源均切除的情况下再进行高压回路操作。

（6）运行中严禁操作高压隔离开关，人孔门应上锁。运行中电加热器不得置于“手动”位置，以防电加热器烧毁。

（7）如果是短时停炉，电除尘器的振打、卸灰、加热装置仍可按原运行方式运行，并适当减少冲灰水量。

（8）检修停炉时，电除尘器停运后应将高压隔离开关置于接地位置，待电场停运8h后方可打开人孔门通风冷却。电除尘器需检修时，应填写操作票，并进行相应的操作和检查，为安全检修做好准备。

第七节　静电除尘器的运行调整

随着燃烧煤种、锅炉负荷和燃烧情况的变化，电除尘器的电场烟尘也随着改变，必须对有关运行参数和控制特性进行调整，以适应锅炉运行工况的变化，使电除尘器始终保持高效、稳定的运行。

一、变压器抽头的调整

按照有关规定，高压整流变压器应在低于其额定直流输出电压的10%、20%处设有抽头。设置抽头的目的是为了满足不同工况对最高运行电压的需求和改善高压供电设备与本体的阻抗匹配条件，以提高除尘效率。电除尘器的最高运行电压，即电场击穿电压是随运行工况而变化的。对于特定的运行工况，当整流变压器的输出电压选取过高时，晶闸管的导通角就会减小，供电波形质量就会变坏，高次谐波分量增大，使高压供电设备抗冲击能力减弱，向电场提供的平均电压和电流就会下降。反之，当整流变压器的输出电压选取过低时，则当晶闸管全导通时供电装置输出电压仍达不到电场击穿电压，同样会造成电场电压、电流及电晕功率的下降。一般要求电除尘器的高压供电设备长期运行时，晶闸管的导通角要保持在60%~90%。

二、电抗器抽头的调整

当高压供电设备采用低阻抗整流变压器时，通常在一次回路中串联一台带抽头的电抗器，用于改善一、二次电流波形，限制电流的变化率，抑制高次谐波和改善晶闸管的工作条件。若电抗器的电抗值太小，则二次电流波形会前陡后拖；若电抗值太大，则二次电流波形会前拖后陡。两者均不利于稳定运行，应调整电抗器抽头，使二次电流波形圆滑而饱满，前后对称。这既利于高压供电系统的阻抗匹配，又可提高电除尘器运行的稳定性。

三、电流极限的调整

电流极限的实质是设定二次电流允许的最大值，其正常起作用时，不管工况变化电场发生闪络甚至电场短路时，供电装置输出的二次电流都不会超过该值，因此称为电流极限。电流极限有两种作用：一种起到对参数的调节作用；另一种为辅助保护作用。当电场发生闪络、拉弧或短路时，可将冲击电流限制在其设定值以内，保护整流变压器免遭过流侵袭，其设定范围一般为额定电流的20%~100%（也有50%~100%）。当电场工作在闪络状态时，二次电流由闪络电压决定，电流极限在大部分情况下的作用是“隐蔽”的。由于“电流极限”的隐蔽性及重要性，故应使“电流极限”调整在略高于电场闪络电压的位置，以避免电场发强火花（或高能火花）放电，这对电除尘器保持长期高效、稳定运行会产生巨大作用。

四、火花率的调整

每分钟内电场发生闪络的次数为火花率，在运行曲线上即为单位时间（min）内出现击穿点的次数。火花率的高、低取决于电场工况和高压供电装置的运行特性，后者可由运行人员调整。一般高压供电装置设有火化率调节旋钮。对于一台运行工况稳定的电除尘器，存在一组合适的火花率，能够使电除尘器的除尘效率达到最佳，这组火花率称为最佳火花率。一般认为在最佳火花率下运行，电除尘器各电场的有效电晕功率达到最大。实际运行中火花率的大小还应涉及火花在不同工况下的作用。如高火花有利于粉尘荷电，还能辅助清灰，但高火花也会带来电场击穿电压下降，产生二次扬尘，使芒刺尖端烧蚀和对供电设备产生冲击等不利影响。应该说最佳火花率是存在的，但并不是固定的。火花率的调整应该结合机理分析进行，可以先对各电场火花率进行初步设定，一般前级电场火花率比后级电场高，比电阻高的粉尘花率较高。随着计算机技术的发展和火花识别、判断、处理技术的不断提高，低火花率（<20 次/min）和高平均电压已成为发展趋势。

五、高压供电设备控制方式的选择

对于烟气含尘浓度不高（$<20g/m^3$）粉尘比电阻适中的工况，宜选择单相全波桥式整流供电方式，选择浮动式火花自动跟踪控制、火花强度控制或最高平均电压值控制方式，并按电场的前后顺序依次降低火花率，即可取得满意的除尘效果。对于烟气含尘浓度高（$>30g/m^3$）粉尘比电阻高的工况，宜选择脉冲供电、间歇供电或富能供电控制方式，并适当调整其占空比，就可达到既利于粉尘荷电，防止反电晕，又能在保证除尘效率的前提下，达到节省电能的目的。根据运行工况的变化，及时改变高压供电控制方式是提高除尘效率的重要手段。

六、低压控制设备控制特性的调整

根据运行工况的变化，调整各电场阴、阳极振打周期，调整各绝缘子保温箱的上限控制温度，调整各灰斗的卸灰时间，均是保持电除尘器长期高效、稳定运行的重要手段。利用中央控制器对低压控制设备实行智能闭环控制，有利于提高低压控制设备的自动化水平。

第八节　静电除尘器的常见故障及排除

一、静电除尘器的异常分析

静电除尘器运行中出现不正常的情况，有一定的规律可借鉴时比较容易做出判断。有时情况比较复杂，这时不仅需要经验，而且要凭借资料和数据帮助分析。静电除尘器的运行记录作为设备的档案资料，它既反映设备的运行情况，也是分析问题的依据，因为静电除尘器运行中的一般问题是逐渐形成的，而不是突发性的。如发现电除尘器运行过程中，电气参数和除尘效率出现了异常现象，值班人员应根据这些情况及时加以分析判断，找出可能存在的原因，尽快加以解决。静电除尘器运行异常的一般因素如表 11－3 所示。

表 11－3　　静电除尘器运行异常的一般因素

因素		电气参数异常				除尘效率异常		
		由于火花放电，电压低电流小	由于反电晕，电压低，电流大	高电压小电流	低电压大电流	除尘效率特别低	排除浓度阵发性增大	除尘效率不稳定
烟尘条件	烟尘浓度	大	—	大	—	大	—	变化
	烟气温度	高温	较高	—	高温	—	—	变化
	烟气水分	少	少	—	少	—	—	变化
	粉尘粒径	细	—	细	—	细	—	—
	粉尘比电阻	高	极高	高	—	极高	—	变化

静电除尘器动力部分异常现象及原因如表 11－4 所示。

表 11－4　　静电除尘器动力部分异常现象及原因

现象	原因	现象	原因
晶闸管整流器熔丝断	变压器异常引起的电流过大	高压开关“关”	误操作
		晶闸管整流风扇熔丝断	风扇故障
热耦继电器动作	过负荷，限制电流的调定旋钮调的过大	动力部分控制盘冷却风扇熔丝断	风扇故障
高压开关盘的门“开”	误操作	晶闸管整流器二次短路，回路熔丝断	晶闸管整流器动作不当

静电除尘器供不上电或电压低的原因如表 11－5 所示。

表 11－5　　静电除尘器供不上电或电压低的原因

现象	原　　因
放电线折断	（1）安装不当（在安装运行 1－2 月内出现，其后不一定出现）；

续表

现象	原　因
放电线折断	（2）疲劳折断（振动、腐蚀）； （3）粉尘堆积（粉尘堆积过多，火花放电剧烈）； （4）进入杂物（遗留工具，杂物或顶部积尘过多后落下）
绝缘子污染受潮	（1）绝缘子室生锈、积尘等，表面污损、漏电； （2）绝缘子室加热器损坏； （3）绝缘子室内产生凝结水或从外面进水受潮
极间距改变	（1）收尘极板偏移（热变形、振打不当、腐蚀等）； （2）放电线安装不当，产生弯曲
电极表面沾灰	（1）振打电动机故障； （2）振打时间继电器故障； （3）振打传动系统故障； （4）锅炉启动烧油阶段投用电除尘器或油煤混燃时间过长
灰斗粉尘堆积	（1）灰斗外壁加热装置投运不正常； （2）输灰系统故障

二、常见故障处理

静电除尘器的常见故障及处理办法如下。

（1）电源开关合闸后立即跳闸，或者电流大而电压接近零。

原因是：

1）电晕线掉落并与阳极板接触。

2）绝缘子被击穿。

3）排灰阀或排灰系统失灵，灰斗满载。

4）成片铁锈落在阴、阳极之间，形成短路搭桥。

5）高压隔离开关接地。

处理方法：

1）安装好或更换掉落的电晕线。

2）更换被击穿的绝缘子并分析检查击穿的原因，除去隐患。

3）清除积灰，修好排灰阀或排灰系统。

4）去掉锈片。

5）拨正开关位置。

（2）电压，电流表指针左右摆动（包括有规则的，无规则的，激烈的摆动），时有可能跳闸。

其原因是:

1）电晕线折断，残留段在电晕框架上晃动，或电极变形。

2）通过电场的烟气物理性质急剧变化（如短时停止喂料造成温度、湿度的变化）。

3）阴、阳极局部地方黏附粉尘过多，使实际间距变化引起闪络。

4）绝缘子和绝缘板绝缘不良。

5）铁片、铁锈片脱落造成局部短路。

处理方法:

1）剪去电晕线的残留段或换上新线，调整或更换变形电极。

2）针对生产工艺方面的问题找出合理运行措施。

3）除去阴、阳极上黏附过多的粉尘。

4）清扫绝缘子，检查保温及电加热器是否失灵，并排除故障。

5）去掉引起短路的铁锈、铁片。

（3）电流正常或偏大，电压升到比较低的数值就产生火花击穿。

其原因是:

1）收尘极和电晕极之间距离局部变小。

2）有杂物落在或挂在极板或电晕线上。

3）保温箱或绝缘子室温度不够，绝缘子受潮绝缘电阻下降。

处理方法:

1）检查两极间距。

2）清除杂物。

3）擦净绝缘子，提高保温室或绝缘子室温度，使之避免受潮。

（4）电流小，电压升不上去或升高即跳闸。

其原因是:

1）极间距偏离标准值过大。

2）灰尘堆积使极间距改变。

3）电晕线松动，振打时摇动。

4）漏风引起烟气量上升，使极间距变化。

5）气流分布板孔眼堵塞，气流分布不均匀引起极板振动。

6）回路中接地不良。

处理方法:

1）调整极距。

2）去掉积灰，并检查振打传动装置是否正常，或调整振打周期。

3）校对、固定电晕线。

4）检查、消除漏风。

5）去掉分布板的积灰，并调整振打周期。

6）查出接地不良处并修复。

（5）电压正常，电流很小或接近零，或电压长高到正常的电晕始发电压时，仍不产生电晕。

其原因是：

1）极板或极线上积灰过多，振打装置失灵或忘记振打。

2）电晕线肥大，放电不良或电晕线表面产生氧化，使电极“包覆”。

3）烟气粉尘浓度太高，出现电晕封闭。

4）高压回路中开路，或接地电阻过高，高压回路循环不良。

处理方法：

1）清除积灰，修好振打装置，定期振打。

2）针对具体情况，采取改进措施，避免电晕线肥大。

3）降低烟气中粉尘浓度，降低风速，或提高工作电压。

4）查出漏风原因并修复。

（6）除尘效率下降，烟囱排放超标。

其原因是：

1）烟气参数不符合设计条件。

2）漏风太多，使风量猛增。

3）气流分布板堵塞，气流分布不匀。

4）电压自调系统灵敏度下降或失灵，实际操作电压下降。

5）清灰装置动作不良或有误。

处理方法：

1）专题研究解决，改善烟气工艺状况。

2）检查漏风原因，并修复之。

3）清理积灰并调整振打周期。

4）更换元件，并重新调整自控系统。

5）针对设备故障的各项原因做出有效处理。

6）检修或更换极板，使之正常运行。

（7）排不出灰或排灰不畅。

其原因是：

1）排灰阀故障，如用气动阀，可能气源不足。

2）灰斗棚灰、粉尘潮湿或振打器激振力偏小等。

3）输灰装置出现故障。

4）极板锈蚀老化，影响运行参数。

处理方法：

1）检查排灰阀，并排除故障，注意检查驱动装置。

2）检查棚灰，打开振打器振动调整，或清扫灰斗。

3）检修输灰装置，消除故障。

（8）有一次电压、电流，无二次电压、电流。

其原因是：

1）控制柜内某元件损坏，或导线在某处接地。

2）晶闸管整流器击穿。

3）毫安表本身故障。

处理方法：

1）查找损坏元件，并更换，检查导线连接状况，排除故障。

2）更换晶闸管整流器。

3）检查修复毫安表。

（9）阴极吊挂保温箱内有丝丝响声或放电声。

其原因是：

1）绝缘瓷套管内不干净。

2）电加热器损坏或断路。

处理方法：

1）清理绝缘瓷套管。

2）更换电加热器。

高压晶闸管整流设备常见故障及处理方法见表 11－6。

表 11－6　　高压晶闸管整流设备常见故障及处理方法

故障现象	故障原因	处理方法
给定电位器置零位时，输出电压比正常情况变大	（1）位移绕组的电路开路或短路； （2）变动了移相电流调节电位器，而没将其调到恰当的位置； （3）电源、电压有较大波动	（1）检查故障点并进行处理； （2）将电位器调到恰当的位置
旋转给定电位器，整流输出电压无变化	（1）给定电源无电压输出； （2）磁放大器工作绕组开路或元件损坏； （3）控制电路中的二极管等元件损坏，控制电压未达到额定值	（1）检查控制变压器整流元件和给定电位器； （2）检查绕组或元件

续表

故障现象	故障原因	处理方法
给定电位器调到最大，电压长不到需要值	（1）电源电压偏低； （2）移向电流调整不当； （3）控制电路中的二极管等元件有损坏，控制电压未达到额定值	（1）改换变抽头位置，或采取其他措施； （2）调节移相电流到适当大小； （3）检查各元件
磁化电流自动变大，使饱和电抗器产生高温	（1）主回路的电源电压太低； （2）电流负反馈电路发生故障，控制失灵； （3）移相电流控制电路发生故障	（1）提高电源电压； （2）检查清除故障

提示 本章内容适用于初级工、中级工、高级工的学习。

第十二章

湿式除尘器的运行

第一节　湿式除尘器的基本理论

湿式除尘器也叫洗涤式除尘器。19世纪末，钢铁工业时期开始采用，此种方法可以有效去除含尘气体中的大颗粒粉尘。它是利用水（或其他液体）与含尘气体进行充分接触，经过洗涤使尘粒与气体进行分离的设备，在分离过程中伴随有热、质的传递。

湿法除尘适用于处理不会与水发生黏结现象及化学反应的各类尘。如遇有疏水性的粉尘，单纯使用清水进行洗涤会降低除尘效率，此时应考虑往水中加入适量净化剂，可大大提高除尘效率。

在湿法除尘中，尘粒会从气流中转移至液体中。该过程受以下三方面因素的影响：①气体和液体的接触面积；②气体流体和液体流体之间的相对运动；③气体流体中粉尘颗粒与液体流体的相对运动。

一、气液之间界面的形成

气液间的界面客观上具备潜在的收尘作用，气液间的界面大小决定收集尘粒的效率，同时影响收集尘粒效率的因素还有载尘气流的分布形态以及尘粒与气液界面的相对运动状况。在所有的情况下，气液界面的形成与它所在空间里的分布情况密切相关。而含尘气流和液体间界面的形成与液滴、液膜、射流、气泡的形成密不可分。

1. 液滴的形成

利用摩擦力和惯性力可以把一定量的液体变为液滴。在旋涡室中用交流分散液体如图12－1所示。液滴被平行于液体表面流入的高速气流从大量的液体中分离出来。气体和液体通过一个漩涡室后，整个流动方向发生改变。该过程产生了必要的尘粒和液滴的相对运动，完成了有效的除尘过程。离开漩涡室后，载尘液滴和净化后的气体发生分离。该方法形成液滴的大小取决于气体的流速。在工业应用中，允许的压力限定了液滴的大小，也进一步限制了其除尘效率。

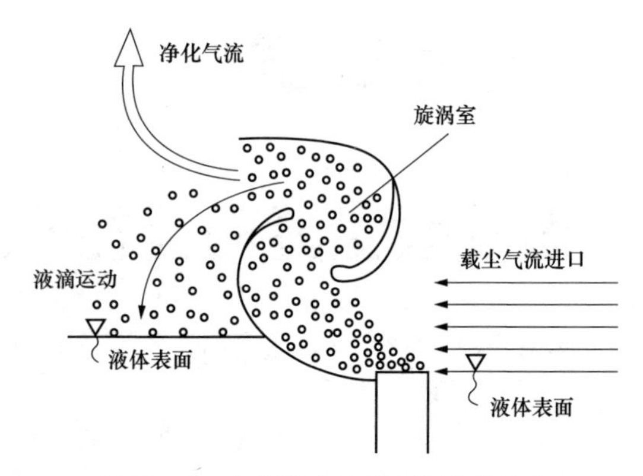

图 12－1　在旋涡室中用气流分散液体

2. 液膜的形成

湿法除尘仅靠液体喷淋在很多时候达不到要求的除尘效率。因此，为形成更多的液膜，以有效提高除尘效率，需要向除尘器内添加各种各样的填充材料和组件以增加接触表面。拉希格环和球形体是最为常见的填料式填充组件。拉希格环是空心圆柱体，其高度与外径相等。在浸湿的填料中，液体和气体为平行运动，气流的方向与液膜的表面平行。大量实验证明，当气体和液体从一个拉希格环流动到另一个拉希格环时，仅有少数的中断现象发生，气流与液流垂直的现象几乎没有。气体和液体的运动可以反向通过填料塔，也可以顺向通过填料塔。在顺向流动时，流动方向可以向上也可以向下。当湿式填料除尘器在泛流情况下工作时，除尘效率能达到极大改善。液体向下流动时被上升的气流所阻碍，两种相态在填料内部进行强烈混合，而尘粒与液体界面之间的相对速度非常小。在多数情况下，尘粒的收集在填料的表面，除尘器如要进一步提高除尘效率可采用紧密相靠的平行管束。管束一般布置在各种任意装填的填料顶部，如图 12－2（a）所示，气体和液体呈同向运动。图 12－2（b）所示，气体和流体产生独特的柱形液膜和气泡，产生的气泡被压差推动通过管束，气体和液体之间适宜的相对速度对提高除尘效率非常有利。

3. 射流的形成

液体射流用来在喷射式湿法除尘器中产生界面，如图 12－3 所示。

被喷射出的液体在一定长度后，破碎为直径分布范围很大的液滴群。由于气体平行于射流运动，在射流破碎的过程中，流动的气流和破碎的液滴将发生强烈混合。在更远的下游，液体存储器的表面被气/液混合射流

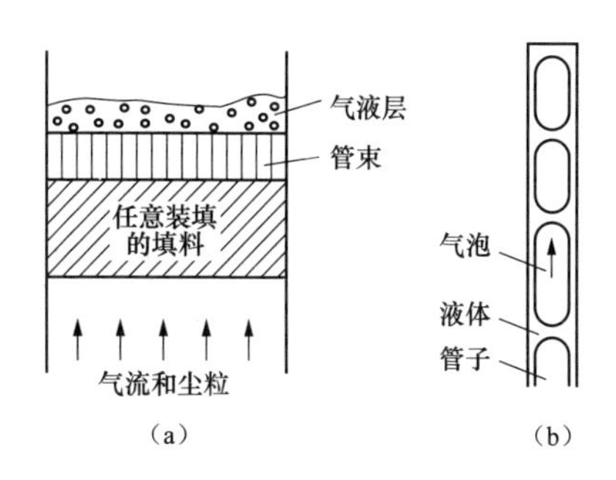

图 12-2　管束和任意装填的填料的排列

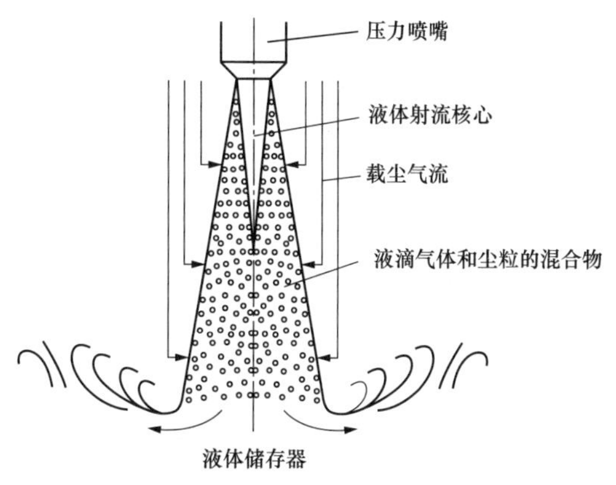

图 12-3　液体射流的破碎

冲击，储存器中的一部分流体也将被分裂。由于尘粒与液体表面的相对速度很小，该种原理系统的除尘效率要高于湿式填料除尘器。而由于水的喷射抽吸作用，气流中的压力降被有效避免。

4. 气泡的形成

如果在大量的液体中分散少量的载尘气体，而不是在大量的气体中分散少量的液体，则势必产生气泡。因为在气泡里气体和尘粒间的相对速度非常低，一般这个系统被证明无效。这样的低效率对除尘而言不做主要考虑。

二、使用液滴收集尘粒

对使用液滴收集尘粒的过程做如下假设：①液滴有变形现象；②气体和液滴有同一速度以及方向；③气体和液滴之间有相对的运动速度；④气

体和尘粒有同样的运动。

由于惯性的作用，在运动过程中接近液滴的尘粒会脱离气体流线并碰撞在液滴上，如图 12－4（a）所示。尘粒脱离气体流线的可能性将随尘粒的惯性和减小流线的曲率半径而增加，如图 12－4（b）所示。一般认为所有接近液滴的尘粒将在直径 d_0 的面积范围内与液滴发生碰撞，如图 12－4（c）所示。尘粒在吸湿性不良的情况下将会积累在液滴表面，如图 12－4（d）所示。而尘粒在吸湿性较好时则会穿透液滴，如图 12－4（e）所示。碰撞在液滴表面上的尘粒将会向背面停滞点移动，并在该处聚集，如图 12－4（d）所示。而那些碰撞在接近液滴前面停滞点处的尘粒将会停留在此。由于靠近前面停滞点处，所以液滴分界面的切线速度必将趋向于零。

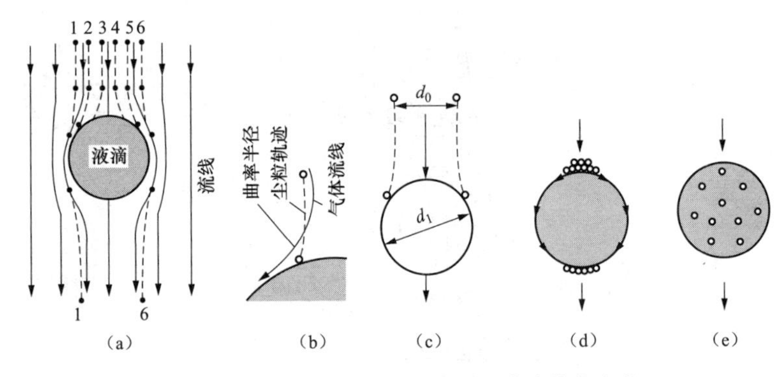

图 12－4　最简单类型流场中利用液滴收集尘粒

（a）过程 1；（b）过程 2；（c）过程 3；（d）过程 4；（e）过程 5

（实线表示气体流场，虚线表示尘粒的运动轨迹）

大量实验数据表明：湿式除尘器的除尘效率取决于所有到达液滴表面或者进入并穿过液滴，或者黏附在液滴表面的尘粒数量，而不是取决于粉尘的湿润性。由于吸湿性不是一个重要的尘粒—液体系统特征，因此这个过程不受分界面的张力支配。

直径比 $\frac{d_0}{d_1}$ 称为碰撞因数

$$\varphi_i \equiv \frac{d_0}{d_1} \tag{12-1}$$

该因数在 0～1 之间进行变化。它表示惯性参数 φ 的函数，也叫斯托克斯（Stokes）数，其定义为

$$\varphi \equiv \frac{W_r \rho_p d_p^2}{18\eta_g d_1} \tag{12-2}$$

上述公式中　W_r——尘粒与液滴之间的相对速度；

ρ_p——尘粒密度；

d_p——尘粒直径；

η_g——气体动力黏度；

d_1——液滴直径。

如图 12 - 5 所示，碰撞因数对惯性参数有依赖关系，参数 Re_r称为雷诺数。

$$Re_r = \frac{W_r d_1 \rho_g}{\eta_g} \tag{12-3}$$

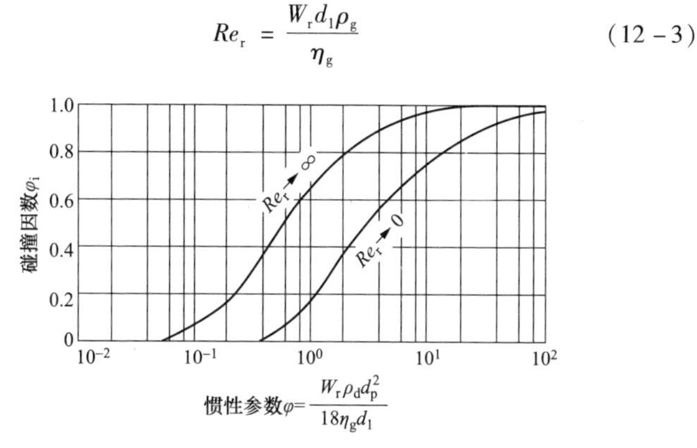

图 12 - 5　碰撞因数、惯性参数和参变数雷诺数 Re_r的关系曲线

在该定义中，ρ_g为气体密度。由于尘粒的惯性作用，碰撞因数将会随着相对速度 W_r、尘粒密度 ρ_g和粒径 d_p的增加而增加。而当气体的黏度 η_g和液滴的直径 d_1 增加时，碰撞力和摩擦力将会占支配地位，此时气体必将携带尘粒离去。

图 12 - 5 所给出的碰撞因数仅仅是定性的数值。气体、尘粒和液滴运动的实际情况与假设的条件有很大不同。

在高效率的湿法除尘器中，气体、尘粒和液滴运动处于支配地位的两种情况为：①高速气体和尘粒运动平行汇合低速液滴运动（尘粒接近液滴）；②高速液滴运动垂直于低速气体和尘粒运动（液滴接近尘粒）。

在上述两种情况下，碰撞因数 φ_i较图 12 - 5 中给定的值高出相当多。

三、利用高速气体和尘粒运动进行尘粒收集

文氏管式湿法除尘器是最有效的湿法除尘器，尘粒与液滴的相互作用是发生在文氏管式湿法除尘器喉口中。如图 12 - 6（a）所示，尘粒、气体和液滴以相差悬殊的速度平行流动。在此种情况下，大的液滴在垂直方向上被推进至气流中。液滴的轨迹从垂直于气流的方向变化为平行于气流的方向。图 12－6（a）所示即为大颗粒液滴运动的后一段情况。

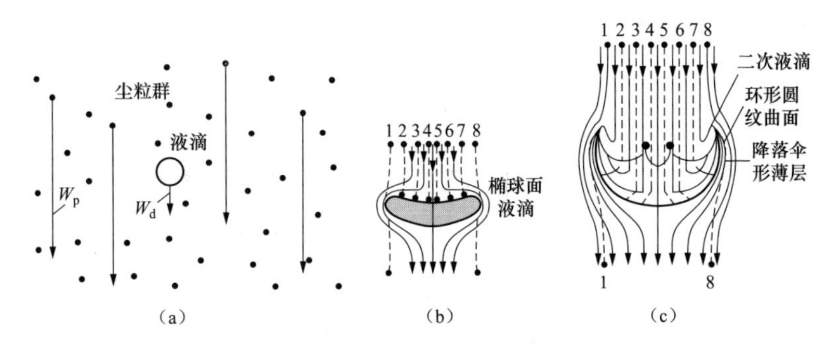

图 12－6　用低速液滴和高速气体尘粒流平地运动收集尘粒

（a）过程 1；（b）过程 2；（c）过程 3

高速气体的摩擦作用会迫使大颗粒液滴分裂为若干小液滴，我们假设这些小液滴仍然保留原来的球面形状。该种分裂过程如图 12－6（b）和图 12－6（c）所示。该过程包括以下几个主要步骤：①球面液滴变为椭球面液滴；②椭球面液滴进一步变为降落伞型薄层；③落伞型薄层分解为细丝状液体和液滴；④细丝状液体分裂为液滴。高速气流提供给液滴变形和分裂所需的能量。图 12－6（b）所示为围绕椭球面液滴的气体流和尘粒的运动情况。由于接近椭球面液滴上方的流线曲率半径非常小，故而除尘效率非常高。

四、湿式除尘器的性能

1. 湿式除尘器的阻力

湿式除尘器的气流阻力损失一般写为以下形式

$$\Delta p \approx \Delta p' + \Delta p_p + \Delta p_{ry} + \Delta p_{ky} + \Delta p'' \qquad (12-4)$$

式中　$\Delta p'$、$\Delta p''$——除尘装置的进口、出口阻力，Pa；

Δp_p——气体与液体接触区（工作区）的阻力，Pa；

Δp_{ry}——脱水装置的阻力，Pa；

Δp_{ky}——脱水器的阻力，Pa。

$\Delta p'$、$\Delta p''$、Δp_{ry}一般按通用式（12－5）、式（12－6）、式（12－7）进行计算。

$$\Delta p' = \xi' \left(\frac{p_{ry} v_i^2}{2}\right) \qquad (12-5)$$

$$\Delta p'' = \xi''\left(\frac{\rho_g v_0^2}{2}\right) \tag{12-6}$$

$$\Delta p_{ry} = \xi_{gy}\left(\frac{\rho_g v_{gy}^2}{2}\right) \tag{12-7}$$

式中 ξ'、ξ''——除尘器进口、出口阻力系数；

ξ_{gy}——配气格栅阻力系数；

ρ_g——气体的密度，kg/m^3；

v_i、v_o——除尘器进口、出口气流速度，m/s；

v_{gy}——通过格栅板的气流速度，m/s。

需要注意的是，由于填充层或气泡层的气动阻力足以平衡气流的冲击力，所以填充式除尘器和湍球式除尘器一般不必装设强制配气机构。除尘器中装设配气格栅的只有空心喷淋除尘器。在多数情况下，湿式除尘器的特点为反方向或同方向流动的双相流动。其一相为连续相（气体），一相为分散相（湿润液体）。由于气流中悬浮质点浓度较低的缘故，两相流动的气流阻力一般用连续相（气体）通过分散相（湿润液体）所消耗的压降来表示。此压力降有气相运动产生的压力降，同时由于必须传给气流压头，也有用以补偿液流的摩擦而产生压力降。两相流动时，接触区的气流阻力一般按以下公式进行计算。

$$\Delta p_p = \xi_g \frac{v_g^2\rho_g}{2\varphi^2} + \xi_w \frac{v_w^2\rho_w}{2(1-\varphi)^2} \tag{12-8}$$

式中 ξ_g、ξ_w——气体和液体的阻力系数；

v_g、v_w——气体和液体的流动速度，m/s；

φ——气体所占截面百分数。

如果认为两相流动的阻力为气流阻力，可以得到

$$\frac{\Delta P_g}{\Delta P_w} = 1 + \frac{\xi_w}{\xi_g}\left(\frac{V_w}{V_g}\right)^2\left(\frac{\rho_w}{\rho_g}\right)\times\frac{\varphi^2}{(1-\varphi)^2} \tag{12-9}$$

如果用装置全截面的质量流速表示两相气流速度，那么

$$v_g = \frac{W_g}{\rho_g}$$

$$v_w = \frac{W_w}{\rho_w}$$

式中 W_g、W_w——气体和液体的质量流速，$kg/(m^2 \cdot s)$。

需要注意的是，如果两相流动的比值 $\frac{W_w}{W_g}$ 虽然相等，但两者绝对值不

同，那么可知两者流体阻力不同。因此，在导出两相流动的气动阻力计算公式时，必须应用针对某一种实际工况（气动）所得到的试验数据。如果液相与气相逆向流动时，两相流动的比值 $\frac{W_w}{W_g} \geqslant 10$，那么可知液体静力对阻力有增大的实际影响，如果用 m 来表示 $\frac{W_w}{W_g}$ 的比值，那么

$$\frac{W_w}{W_g} = m\rho_w\rho_g \tag{12-10}$$

式中　m——液体比流量，m^3/m^3。

由于$\frac{\rho_w}{\rho_g} \approx 10^3$，可知 $m \leqslant 10^{-2}$，计算时液体的比流量一般情况下不应超过 $0.01m^3/m^3$ 气体。许多湿式除尘装置双相流动状况是双相气流为同向（单向）流动。液体与气体做同向（单向）流动的双相流动的阻力可以借助 m 值加以确定，这时每一个流动工况都会对应一个特定的 m 值。

2. 湿式除尘器的除尘效率

加入最少量的液体获得最好的除尘效率是人们对湿式除尘器性能的要求。但一般说来，要对一定特性的粉尘进行除尘，除尘效率与消耗的能量成正比。除尘器的总效率是气液两相之间接触率的函数。可以用以下公式加以表示。

$$N_{OG} = -\int_{C_i}^{C_o} \frac{dc}{c} = -\ln\frac{C_o}{C_i} \tag{12-11}$$

式中　N_{OG}——传质单元数；

C_i、C_o——污染物在装置入口和出口的浓度。

由此可知，总除尘效率 η 为

$$\eta = \left(1 - \frac{C_o}{C_i}\right) \times 100\% = (1 - e^{-NOG}) \times 100\% \tag{12-12}$$

除尘器消耗总能量 E_t 等于气体能耗 E_G 与加入流体能耗 E_L 之和，则

$$E_t = E_G + E_L = \frac{1}{3600}\left(\Delta P_G + \Delta P_L\frac{Q_L}{Q_G}\right) \tag{12-13}$$

式中　E_t——除尘器消耗总能量，kWh/1000m^3 气体；

ΔP_G——气体通过除尘器的压损，Pa（3600Pa = 1kWh/1000m^3 气体）；

ΔP_L——加入液体后的压损，Pa；

Q_L——液体流量，m^3/s；

Q_G——气体流量，m^3/s。

在很多情况下，将传质单元数 N_{OG} 和除尘器总能耗 E_t 画在重对数坐标中时为一直线，因此可以用下式表示：

$$N_{OG} = \alpha E_t \beta \tag{12-14}$$

式中 α、β——特性参数，主要取决于所采用的除尘器形式和捕集的粉尘特性。

湿式除尘器总除尘效率与总能耗的关系如图 12－7 所示。α 和 β 的特性参数如表 12－1 所示。

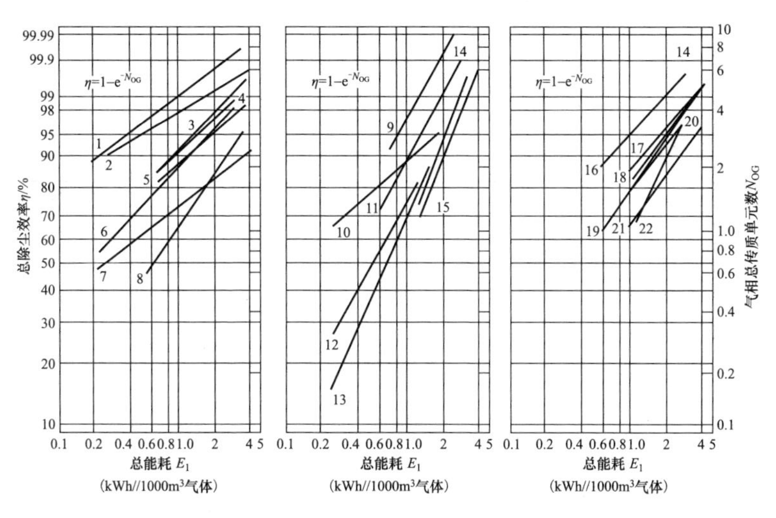

图 12－7 湿式除尘器总除尘效率与总能耗的关系（K. T. Semrau）

表 12－1　　α 和 β 的特性参数

编号	粉尘或尘源类型	α	β
1	LD 转炉粉尘	4. 450	0. 4663
2	滑石粉（1）	3. 626	0. 3506
3	磷酸雾	2. 324	0. 6312
4	化铁炉粉尘	2. 255	0. 6210
5	炼钢平炉粉尘	2. 000	0. 5688
6	滑石粉（2）	2. 000	0. 6566
7	从硅钢炉升华的粉尘	1. 266	0. 4500
8	鼓风炉粉尘	0. 955	0. 8910

续表

编号	粉尘或尘源类型	α	β
9	石灰窑粉尘	3.567	1.0529
10	从黄铜熔炉排出的氧化锌	2.180	0.5317
11	从石灰窑排出的碱	2.200	1.2295
12	硫酸铜气溶胶	1.350	1.0679
13	肥皂生产排出的雾	1.169	1.4146
14	从吹氧平炉升华的粉尘	0.880	1.6190
15	没有吹氧的平炉粉尘	0.795	1.5940
编号	黑液回收、各种洗涤液	α	β
16	冷水	2.880	0.6694
17	45%和60%黑液，蒸汽处理	1.900	0.6494
18	45%黑液	1.640	0.7757
19	循环热水	1.519	0.8590
20	45%和60%黑液	1.500	0.8040
21	两级喷射，热黑液	1.056	1.8628
22	60%黑液	0.840	1.4280

五、湿式除尘器的分类

湿式除尘器在设备结构上采用碰撞、扩散力等作用原理，使尘粒在除尘器中随气流流道的突然变化碰撞各种障碍物，使之发生凝聚、附着、重力沉降、离心分离等等一系列过程，达到尘粒与气体分离的最终目标。

按照除尘器构造、不同能耗和水汽接触方式有以下几种分类方法。

1. 按除尘器构造分类

按照除尘器的不同构造，湿式除尘器可以分为7种，如图12－8。

7种类型湿式除尘器特性参数如表12－2所示。

表12－2　　湿式除尘器特性参数

序号	湿式除尘器形式	对5μm尘粒的近似分级效率（%）	压力损失（Pa）	液气比（L/m^3）
图12－8（a）	喷淋式	80①	125～500	0.67～2.68

续表

序号	湿式除尘器形式	对5μm尘粒的近似分级效率（%）	压力损失（Pa）	液气比（L/m³）
图12－8（b）	旋风式	87	250～1000	0.27～2.0
图12－8（c）	储水式	93	500～1000	0.067～0.134
图12－8（d）	塔板式	97	250～1000	0.4～0.67
图12－8（e）	填料式	99	350～1500	1.07～2.67
图12－8（f）	文丘里式	>99	1250～9000	0.27～1.34
图12－8（g）	机械动力式	>99	400～1000	0.53～0.67

① 近似值，文献给出的数值差别很大。

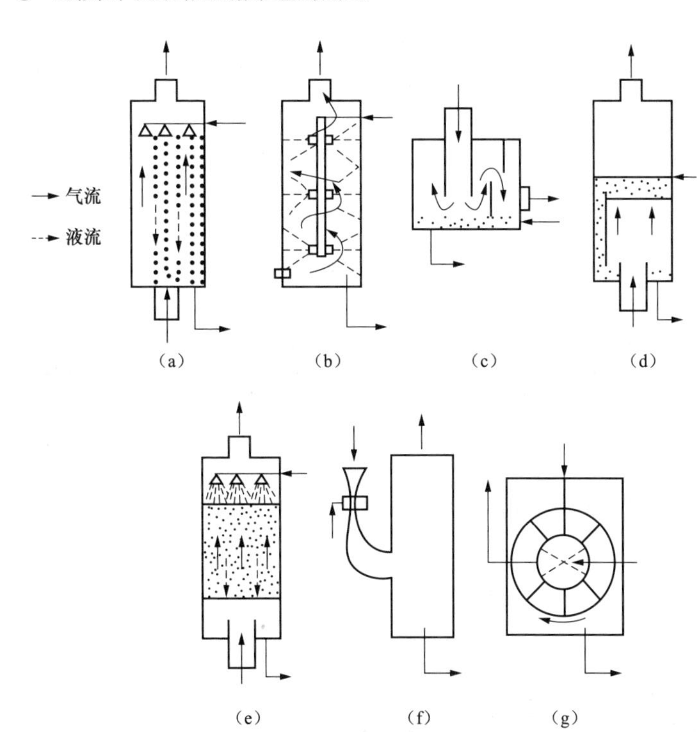

图12－8 7种类型湿式除尘器结构示意
（a）喷淋式；（b）旋风式；（c）储水式；（d）塔板式；（e）填料式；（f）文丘里式；（g）机械动力式

细分各类湿式除尘器则会有以下 7 种类别：①包括空心喷淋除尘器在内的塔式除尘器；②包括旋风水膜除尘器和麻石水膜除尘器在内的水膜式除尘器；③包括冲击水浴式除尘器和自激式除尘器在内的冲激式除尘器；④包括填料式除尘器和湍球式除尘器在内的填料式除尘器；⑤包括泡沫式除尘器和漏板式除尘器在内的泡沫式除尘器；⑥包括文氏管除尘器和喷射式除尘器在内的喷射湿式除尘器；⑦包括拨水轮除尘器在内的机械诱导式除尘器。

2. 按不同能耗分类

工程应用中可以按照设备阻力大小、能耗多少把湿式除尘器分为高能耗除尘器和低能耗除尘器两大类。高能耗除尘器常应用于炼钢、炼铁以及造纸的烟气除尘上，它的净化效率可达 99.5% 以上，压损范围为 2 ~ 9kPa，经该种除尘器处理后烟气的尘粒最低可小于 0.25μm。低能耗除尘器常应用于石灰窑、焚烧炉、化肥制造以及铸造车间化铁炉的烟气除尘上，它对大于 10μm 粉尘的净化效率可以达到 90% ~ 95%，压损范围为 0.25 ~ 2kPa。在一般运行条件下，此类除尘器的耗水量（液气比）约为 0.4 ~ 0.8L/m^3。

3. 按水汽接触方式分类

湿式除尘器按照水汽接触方式分类，主要可分为压水式、储水式、淋水式三大类。具体情况见表 12 - 3。

表 12 - 3　　湿式除尘器按照水汽接触方式分类

分类	设备名称	主要特性
压水式	喷射式除尘器、引射式除尘器、文氏管除尘器	利用文氏管将气体速度提升至 60 ~ 120m/s，吸入液体，使之雾化成细小液滴，它与气体间的相对速度非常高。高压降文氏管（10000Pa）可清除小于 1μm 的亚微颗粒，非常适用于处理黏性粉体
储水式	湍球塔除尘器、卧式水膜除尘器、水浴式除尘器、自激式除尘器	使高速流动的含尘气体冲入液体内，转折一定角度后冲出液面，激起水雾、水花，使含尘气体得以净化。压降为（1 ~ 5）×1000Pa。可以清除几微米的颗粒或者在筛孔板上保持一定高度的液体层，使气体从上而下穿过筛孔鼓泡进入液层内形成泡沫接触。筛板可有多层，又分为有溢流和无溢流两种形式

续表

分类	设备名称	主要特性
淋水式	水膜除尘器、喷淋式除尘器、漏板塔除尘器、旋流板塔除尘器	用雾化喷嘴将液体雾化成细小液滴，与连续相的气体逆流运动或同向流动，气液充分接触完成除尘过程。压降较低但液量消耗较大。可除去大于几个微米的颗粒。此外还可以将离心分离与湿法捕集相结合，捕集大于1μm的颗粒，压降约为750~1500Pa

第二节 湿式除尘器调试前准备

为了防止调试期间因设备首次运行对设备造成损坏，运行人员应对湿电系统所有相关设备做全面详细检查，在调试前还必须进行以下检查及确认工作：

（1）相关土建工作结束，验收合格，交付使用。

（2）防腐设施验收合格，已经投入行。

（3）照明、通信系统安装工作结，验收合格。

（4）暖通系统验收格，可以随时投入运行。

（5）调试时需要增加的临时系统，设备，测点所需要的材料，已经准备完毕。

（6）各种运行、检修表格准备齐全。

（7）运行人员上岗培训结束，考核合格，上岗操作。

（8）系统阀门设备已经挂牌。

（9）仪器仪表调试完毕，验收合格，已投入送行，满足调试启动要求。

（10）热工控制系统联锁保护投入，控制仪表和调节投入运行。所有工艺，电气分系统调试工作结束，具备进入整套启动试送条件。

（11）设备间排水设施能正常投运，沟道畅通。

（12）生活用水系统和卫生、安全设施已投入正常使用。

（13）环保、职业安全卫生设施及监测系统已按设计要求投运。

（14）参加调试的各方已经配备足够，合格调试人员，有明确的岗位责任制、分工。

（15）启动验收机构已开始主持启动调试工作，参加调试的相关单位人员配备齐全。

（16）化学分析可随时进行取样分析。

（17）调试措施已获批准。

第三节 湿式除尘器的调试

一、调试的安全注意事项

（1）电除尘器的调试工作应设立总指挥和各调试专业负责人，明确调试运行体制，调试中认真记录出现的问题及各种数据。调试完毕后写出调试情况报告的结论，送交各有关部门、单位。

（2）准备好的调试工作中所需的消耗材料、器材等。

（3）安全注意事项应符合规定。

二、调试前的检查

调试尽量在晴好天气下进行，检查包括：

（1）气密性检查（必须在护墙板做保温前）。

（2）框架焊接部位检查，包括：立柱、横梁等。

（3）人孔门检查，包括：警示牌、锁、气密性。

（4）检查电场内设备的焊接情况，有无错焊、漏焊。

（5）湿式电除尘器安装现场临时搭建的脚手架临时爬梯、临时支撑件等应拆除，现场杂物应清理。

（6）去除阴极、阳极各部位的尖角毛刺，仔细检查除尘器内部阴阳极之间的极间距，凡高低电位部位间距小于极线极距处均必须予以处理，杂物应清理。

（7）100%复检阴极线、阳极板的质量情况及阴阳极间距。

（8）除尘器内部异物清理干净。

（9）瓷套、瓷瓶清洁干燥，且完好无损伤。

（10）绝缘子室内清洁干燥。

（11）高压变压器调试前应检查项目按电源厂说明书进行。

（12）高压隔离开关操作灵活，准确到位。

（13）电加热伴热、铂热电阻的型号与设计要相符。

（14）对照图纸检查各部位接线正确无误，各类接地可靠。

（15）高低压控制设备外观检查按厂家说明书进行。

三、电除尘器低压系统通电检查与调试

电气检查项目完毕无异常后，低压系统方可通电检查，具体包括：

（1）电除尘器供电电源状况确认。

（2）测量各项绝缘电阻。

（3）低压控制柜通电检查按厂家说明书进行。

（4）电加热、温度测试回路通电调试。

（5）手动方式送电30min后，检查低压柜温度仪表显示值应正常，电加热驱动保护控制器信号及安装单元均应正确。

四、电除尘器高压系统通电检查与调试

调试前关闭所有人孔门，顶部应设专人负责安全工作，具体包括：

（1）电除尘器本体接地电阻测试，其结果要求小于5Ω，电场绝缘电阻测试，其结果应大于500MΩ。

（2）高压控制回路不带电场负载通电检查，检查按电源厂说明书进行。

五、湿式电除尘器冷态、无烟电场负荷调试

（1）高压晶闸管整流装置在不带电场负载通电调试合格后，方可进行冷态无烟电场（以下简称冷空电场）负载试验。

（2）冷空电场调试顺序：应先投入加热回路0.5h以上，再投入高压系统进行调试。

（3）冷空电场升压调试步骤：应先进行空载通电升压试验（静态空电场升压调试），再进行动态空电场升压调试。进行升压试验时记录试验数据。需要说明的是：

1）静态空载通电升压试验是指：湿式电除尘器出口引风机不运行，电场处于相对静止状态下的空电场升压调试（湿式电除尘器内部没有空气流动）。

2）动态空载通电升压试验是指：湿式电除尘器在不通烟气的情况下，高低压电气设备全部投入运行。

3）在空载升压实验前应先通电校表，具体操作按厂家说明书进行。

4）连锁装置检查：①行程开关检查，在打开高压隔离开关的状态下，电场不能投入运行；②安全联锁箱检查，连锁箱内开关关闭状态下，电场不能投入运行。

5）湿式电除尘器空载通电升压试验，其一次电压须达到2kV及以上方为合格。

6）动态空载通电升压试验：连续运行24h以后全面检查各工作回路的运行情况，发现问题，及时解决。

六、湿式电除尘器热态负荷整机调试热态负荷整机调试顺序

应先投入低压系统（特别是电加热回路，先高压系统运行30min以上），再投入高压系统，最后对控制系统进行一系列调整，以取得最佳除尘效果。需要注意的是：

（1）机组点火时，不得投入高压电场。必须在锅炉投煤粉的情况下（油枪已全部收回）才可投入高压电场。

（2）电除尘器热态调试前，输灰系统应工作就位。

（3）在高压系统投入后，根据情况及时对其进行检查与调整。

第四节　湿式除尘器运行前的检查与准备

湿式除尘器运行前的检查与准备包括：

（1）湿式电除尘器投入运行前的检查，确认检查极管、极线有无沉积的灰块和灰瘤，检查进出口烟箱（烟道）壳体壁上有无粘结的灰块，若有必须清除干净。

（2）检查阴极线与框架连接螺栓是否拧紧，阴极线有无松动，检查电除尘器的阴阳电极间距，应满足150mm±8mm的要求。

（3）检查瓷套及侧拉磁轴表面是否干燥清洁，是否完好无损。

（4）确认湿式电除尘器内部无人、无杂物、无遗忘的工具等，电场内部正常。

（5）湿式电除尘器各人孔门已关闭、人孔门检查正常，所有人孔门密封性良好。

（6）检查所有转动机构是否润滑良好，油位正常，各转动机械保护罩、保险销完好。

（7）用500MΩ绝缘电阻表检查电动机、电缆绝缘情况，其绝缘电阻不低于0.5MΩ。

（8）确认水罐的液位在低液位以上。

（9）确认所有水泵、阀门动作正常、位置正确，切换开关已打到远程自动状态。

（10）保温桶热风进口阀门开启，保温桶加热控制柜电源接通并投入使用。

（11）热风系统管路阀门全部在打开位置，控制柜电源接通并投入使用，热风风机与加热器切换到远程状态，温度设定值符合运行要求。启动热风吹扫系统，烟气进入湿式电除尘器本体之前提前8h对保温桶进行

加热。

（12）高压硅整流变压器瓷套管无破损，变压器无漏油，呼吸器完好，干燥剂无受潮，高压晶闸管整流变压器接线正确，设备均能正常投入运行。

（13）各高压电场高压隔离柜开关切换至“电场”位置。

（14）检查确认各电场内部绝缘电阻大于200MΩ，关闭隔离开关柜柜门。

（15）上位机控制系统连接正确，可正常投入运行。

（16）检查各种测试仪表及信号器等是否正常。

（17）检查湿式电除尘器接地电阻，其值应小于2Ω。

第五节 湿式除尘器的投运和停运操作

电除尘器除尘效率的高低，不仅与设计、制造、安装和调试有关，而且与电除尘器的运行也密切相关，必须有专人负责，严格执行合理的运行制度并及时维护。投运前的检查、确认完毕后，按规定步骤投入运行和停运。

一、运行基本顺序流程图

湿式电除尘器运行基本顺序流程如图12－9所示。

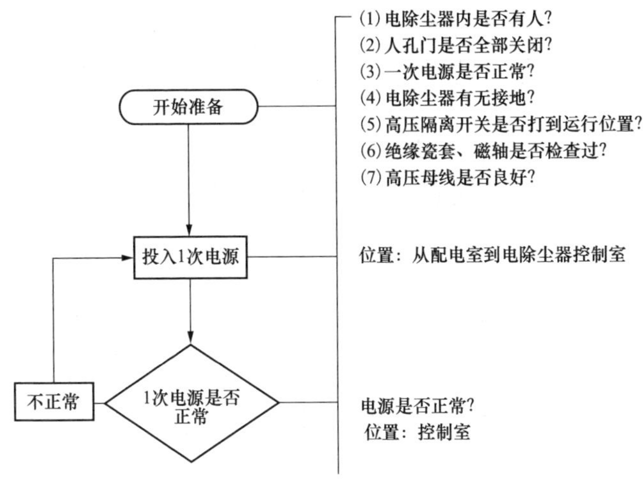

图12－9　湿式电除尘器运行基本顺序流程图（一）

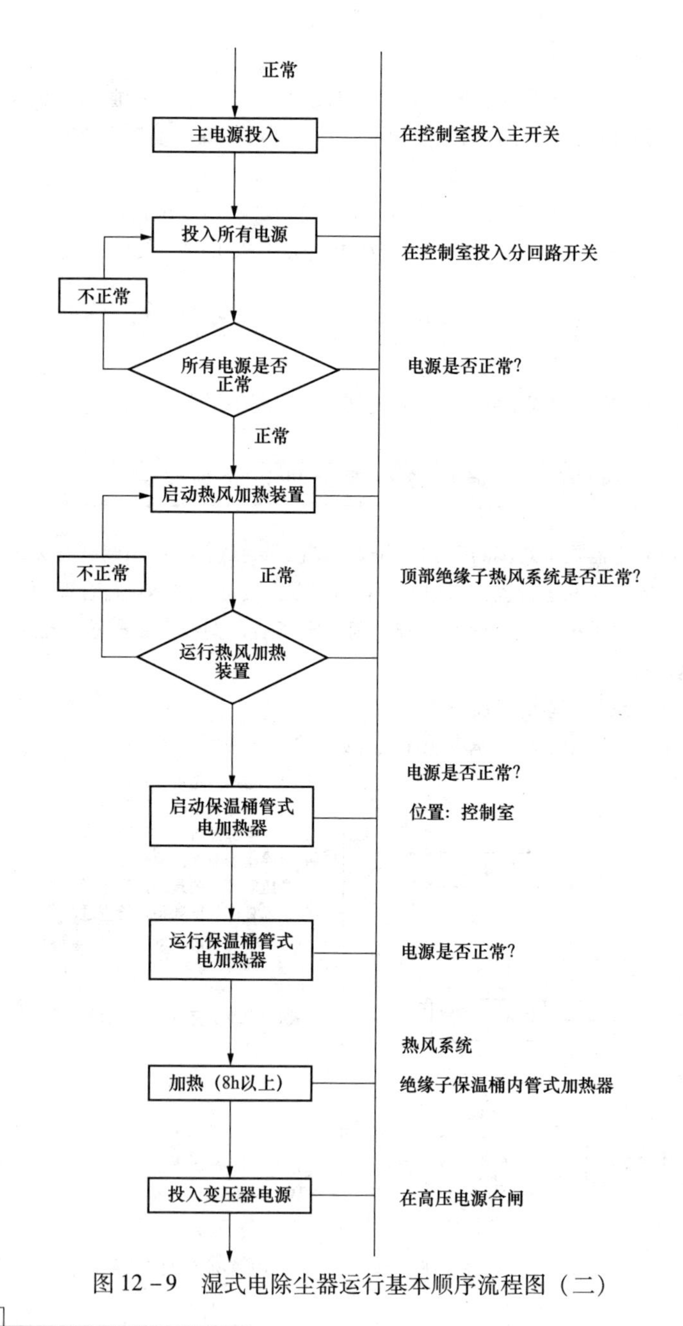

图 12－9　湿式电除尘器运行基本顺序流程图（二）

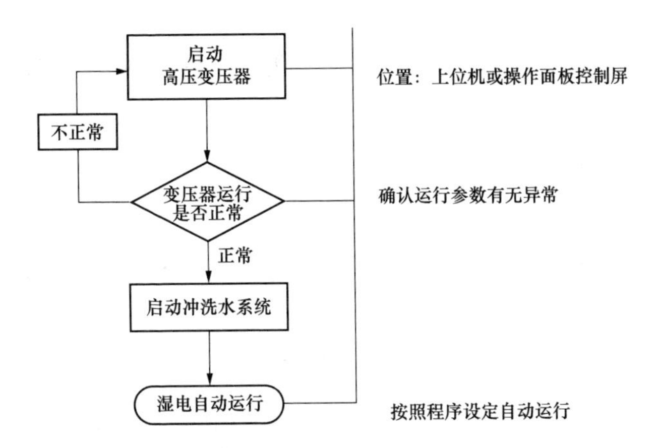

图 12－9　湿式电除尘器运行基本顺序流程图（三）

二、设备停运基本流程图

湿式电除尘器停运基本流程如图 12－10 所示。

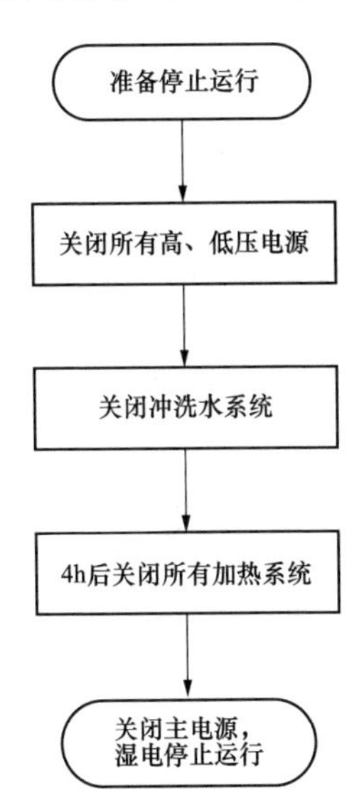

图 12－10　湿式电除尘器设备停运基本流程图

第六节 湿式除尘器的运行调整

为保证湿式电除尘的良好运行状态，在正常运行过程中，需要重点监视以下参数，并严格执行定期工作：

（1）定期关注保温桶加热系统的运行状态，关注各保温桶温度是否正常。

（2）定期关注热风吹扫系统的运行状态，关注各路热风吹扫出口温度是否正常。

（3）定期关注高压电场高压电源的运行状态，一次电压、一次电流、二次电压、二次电流是否正常。

（4）湿式电除尘器的冲洗周期一般为：1天冲洗一次。具体周期应根据工艺条件、烟气性质及电场的清洁程度由运转实践确定。

（5）湿式电除尘器的电场冲洗需要分区进行，首先对需要冲洗的湿式电除尘器电场高压电源远程停机，然后进行冲洗。冲洗时间为5～10min，冲洗完毕后，重新启动该电场高压电源，依次再进行下一电场的冲洗喷淋。

第七节 湿式除尘器的常见故障及排除

常见的故障多为除尘器本体故障。检查是否是本体故障的方法为：将隔离开关柜的隔离开关柜打到接地位置，启动升压。若控制柜正常启动，且能短路报警，则控制柜正常，可以确定为本体故障。

（1）高压控制柜常见故障及处理方法见表12－4。

表12－4　高压控制柜常见故障及处理方法

故障现象	原因分析	处理方法
控制柜无法启动	（1）安全联锁不通； （2）启动回路故障	（1）检查安全连锁箱是否已送电； （2）检查回路是否接通，检查回路是否有线头松动
指针表闪络	（1）指针表损坏或高压电源控制柜控制元器件损坏； （2）闪络现场主要是由于电	（1）检查并修复控制柜异常； （2）可使用顶部冲洗喷淋对该电场进行持续冲洗将异物冲

续表

故障现象	原因分析	处理方法
指针表闪络	场阴极线与阳极管之间有异物	掉，如仍无法解决需停机后进入电场内查找异物，并清除干净
二次电压低、电流大	（1）电场异极距变短； （2）高压绝缘部件结露爬电或污闪爬电	（1）按电场异极距变短故障的处理方法处理； （2）按绝缘部件爬电故障的处理方法处理
	（1）电场内有玻璃纤维、灰块等异物存在，引起电场内严重拉弧放电； （2）阴极线下端脱落或断裂摇摆，引起电场内严重拉弧放电； （3）阳极板受热膨胀不畅，产生较严重变形，引起阴阳极拉弧放电	（1）停机后进入电场内查找异物，并清除干净； （2）停机更换或清除断线，提高阴极线的制造和安装质量，合理调整振打周期和控制特性，抑制电弧的发生； （3）停机检查各阳极板排的膨胀间隙和变形情况，校正变形极板，调整或切割不足的间隙

（2）热风吹扫及保温桶加热设备常见故障及处理方法见表12－5。

表12－5　热风吹扫及保温桶加热设备常见故障及处理方法

故障现象	原因分析	处理方法
热风吹扫加热器温度达不到设定值	（1）热风吹扫加热器烧毁断线； （2）热风吹扫加热器温度控制器参数设置错误； （3）热风吹扫加热器控制柜电气元件损坏	（1）更换热风吹扫加热器； （2）重新设定热风吹扫加热器温控器参数； （3）更换电气元件，修复热风吹扫控制柜电气故障
热风吹扫热风风机或加热器故障报警	（1）热风风机电机过流保护的整定值设定偏小； （2）热风加热器主回路熔断器熔断导致加热器跳闸； （3）热风吹扫出口温度检测	（1）热风风机润滑油是否需要添加，保证传动系统畅通； （2）检查更换熔芯，消除进线回路断线故障； （3）检查更换温度检测元

续表

故障现象	原因分析	处理方法
热风吹扫热风风机或加热器故障报警	元件故障导致高温报警； (4) 热风加热器启动后加热器主回路无电流	件，消除高温报警信号； (4) 检查加热器，找到已损加热器并更换
保温桶加热器报警	(1) 加热器电流继电器整定值偏小； (2) 加热器供电回路正常，加热器主回路无电流	(1) 将电流继电器的整定值调整到合适位置； (2) 检查加热器，找到已损加热器并更换

(3) 顶部冲洗喷淋系统常见故障及处理方法见表12－6。

表12－6　顶部冲洗喷淋系统常见故障及处理方法

故障现象	原因分析	处理方法
顶部冲洗喷淋无法启动	顶部冲洗喷淋电动阀门阀芯卡住，致使开关不到位	更换并修复电动阀门阀芯
顶部冲洗喷淋水压力低	顶部冲洗喷淋水管道泄漏，致使水压过低	检查并修复漏水部位

(4) 电场常见故障及处理方法见表12－7。

表12－7　电场常见故障及处理方法

故障现象	原因分析	处理方法
电场完全短路（高压电源自检通不过）	(1) 固定阴极线上端的螺栓、螺母脱落而使阴极线与阳极板短路； (2) 阴极线受热膨胀不畅，产生严重变形而引起阴阳极短路； (3) 电场内有钢垢、焊条等金属异物而造成电场短路	(1) 停机更换并清除脱落的阴极线，提高对螺栓和螺母的紧固强度和紧固质量； (2) 停机检查各阴极线的膨胀间隙和变形情况，校正变形极线，调整不足的间隙； (3) 停机后进入电场查找金属异物，并清除干净
电场不完全短路（电场出现闪络且频繁）	(1) 电场内有棉丝、焊条、灰块等异物存在，引起电场内严重拉弧放电；	(1) 可使用顶部冲洗喷淋对该电场进行持续冲洗将异物冲掉，停机后进入电场内检查异物并全部清除干净；

续表

故障现象	原因分析	处理方法
电场不完全短路（电场出现闪络且频繁）	（2）阴极线下端脱落或断线摇摆，引起电场严重拉弧放电	（2）停机更换并清除断线，提高阴极线的制造和安装质量

（5）高压绝缘子常见故障及处理方法见表12－8。

表12－8　　高压绝缘子常见故障及处理方法

故障现象	原因分析	处理方法
高压绝缘部件结露爬电现象：U_2变小、电场闪络且频繁	（1）保温桶密封不严、漏风，致使桶内温度过低，绝缘子瓷瓶结露爬电； （2）热风吹扫风压过小，致使桶内温度过低，绝缘子瓷瓶结露爬电	（1）加强对保温箱的密封维护，停机时擦拭高压绝缘套管的内部污垢； （2）检查热风风机有无泄漏，堵住漏点，增加热风风压
高压绝缘部件损坏现象U_2变小、电场闪络且频繁	高压绝缘部件因结露爬电或污闪爬电而烧毁、炸裂	按高压绝缘部件结露爬电或积灰爬电故障的处理方法处理，由技师更换损坏的绝缘部件

提示　本章共七节，其中第一节、第六节、第七节适用于高级工，第二节、第三节适用于初级工，第四节、第五节适用于中级工。

第十三章

输灰装置的运行

第一节 粉尘的输送方式

目前，粉状物料输送的方法有很多，但归纳总结主要有吸送式、压送式、混合式和流送式四种形式。

1. 吸送式

当输送管道内气体压力低于大气压力时，称为吸送式输送，当风机启动后，管道内达到一定的真空度时，大气中的空气便携带着物料由吸嘴进入管道，并沿管道被输送到卸料端的分离器。在分离器中，物料和空气分离出的物料由分离器底部卸出，而空气通过除尘器除尘后经风机排放到大气中。吸送式气力输送设备的主要优点是供料装置简单能同时从几处吸取物料，而且不受变吸料场地空间大小和位置限制。其主要缺点是因管道内的真空度有限，故输送距离有限；装置的密封性要求很高，当通过风机的气体没有很好除尘时将加速风机磨损。

2. 压送式

当输送管路内气体压力高于大气压时，称为压送式力输送风机将压缩空气输入供料器内，使物料与气体混合，混合的气料经输送管道进入分离器，在分离器内，物料和气体分离，物料由分离器底部卸出，气体经除尘器除尘后排放到大气中，压送式气力输送装置的主要优点是输送距离较远，可同时物料输送到几处。其缺点是供料器较复杂，只能同时由一处供料。

3. 混合式

混合式气力输送是由吸送式和压送式联合组成的。在吸送部分，输送管道内为负压，物料由吸嘴吸入，经管道进入分离器分离。在压送部分，输送管道内为正压，将由分离器底部卸出的物料压送到分离器进行分离。管道内的负压和管道内的正压都是由同一台风机造成的。混合式气力输送装置的主要优点是可以从几处吸取物料，又可把物料同时输送到几处，且输送距离较远。其主要缺点是含料气体通过风机，使风机磨损加速；整个装置设备较复杂。

4. 流送式

流送式气力输送是物料悬浮输送的一种变形式，它使物料变成类似流体性质，因而能由机槽的高端流向低端。物料机槽输送也称为栓流气力输送，是通过气体压力将管道内的物料分割成许多间断的料栓，并被气力推动沿管道输送。

第二节　气力输灰的工作原理

气力输灰又称气流输送，利用气流的能量，在密闭管道内沿气流方向输送颗粒状物料，是流态化技术的一种具体应用。气力输送装置的结构简单，操作方便，可作水平的、垂直的或倾斜方向的输送，在输送过程中还可同时进行物料的加热、冷却、干燥和气流分级等物理操作或某些化学操作。与机械输送相比，此法能量消耗较大，颗粒易受破损，设备也易受磨蚀。含水量多、有粘附性或在高速运动时易产生静电的物料，不宜进行气力输送。

双套管气力输灰系统采用仓泵间歇式输灰方式，每输送一泵飞灰为一个工作循环，每个工作循环由三个阶段构成，其原理如下：

1. 进料阶段

仓泵进料阀、平衡阀（若有）呈开启状态，进气阀及出料阀呈关闭状态，干灰由除尘器灰斗进入仓泵。当泵内干灰灰位高至与料位计探头接触时，则料位计产生料满信号并通过阀门控制箱提供给 PLC 程序控制器，在程序控制器的控制下，系统自动关闭进料阀、平衡阀（若有），进料阶段结束。注意：如果程序事先设定的进料计时到，而仓泵料满信号仍未提供时，则进料阀、平衡阀（若有）也会自动关闭，进料阶段也将结束。

2. 输送阶段

此时出料阀、进气阀呈开启状态，进料阀、平衡阀（若有）呈关闭状态，仓泵输送计时开始。此时仓泵边进气边出灰，即此时仓泵内的飞灰进入输灰管道，实现干灰的远距离顺利输送的目的。此时仓泵内压力保持基本稳定。当仓泵内飞灰输送完毕，管路阻力下降，仓泵内压力逐渐降低。当仓泵内压力达到双压力开关或电触点压力表事先整定的下限压力（即吹扫压力，亦可根据实际情况进行调整）后，表明输送阶段结束，进入吹扫阶段。但注意如果当程序事先设定的仓泵输送计时到后仓泵内压力仍未降低到双压力开关或电触点压力表事先整定的下限压力，系统将发出堵管报警信号，表明仓泵输送不畅，仓泵所有阀门自动关闭等待检修。

3. 吹扫阶段

此时进料阀、平衡阀（若有）仍呈关闭状态，进气、出料阀呈开启状态，吹扫计时（在系统程序内直接设定）开始，吹扫计时到后仓泵关阀进气阀并延时关闭出料阀，这一阶段主要作用是通过纯压缩空气把残留的飞灰送入灰库，最后呈纯空气流动状态，系统阻力下降至稳定值。注意：此阶段为定时输送，吹扫时间一到，进气阀关闭，这一过程就结束，进入下一个工作循环的进料阶段。

第三节　气力输灰系统调试

一、冷态调试

在系统设备安装结束通过验收以后，系统具备通电、通水、通气条件，调试现场已基本清理完毕，可以进行冷态调试。冷态调试的主要容有：

1. 整体检查

（1）检查各设备、管道、阀门安装是否符合设计要求，是否处于具备试运行状态。

（2）检查柜内接线是否正确，校正各个箱柜之间的接线是否正确、牢靠。

（3）确认接线正确后给 PLC 柜供电，给各个仓泵及 PLC 模块供电，检查模块工作情况是否正常。

（4）检查上位机画面及输灰运行程序是否已制作装载完成。

2. 阀门检查调试

检查仓泵及管道上各阀门、控制元器件上的气控管路和电气接线是否已连接无误。控制空气管路应从气控阀门检查到就地安装的电磁阀控制箱再到仪用空气母管，电气接线需从元器件检查到电磁阀控制箱再到主控室的控制柜内。

当全部接管接线连接确认无误后，方能分别对仓泵上的进料阀、平衡阀，管道上的进气阀、出料阀等逐个通气通电进行动作试验。

首先在各就地电磁阀控制箱进行试验。在接通控制气源（仪用空气）和电源后，先检查供给箱柜的压缩空气进气压力表的示值是否在额定范围内，如示值正常则可通过电磁阀控制箱所配置的气源二联件中的调压阀将输出压力调至气动执行元件规定的工作压力，通常为0.4～0.6MPa，调定后应将调压阀顶部的锁紧螺母锁紧。然后再用电磁阀控制箱盘面的手动操作开关分别对各个阀门进行动作试验，检查各阀门的动作是否灵活，开、关位置是否到位，开关方向是否相反；试验完毕后应仔细核对盘面各手动开关和各电磁阀上标签标注的名称是否与相应的阀门名称一致，否则应予纠正。

试验通常由两人进行，一人操作，一人观察检查，有条件时最好人监视和协助工作。在试验的同时应注意检查相应阀门的控制气源接管是否有泄漏现象，若有则就予以处理。

当电磁阀控制箱上的压缩空气进气压力表的示值为零或不足时，应首先检查空压机的工作是否正常，空压机到电磁控制箱的空气管路是否通畅，阀门有没有打开，如果前面一切正常，则应拧开电磁阀控制箱上气动二联件的过滤器，检查滤芯上是否有从空气管道中吹来的尘埃等杂物引起的堵塞，如有则应予以清除。然后用肉眼检查气动二联件中过波器透明外罩内的滤芯上是否有过量的粉尘，如有，也应拆下清洗。过滤器的滤芯上可以允许有少量积尘。

在试验检查各阀门动作时，如遇到阀门不动作或动作不灵活、迟缓、不到位时，应首先检查控制气源的输出压力是否足够，必要时可将压力用调压阀调到其极限值（0.7MPa）。此外，尚应检查阀门动作范围内是否有其他物体阻挡阀门动作（此类情况在使用蝶阀时较常见，所以在安装上应特别注意阀板动作范围内是否会碰到管道）。

3. 仪表设备检查调试

一套完整的输灰系统还应包括所配套的仓泵料位计、压力表、压力变送器等。仓泵料位计需检查其安装接线的正确性，压力变送器应结合控制柜上的数显压力表或CRT操作画面进行灵敏度和量程范围的调整，以便提供准确的运行参数。

4. 管道吹扫

气源接通后，打开进气阀和出料阀，对仓泵及管道进行吹扫，以清除管内杂物，若管道内有无法清除的杂物需拆管清理。

5. 气密性试验

仓泵及管道需进行气密性试验，把仓泵的进料阀、平衡阀，管道出料阀等关闭，打开进气阀，使整个气源系统处于封密状态（包括输送仓泵），待管道内的压力达到0.6MPa后，关闭进气阀，如果压力在3min内，下降不超过0.05MPa，说明密封性较好，如果压力明显出现下降，需查明漏气的原因。

上述项目完成后，将系统投入到自动运行状态，在自动状态下检查气力输送系统单个设备的动作状态及系统联动是否符合设计要求。

二、热态调试

在系统冷态调试结束后，灰库及电除尘器具备热态运行条件，仓泵上部灰斗已带灰，系统可以进行热态调试。热态调试的主要工作是修整冷态调试时整定的系统运行参数，并检查系统整个设备的热态带灰满负荷运行情况是否符合设计要求。热态调试的主要内容有：

（1）单仓泵热态运行，调整空气流量及压力，使输送处于理想状态，并整定输送高限及自动防堵压力整定值（一般设定在0.3MPa左右）。

（2）单元调试结束，进入系统运行，调节不同电场，不同仓泵的各运行参数，使系统运行参数满足系统设计要求并使系统处于理想的运行状态。

（3）系统运行后，观察整个系统的运行状态，发现运行不理想的单元，要检查其原因，并进行重新调试，到运行正常后方可投入系统运行。

（4）进一步完善上位机监控画面及数据库。

在调试结束后应及时编写调试报告、总结调试情况，并将调试所取得的相关参数进行记录，以供运行检修作参考。

第四节　气力输灰的投运和停运操作

一、输灰系统的启动

（1）在锅炉点火前2h，启动气力输灰系统。

（2）确认灰斗气化风机启动，并且打开各灰斗的气化风手动门。

（3）确认灰库气化风机启动，各干湿卸灰装置正常可用。

（4）确认空压机及干燥机运行正常，储气罐压力大于0.55MPa。

（5）将一、二电场切至粗灰库，并联系卸灰人员加强卸灰。

（6）将落灰时间设定在10s以内，防止灰中含油及沉降堵塞灰管。

（7）将输送周期时间设短，以加强沉降灰的输送。

（8）点击OM画面上“吹扫”按钮，对各输灰管路进行吹扫。

（9）确认管路无堵塞后，点击OM画面上“启动”按钮进行输灰。

（10）当电除尘全部投运，锅炉负荷升至正常，将输灰方式切至正常。

二、输灰系统的停运

（1）锅炉停运后，电除尘器振打系统改为连续振打，检查灰斗无积灰后，停止输灰系统。

（2）当仓泵内的灰输送完后，对仓泵进行吹扫，保证仓泵及灰管内无存灰。

（3）按下停止按钮，系统自动停止运行。

（4）在确认灰斗无灰后，停止灰斗气化风机及加热器。

（5）如有检修则根据工作情况进行停运。

第五节　气力输灰的运行调整

在气力输灰过程中，运行人员应根据实际工况、实际参数的变化对系统和设备进行及时调整、及时处理。确保气力输灰系统可以正常运行。

一、系统运行中的调整

（1）当锅炉负荷低灰量少时，可以适当增加仓泵的落灰时间，延长输送周期。

（2）当锅炉负荷高灰量大时，可以适当减少仓泵的落灰时间，缩短输送周期。

（3）当电除尘整流变跳闸后，前后级整流变参数提高时，需加大对应仓泵的输灰能力，防止灰斗积灰。

（4）各电场落灰时间及循环周期设定根据实际的负荷情况和燃煤情况做相应调整。

（5）输灰系统运行期间，除了要注意输送压力、输灰时间，输送周期以及上位机上相应曲线外，还要注意灰斗灰量的变化，可以从灰斗气化风出口压力进行粗略判断，尽量维持灰斗低料位运行。巡检中，要注意输送管路灰斗下大小头的灰温变化，以便及时发现和处理堵灰问题。

（6）灰库卸灰过程中，如地面上有大量漏灰，不允许冲进灰库排污池，并且灰库排污池排污泵启前停后要进行冲洗。锅炉点火前及投油时将输灰切至粗灰库，并加紧卸灰，电场全部正常投运后，切换至以上正常运行方式，要求把粗灰库中的灰卸空。

二、输灰不畅或灰斗不落灰的调整

1. 加强现场的巡检工作

（1）对输灰用储气罐加强疏水，保证2h一次。如果含水较多可改为1h。

（2）每班两次，对各灰斗大小头的地方进行检查，确认各灰斗的下灰情况。

（3）加强对气化风机出口压力的监视，保证气化效果，可采取两台机相互对照的方法。

（4）每班两次，对每个输灰仓泵进行检查，确认各仓泵在下灰后确实有灰，且各仓泵灰量大致相同。

（5）现场加强对输灰管路的检查，确认现场输灰正常，可从输灰管路温度及声音等进行判断。

2. 加强上位机的监及参数调整

（1）加强对电除尘及输灰系统画面的监视，尤其是输灰曲线发现有堵灰现象时，及时进行参数调整及排堵，如在短时间内无法处理，及时联系维护人员。

（2）加强对机组负荷及煤种的变化关注，据此及时对相关参数进行调整。

（3）目前电除尘调整依据主要有两个：一个是出口浊度；一个是脱硫烟气系统入口含尘量。由于两个依据值目前都存在一定的问题，在对参数调整时还可依据这两个数的变化趋势进行调整。

（4）输灰系统运行基本原则为尽量去保证灰斗低料位运行，在烟气中含灰量较大时，运行人员在调整输灰参数时，应确保在输灰正常的情况下，尽量加大输量。

（5）一、二电场相对应的整流变可相互替代，替代的整流变参数要及时进行调整。

（6）灰斗高料位时，相应的整流变会有一次电压、一次电流、二次电流较小较小的现象，此整流变二次电流调整不要过高，以较实际的二次电流值稍高为宜。

（7）系统灰量较大时，输送周期、落灰时间、输送频率等应及时进行调整。管路堵塞时，排堵方法有两种：一种管路憋压后由排堵阀进行排堵；一种是管路憋压后由仓上排放阀进行排放，两种手段都无效的情况下，或者处理时间过长（一般为1～2h）的情况下都要及时联系维护人员进行处理。

（8）高压整流变跳闸后，如果相对应的灰斗没有高料位，可对此区域进行连续振打后，再行试投，如果还是不能投运，联系维护人员检查处理。

（9）加强对灰库料位的监视，确保灰库不能满灰，机组刚启动期间

一、二电场的灰原则上应进粗灰库。

（10）各类仪表不准的情况要及时消缺，如果必要及时联系相关专业处理。

第六节 气力输灰的常见故障及排除

在气力输灰过程中，系统经常会发生输灰管道堵塞、输灰管道泄漏、输灰压力不足等故障，这些故障影响着气力输灰系统的正常运行。运行人员如熟知一些常见故障并掌握其排除方法，无疑可以极大提高设备健康运行水平。

一、输灰管道堵塞现象

输灰过程中，在设定的输送压力未达到设定的下限值或在某一压力限位停滞，则判断为灰管堵塞。

二、堵管的常见原因

1. 系统参数设定的影响

仓泵压力下限值的设定较为重要，一般设定将仓泵输送的压力设定为0.15～0.25MPa，若下限值设定较高，则必须将输送的时间给予延长，防止管道中残余的粉煤灰对下一次输送或其他仓泵造成影响。仓泵压力上限值设定为0.55～0.65MPa，如果上限压力设值过高，容易造成灰残留在灰管或仓泵内，由于初速时高，阻力增大，易造成堵管。

2. 气源的影响

（1）气源压力不够，气源压力必须克服仓泵的阻力、管道的阻力以及灰库的压力如果压头不够，则容易发生堵管。

（2）气量不足，使气灰比增大，输送浓度过大，造成管道阻力增大，易发生堵管。

（3）气源有杂质、含油含水量大。

（4）气源含油主要原因：空压机刮油环老化、型号不配套。

（5）气源含水的原因：空压机冷却器泄漏、自动排污器失灵，储气罐未定期排污，干燥塔动作失灵（A、B塔不切换），干燥剂未定期更换。此外，干燥器或冷却器除水效率下降，会造成空气中含水量增大，使空气露点温度升高。若在天气寒冷的地方，容易使空气结露。

（6）气源带油、带水，会使灰粒相互黏结流动阻力骤增，造成堵管。所以发现气源含油含水量大时，应立即停止对应的仓泵运行，停止空压机运行并打开空压机的排气门进行检查，若发现有油或水排出，应关闭其出口门，联系维护人员进行处理。并打开储气罐排污门，利用管道中的残余气体将油或水带走，再开启备用空压机对管道充压吹扫，直至排出纯净空气为止。投入仓泵运行前要对对应灰管路进行吹扫。

3. 灰源的影响

（1）沉降灰是指烟气经过未投运的电除尘时，一部分重力大于烟气浮力而降落于灰斗的灰，包括锅炉点火阶段煤油混烧沉降的灰和电除尘故障停运后沉降的灰。电除尘故障停运后沉降的灰一般颗粒粗大，表面粗糙，造成输送事故概率增加。煤油混烧灰黏性大，在输送过程中，灰粒逐渐沉降，易发生堵管。此时应在容易发生灰沉降的时候将各仓泵的进料料位整定和进料时间进行调整，控制进入仓泵的灰量约为仓泵体积的1/3为宜，以达到少拉快跑的目的。

（2）灰温低。粉煤灰的表面有很多孔隙和裂缝，孔隙最大可达60%～70%。这种结构对水的吸附作用很强。在灰温低时黏附在飞灰表面的水蒸气容易结露，使灰的黏性增加造成内摩擦增大，流动阻力增大、流动性差，造成堵管。

4. 管道泄漏的影响

正压输灰系统的输灰管道因输灰管内的输灰流速平均都在8～12ms长期运行后，会使输灰管道磨损而泄漏，造成泄漏点后部因压头降低而发生堵管。主要表现在以下几个方面：

（1）直管段的接合处。为了补偿管道热胀冷缩，一般直管段的连接使用密封胶圈及卡环。安装过程中密封圈错位、卡环受管道输灰的震动而松动，造成泄漏；同时若两直管对接错位，会造成后面的管道严重磨损，加剧管道泄漏。

（2）弯头部位在运行过程中，逐渐磨损泄漏。

（3）灰库分料分料阀或灰管路的隔离滑阀关闭不严，造成灰管路泄压。

（4）由于分料阀或灰管路的隔离滑阀的不严、泄漏均会使管道泄漏点处的压头降低，造成泄漏点后部灰的推力不足，导致堵塞。如果泄漏大，从表计上最反应不出来的，所以运行值班员在巡检中应特别注意。

5. 仓泵本体故障的影响

（1）流化管、流化阀泄漏。雾化管主要使压缩气体较均匀的进入仓泵，达到气灰混合均匀的目的，实现单位体积浓度接近平均值。如由于磨损泄漏导致进气速度加快造成灰气混合程度较差，当进入输灰管道后，在管道中各处阻力相差大，造成流速不稳定，当某一处的灰的浓度大，而使阻力大于对其的作用力时，就发生堵管。所以雾化装置应该定期检查更换。

（2）喷射阀与下料门开启顺序不对。如果喷射阀与下料门开启顺序调整不当，下料阀先开启而喷射阀滞后超过5s开启，会达不到气灰混合均匀的目的。

（3）喷嘴磨损或喷嘴位置不正。喷嘴磨损或喷嘴位置不正都会导致不均匀。

6. 灰库的影响

（1）灰库的分料阀调整不当或操作错误会造成阻力过大，引起堵管所以应及时校正好位置，而操作错误主要表现在倒库时误关或先关后开。

（2）进灰量大于卸灰量是造成灰库满灰的原因，当灰库料位高时，多余的灰就会堵塞在管中发生堵塞。库壁四周板结，只剩下中间一个很小的通道，形成竖井形式，造成灰库的背压升高。此现象从料位计上又显示不出来，需要对灰库气化风机的电流进行监视，判断通道是否畅通。

（3）袋式除尘器故障：因袋式除尘器消灰装置失灵，造成排气量减小，库压升高，使仓泵与灰库压差降低、压头不足而堵管，所以定期检查清灰装置或定期更换布袋。

7. 热工表计的影响

（1）料位计故障。由于料位计准确性较高，如调得过于灵敏，会造成仓泵进灰量过少；如灵敏度调得不够，则造成仓泵进灰过多使仓泵内流化空间减少，灰的浓度比较大，容易发生堵管。

（2）压力表故障。仓泵上的压力表的正常与否，直接影响系统的运行和故障的判断。在运行过程中，该压力表限制其上限压力，同时控制出料阀的开启；在输送过程中，监视输送中的压力变化，表明输送中的压力变化，表明输送的状态是否稳定连续运行，当管道压力降低到限值时，输送过程结束。因此，压力表直接或间接的影响到阀门的开和关。

8. 其他影响

（1）出料阀、密封圈材质不合理。

（2）出料阀选型不合理。常见的出料阀有插板式使密封出料阀抽板式软密封出料阀、半球式出料阀、软密封的蝶型阀、硬密封的蝶形阀等，它们各有各的优缺点。

（3）输灰管道设计不合理。管道的爬坡和弯道过多，影响了管道中灰的流态稳定。

(4) 锅炉三管泄漏的影响。锅炉三管泄漏造成灰的水分增大，一旦灰温过低，烟气容易结露，使输送阻力增大，发生堵管。

(5) 堵管的处理。

1) 堵管后运行人员一般先行排堵，排堵无效后联系检修人员处理。

2) 当某一仓泵组堵塞后，应立即将该仓泵组停运。

3) 打开堵塞仓泵组排堵阀，仓压力下降为0后，改为吹扫进行疏通。

4) 如输灰压力仍不下降，可就地打开仓泵的排气阀进行卸压，但需要注意排灰对环境的污染。

5) 排堵的过程中，可以对仓泵进行敲打，辅助输送。

6) 如仍无法解决短时间内需立即联系检修人员处理。

三、输灰空压机压力低

1. 故障常见原因

(1) 空气系统泄漏。

(2) 空压机异常。

2. 故障常规处理

(1) 检查管线、接头、垫片、阀门和安全阀。

(2) 观察空压机的加卸载情况，加载异常联系维护人员检查处理。

四、仓泵经过输送卸料后料位仍然高或压力不降低

1. 故障常见原因

(1) 仓泵发生堵塞。

(2) 料位开关异常。

(3) 料位探针不干净。

2. 故障常规处理

(1) 敲打仓泵，对管路进行吹扫，如仍堵塞则打开仓泵清理。检查流化元件和流化系统应正常工作。

(2) 对开关进行检查后，重新设置开关如果电缆和接头断开要复原。

(3) 更换熔断器或保护装置，如果开关本身损坏，更换开关。

(4) 清洁料位探针。

五、灰库顶部排尘风机故障

1. 故障常见原因

(1) 风机叶轮发生卡涩。

(2) 速度开关出现异常。

(3) 电动机故障（电源中断、温度继电器断开）。

2. 故障常规处理

（1）就地检查排尘风机是否堵塞。

（2）检修风机叶轮是否卡涩。

（3）联系维护人员，对开关进行检查后，重新设置开关。如果电缆和接头断开要复原；如果烧毁，更换保险或保护装置；如果开关本身损坏，更换开关。

（4）检查电气装置。

六、布袋除尘器差压高

1. 故障常见原因

（1）布袋除尘器差压过大或差压设定值过低。

（2）布袋使用时间过长。

（3）反吹装置出现故障。

2. 故障常规处理

（1）适当调整布袋除尘器差压。

（2）及时更换布袋。

（3）通知检修人员进行处理。

七、灰斗下灰不畅

1. 故障常见原因

（1）仓集圆顶阀动作不正常或阀门故障。

（2）仓泵排气圆顶阀动作不正常或阀门故障。

（3）灰斗流化风供应不正常。

（4）灰斗内有受潮结块的灰。

（5）灰斗内有异物。

（6）灰斗加热未投或温度升不上去。

（7）灰斗漏风严重。

（8）油灰混合物在灰斗壁挂灰严重。

（9）灰斗保温不良。

（10）烟气中水分过大，灰潮。

2. 故障常规处理

（1）投入或检查灰斗加热器。

（2）消除漏风点。

（3）油枪未撤，不得投入晶闸管整流变压器。

（4）查找保温不良原因，联系检修处理。

（5）通知检修处理。

八、灰库卸灰时不下灰

1. 故障常见原因

（1）手动插板门的位置不正确。

（2）气动插板门故障或动作不正常。

（3）干灰散装机电气故障或机械卡涩。

2. 故障常规处理

（1）检查插板门的具体位置。

（2）通知检修处理卡涩。

（3）通知电气检查故障。

九、气动阀门拒动

1. 故障常见原因

（1）控制气源压力不足。

（2）电磁阀拒动。

（3）气动阀门卡死。

（4）控制气源管脱落。

（5）电磁阀漏气严重。

2. 故障常规处理

（1）检查气源不足的原因。

（2）通知检修处理卡涩部位。

（3）处理脱落的气源管路。

（4）检查电磁阀。

十、进料时仓泵顶部返灰

1. 故障常见原因

（1）负压管堵。

（2）排气阀开不到位。

（3）气动进气阀不严。

2. 故障常规处理

（1）疏通负压管。

（2）联系检修处理。

十一、送料时仓泵顶部返灰

1. 故障常见原因

（1）下料圆顶阀与进气阀延时过短。

（2）料圆顶阀关不严。

（3）下料圆顶阀密封圈损坏。

2. 故障常规处理

（1）增加延时。

（2）联系检修处理。

（3）更换密封圈。

十二、气源压力表无高低限反馈

1. 故障常见原因

（1）压力表损坏。

（2）压力表管堵。

（3）定值太高或太低。

（4）空压机升减负荷压力调整不当。

2. 故障常规处理

（1）通知检修更换压力表。

（2）通知检修疏通压力表管。

（3）重新调整高低限值。

（4）通知检修重新调整空压机定值。

十三、气化风机过热

1. 故障常见原因

（1）风机升压增大。

（2）转子与气缸壁摩擦。

（3）润滑油过多。

2. 故障常规处理

（1）检查吸入及排出压力。

（2）通知检修处理。

（3）适当放油至正常位置。

十四、电加热器控制柜指示灯不亮、数显表不工作、电压无指示

1. 故障常见原因

（1）空气开关未合。

（2）控制保险断。

2. 故障常规处理

（1）合上空气断路器。

（2）检查更换熔断器。

提示　本章共六节，其中第一节、第二节适用于中级工，第三节、第五节、第六节适用于高级工，第四节适用于初级工。

第三篇

脱硝设备运行

第十四章

火电厂 NO_x 排放与控制

第一节　NO_x的生成及排放标准

一、NO_x的生成机理

NO_x是造成大气污染的主要污染源之一。通常所说的 NO_x有多种不同形式：N_2O、NO、NO_2、N_2O_3、N_2O_4和 N_2O_5，其中 NO 和 NO_2是重要的大气污染物，另外还有少量 N_2O。我国氮氧化物的排放量中 70% 来自煤炭的直接燃烧，电力工业又是我国的燃煤大户，因此火力发电厂是 NO_x排放的主要来源之一。通常，燃烧生成的 NO_x中，NO 占有率超过 90%，NO_2占有率为 5% ~10%。在煤的燃烧过程中，NO_x的生成量和排放量与燃烧方式，特别是燃烧温度和过量空气系数等密切相关。燃烧形成的 NO_x可分为燃料型、热力型和快速型 3 种。

1. 热力型（thermal NO_x）

燃烧时，空气中的氮在高温下氧化产生，其中的生产过程是一个不分支连锁反应。其生成机理可用捷里多维奇（Zeldovich）反应式表示。随着反应温度 T 的升高其反应速率按指数规律增加。当 $T<1500$℃时，NO 的生成量很少，当 $T>1500$℃时，T 每增加 100℃，反应速率增大 6 ~7 倍。当炉膛温度在 1350℃以上时，空气中的氮气在高温下被氧化生成 NO_x，当温度足够高时，热力型 NO_x可达 20%。NO_x生成与温度和时间的关系如图 14 -1 所示。过量空气系数和烟气停留时间对热力型 NO_x的生成有很大影响。NO_x生成与过剩空气系数的关系如图 14 -2 所示。

热力型氮氧化物生成机理：

$$O_2 + N \longrightarrow 2O + N$$

$$O + N_2 \longrightarrow NO + N$$

$$N + O_2 \longrightarrow NO + O$$

在高温下两个最重要的反应式为：

$$N_2 + O_2 \longrightarrow 2NO$$

$$2NO + O_2 \longrightarrow 2NO_2$$

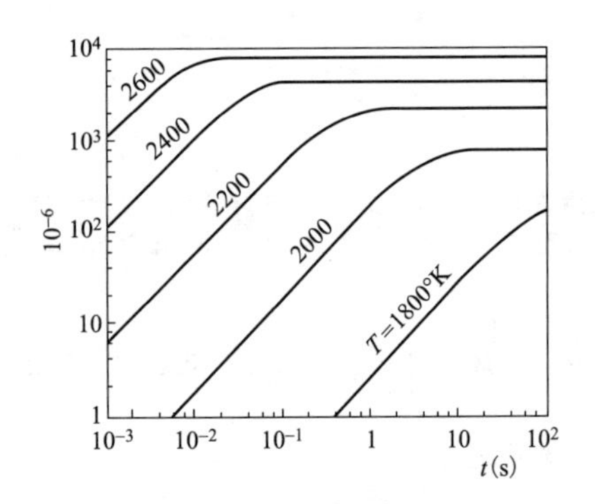

图 14－1　NO_x生成与温度和时间的关系

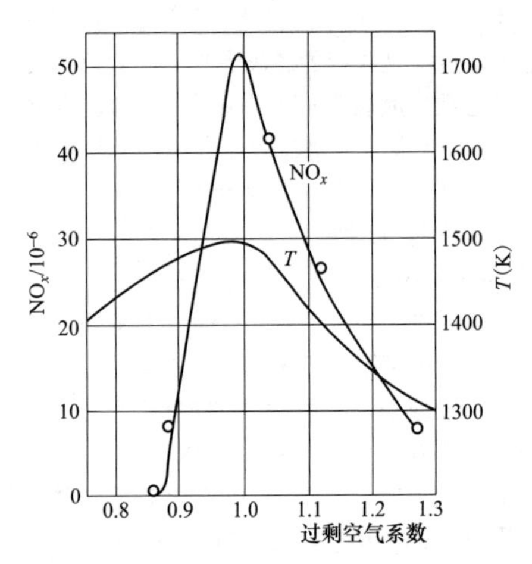

图 14－2　NO_x生成与过剩空气系数的关系

2. 燃料型（fuel NO_x）

燃料型NO_x是由燃料中的氮化合物在燃烧中氧化而成的。由于燃料中的氮热分解温度低于煤粉燃烧温度，在 600～800℃时就会生成燃料型NO_x，它在煤粉燃烧NO_x产物中占60%～80%。其生成量主要取决于空气燃料的混合比，过量空气系数越高，NO_x的生成和转化率也越高。

燃料中的氮形态多为以 C－N 键存在的有机化合物，从理论上讲，氮气分子中 N≡N 的键能为 94.5×10^7 J/mol，比有机化合物 C－N 的键能 $(25.3\sim63)\times10^7$ J/mol 大得多，因此，氧倾向于首先破坏 C－N 键，即 C

-N 键更容易被氧化。在一般的燃烧情况下，燃料中的含氮有机化合物首先受热分解产生氨（NH_3）氰化氢（HCN）和 CN 等中间产物基团，它们随挥发分一起从燃料中析出，称之为挥发分 N，然后再氧化成 NO_x。挥发分 N 析出后残留在焦炭中的氮化合物称为焦炭 N。由于煤的燃烧过程由挥发分燃烧和焦炭燃烧两个阶段组成，故燃料型 NO_x的形成也由气相氮（挥发分 N）的氧化和焦炭中的剩余氮（焦炭 N）的氧化两部分组成。

挥发分 N 中最主要的氮化合物是 NH_3和 HCN，在火焰中燃料氮转化为 NO 的比例依赖于火焰内 NO/O_2之比。在氧化性条件下，HCN 和 NH_3多氧化成 NO_x，在还原性气氛下，多发生还原反应生成 N_2。过量空气系数越高，NO_x的生成浓度和转化率也越高。

焦炭可以通过气固反应，基本燃烧完全，其中的 N 也会燃烧变成 NO 和 N_2，主要反应为：

$$N(\text{焦炭}) + O_2 \longrightarrow NO$$

$$N(\text{焦炭}) + NO \longrightarrow N_2 + O$$

3. 快速型（prompt NO_x）

快速型 NO_x又称瞬时反应型，是 1971 年由 Fenimore 通过实验发现的。当碳氢化合物燃料燃烧区燃料过浓时，在反应区附近会快速生成 NO_x。由于燃料挥发物中碳氢化合物高温分解生成的 CH 自由基可以和空气中的氮气反应生成 HCN 和 N，再进一步与氧气作用以极快的速度生成，其形成时间只需要 60ms，所生成量与炉膛压力的 0.5 次方成正比，与温度关系不大。其生成机理非常复杂，反应速度很快，在很短时间间隔内就能反应完毕，生成过程中还大量伴随有 HCN 的生成。主要反应为：

$$CN + N_2 \longrightarrow HCN + N$$

$$CH_2 + N_2 \longrightarrow HCN + NH$$

$$C + N_2 \longrightarrow CN + N$$

在燃煤锅炉中，其生成量很小，可以忽略不计，一般在燃用不含氮的碳氢燃料时才予以考虑。

三种类型的 NO_x生成机理各不相同，主要表现在氮的来源不同、生成途径不同和生成条件不同，但相互之间又有一定的联系。三种类型的 NO_x在煤燃烧过程中的情况不尽相同。快速型所占比例不到 5%，在温度小于 1350℃时，几乎没有热力型 NO_x，只有当燃烧温度超过 1600℃，如液态排渣煤粉炉中，热力型 NO_x才可能占到 25% ~30%。而对于常规煤燃烧设备，NO_x主要是通过燃料型的生成途径产生的。三种 NO_x生成途径在燃烧过程中对NO_x排放总量的贡献如图 14－3 所示。

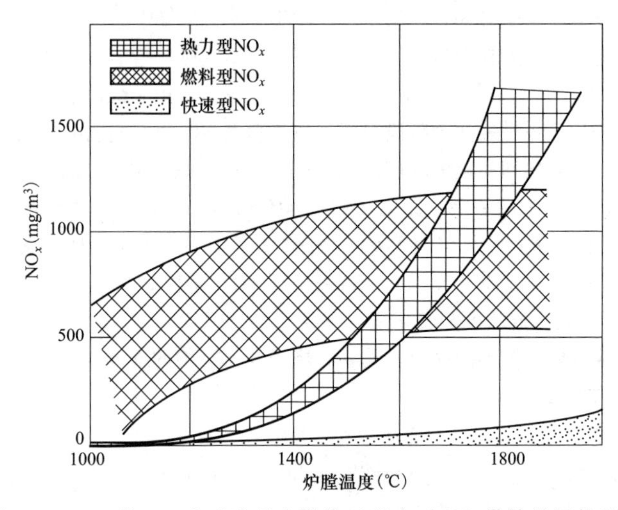

图 14－3　三种 NO_x生成途径在燃烧过程中对 NO_x排放总量的贡献

二、NO_x的排放标准

1991 年我国就颁布了《燃煤电厂大气污染物排放标准》（GB 13223—1991），之后 1996 年、2003 年和 2011 年进行了三次修订。1996 年标准名称修改为《火电厂大气污染物排放标准》，对新建 1000t/h 及以上的燃煤锅炉按排渣方式规定了 650～1000mg/m^3 的 NO_x排放限值；2003 年修订的标准，按机组建设时段和燃煤挥发分的高低，对所有燃煤锅炉规定了 450～1100mg/m^{3}的 NO_x排放限值，控制重点是建设低氮燃烧器，并预留烟气脱硝设施的建设空间；2011 再次修订后，按照不同地区、不同时段规定了 100～20mg/m^{3}的 NO_x排放限值，控制重点是建设低氮燃烧器和烟气脱硝设施，此标准《燃煤电厂大气污染物排放标准》（GB 13223—1991）于 2012 年 1 月 1 日起开始实施。

2015 年 12 月 2 日，国务院常务会议决定，在 2020 年前，对燃煤机组全面实施超低排放和节能改造，大幅降低发电煤耗和污染排放。2015 年 12 月 11 日，环境保护部、国家发展和改革委员会、国家能源局下发《全面实施燃煤电厂超低排放和节能改造工作方案》的通知，要求具备条件的燃煤机组要实施超低排放改造。在确保供电安全前提下，将东部地区（北京、天津、河北、辽宁、上海、江苏、浙江、福建、山东、广东、海南等 11 省市）原计划 2020 年前完成的超低排放改造任务提前至 2017 年前总体完成，要求30万kW及以上公用燃煤发电机组、10万kW及以上自备燃煤发电机组（暂不含W型火焰锅炉和循环流化床锅炉）实施超低排放改造。将对东部地区的要求逐步扩展至全国有条件地区，要求30万kW及以上燃煤发电机组（暂不含W型火焰锅炉和循环流化床锅炉）实施超低排放改造。其中，中部地区（山西、吉林、黑龙江、安徽、江西、河南、湖北、湖南等8省）力争在2018年前基本完成；西部地区（内蒙古、广西、重庆、四川、贵州、云南、西藏、陕西、甘肃、青海、宁夏、新疆等12省区市及新疆生产建设兵团）在2020年前完成。力争2020年前完成改造5.8亿kW。其后，地方政府结合本省实际情况，相继下发地方标准。

山西省环境保护厅、山西省质量技术监督局联合发布《关于在全省范围执行大气污染物特别排放限值的公告》，山西省燃煤电厂大气污染物排放标准（DB14/T 1703—2018）自2018年7月30日实施。其中要求普通燃煤发电锅炉烟囱或烟道氮氧化物（以NO_2计）限值为50mg/m^3，低热值煤发电锅炉限值为100mg/m^3，比《火电厂大气污染物排放标准》（GB 13223—2011）中规定的燃煤锅炉重点地区特别排放限值分别下降50%，是燃煤发电机组清洁生产水平的新标杆。

第二节　火电厂常见脱硝技术与超低排放技术简介

控制燃煤电厂NO_x排放的技术手段主要分成两类：一类是生成源控制，其特征是通过各种技术手段，控制燃烧过程中NO_x的生成反应。另一类是烟气脱硝技术，是指对烟气中已经生成的NO_x进行治理。

生成源控制技术包括：根据热力型NO_x的生成机理，高温和富氧浓度时期产生的根源，减少热力型NO_x的主要措施有降低助燃空气预热温度、减少燃烧最高温度的区域范围，降低燃烧峰值温度、眼气循环燃烧等。根据燃料型NO_x的生成机理，主要控制措施包括降低过量空气系数、控制燃料与空气的前期混合、提高局部燃烧浓度、利用中间产物降低NO_x产生量，由此形成低氮燃烧技术。但是此技术脱硝效率不高，无法满足严格的排放标准，对锅炉存在燃烧效率下降、受热面腐蚀等负面影响，故在日常应用中，其仅仅作为烟气脱硝技术的补充。

烟气脱硝技术主要包括选择性催化还原法（Selective Catalytic Reduction，SCR）选择性非催化还原法（Selective Non - Catalytic Reduction，

SNCR）SNCR/SCR 联合脱硝法、电子束照射法和活性炭联合脱硫脱硝等，其主要是利用氧化或者还原反应将烟气中的 NO_x 脱除。SCR 烟气脱硝技术具有较高的脱硝率，是利用还原剂 NH_3 在有氧条件下、合适温度范围内将吸附在催化剂表面的 NO_x 选择性还原成无害的氮气和水，是相对成熟的锅炉烟气脱硝技术，也是目前可行的最佳脱硝技术。

近些年我国加大了新能源发电的研发和建设力度，但在我国火力发电仍然占据并将长期占据发电的主导地位。随着我国空气污染的加剧，作为污染的大户，国家对火力发电企业施行了全世界最严格的排放标准。

对于燃煤电厂大气污染物超低排放的定义，最初存在多种表述共存，"近零排放"、"趋零排放"、"超低排放"、"超洁净排放"、"低于燃机排放标准排放"等，有业内人士认为，燃煤机组排放水平达到"超清洁"、"近零"状态的难度非现有工程技术所能实现（大规模推广难度大），"超低排放"从排放标准角度界定概念，叫法更加科学。

超低排放，是指火电厂燃煤锅炉在发电运行、末端治理等过程中，采用多种污染物高效协同脱除集成系统技术，使其大气污染物排放浓度基本符合燃气机组排放限值，即烟尘、二氧化硫、氮氧化物排放浓度（基准含氧量 6%）分别不超过 $5mg/m^3$、$35mg/m^3$、$50mg/m^3$。

"超低排放"理念，由浙能集团在 2011 年首次提出。2012 年，浙能集团就开始着手广泛调研国内外燃煤机组污染物治理的先进技术。2013 年浙能集团在全国率先启动了"燃煤机组烟气超低排放"项目建设，同年 7 月 19 日，浙能集团"燃煤机组烟气超低排放"项目可行性研究报告得到浙江省环保厅、省经信委、嘉兴市环保局等单位组织的审查通过。

2015 年 3 月，十二届全国人大三次会议《政府工作报告》明确要求"推动燃煤电厂超低排放改造"；2015 年 12 月，国务院常务会议决定，在 2020 年之前对燃煤电厂全面实施超低排放和节能改造。随后，各大发电厂开始陆续采用 NO_x 燃烧器改造 + SCR 脱硝的方案，通过实施锅炉低氮燃烧器改造、SCR 脱硝装置提效、启用催化剂备用层、脱硝尿素炉内直喷热解制氨等技术措施，在原脱硝系统的基础上进行脱硝超低排放的改造，做到环境保护和经济效益的双赢。

提示 本章内容初、中级工适用。

第十五章

火电厂脱硝的主要技术

第一节 低氮氧化物燃烧技术

一、概述

用改变燃烧条件的方法来降低NO_x的排放，统称为低氮氧化物燃烧技术。在各种降低NO_x排放的技术中，低NO_x燃烧技术采用最广、相对简单、经济并且有效。研究表明，影响NO_x生产和排放量最主要的因素是燃烧方式，即燃烧条件。因此，当燃煤设备的运行条件发生变化，NO_x的排放量也会随之发生变化。因此，低氮氧化物燃烧技术主要是使燃烧过程尽可能的在接近理论空气量的条件下进行，随着烟气中过量样的减少，抑制NO_x的生成或破坏已生成的NO_x，从而达到减少NO_x排放的目的。这种技术对降低锅炉排烟热损失、提高锅炉效率十分有利。然而，低氮氧化物燃烧技术会降低燃烧温度，减少烟气中的氧浓度，不利于燃烧过程本身。同时，如果氧含量过低，会使CO的浓度剧增，使热效率降低，进而引起锅炉壁结焦、腐蚀。所以低氮氧化物燃烧技术必须以不影响燃烧稳定性，不会导致还原性气氛对锅炉受热面的腐蚀，不能不合理的增加飞灰含碳量而降低锅炉效率为前提，必须准确控制各燃烧器的燃料与空气的分配，使炉内燃料与空气平衡。

低氮氧化物燃烧技术经过多年发展，目前广泛应用的有空气分级燃烧、燃料分级燃烧、烟气再循环以及各种低氮燃烧器等。

为了控制燃烧过程中NO_x的生成量，采取的措施原则为：①降低过量空气系数和氧气浓度，使煤粉在缺氧条件下燃烧；②降低燃烧温度，防止产生局部高温区；③缩短烟气在高温区的停留时间等。

低氮氧化物燃烧技术的脱硝效率仅有25%～40%，单靠这种技术已无法满足日益严格的环保法规标准。

二、空气分级燃烧技术

空气分级燃烧技术的原理是将燃料的燃烧过程分成两个阶段（主燃区和燃尽区）。利用在过量空气系数偏离1时能有效降低炉膛出口NO_x的量，通过送风方式的控制，将燃烧用的空气分阶段送入，减少煤粉燃烧区域的空气量，进行“缺氧燃烧”，从而降低 NO_x 的生成。而燃料完全燃烧所需要的其余空气由接下来喷入的燃尽风进行补充，进行“富氧燃尽”。

在“缺氧燃烧”阶段，由于氧气浓度较低（这一区域过量空气系数小于1），燃料的燃烧速度和温度降低，抑制了热力型 NO_x 生成；由于不能完全燃烧，部分含氮中间产物如 HCN 和 NH_3 会使该区域处于还原性气氛，将部分已生成的 NO_x 还原成 N_2，从而降低了 NO_x 的生成量。

在“富氧燃尽”阶段，将燃烧所需空气的剩下部分通过布置在主燃烧器上方的专用喷口 OFA（Over Fire Air）以二次风形式送入炉膛，与在缺氧燃烧条件下产生的烟气混合，在过量空气系数大于1的条件下完成全部燃烧过程。这一阶段虽然空气量多，会有一部分残留的 N 会被氧化成 NO_x，但此阶段的温度已经降低，新生成的 NO_x 量十分有限。因此总体上，在空气分级燃烧条件下，总的 NO_x 的排放量是明显减少的。

空气分级燃烧的技术难点是要准确控制燃烧器附近区域的燃料与空气的混合和风量，否则比例分配不合理或者炉内混合条件不好，会增加不完全燃烧热损失，还会引起飞灰含碳量的增加，炉膛出口烟温升高，降低锅炉效率。而还原性气氛会导致灰熔点降低，引起锅炉受热面结焦和腐蚀。

目前，空气分级燃烧技术用来提高煤粉燃尽率的主要方法是调高煤粉细度和加强后期混合。防止结焦、腐蚀的主要方法是偏转二次风或采用贴壁风使水冷壁附近保持较高氧浓度。

三、燃料分级燃烧技术

燃料分级法是把燃料分为两股或多股燃料流，这些燃料流经过三个燃烧区（主燃区、再燃区、燃尽区）发生燃烧反应。

将80%～85%的燃料送入主燃烧区进行富氧燃烧，在过剩空气系数大于1的条件下燃烧并生成 NO_x，余下15%～20%的燃料经主燃烧器上部送入再燃区，在空气系数小于1的条件下进行缺氧燃烧。在还原性气氛下，主燃烧区产生的 NO_x 被还原成 N_2，在再燃区，不仅已生成的 NO_x 得到还原，同时也抑制了新的 NO_x 的生成，从而减少 NO_x 的排放量。烟气和未燃尽的煤粉将一起到达最后的燃尽区，这一阶段氧量充足，可使煤粉充分燃烧，减少不完全燃烧热损失，但会增加少量的 NO_x。

影响燃料分级燃烧还原过程的主要因素很多，包括二次燃料的性质、输送介质的性质、还原区的温度与停留时间、主燃区燃尽度、配风比等。

空气分级燃烧与燃料分级燃烧对比如图15－1所示。

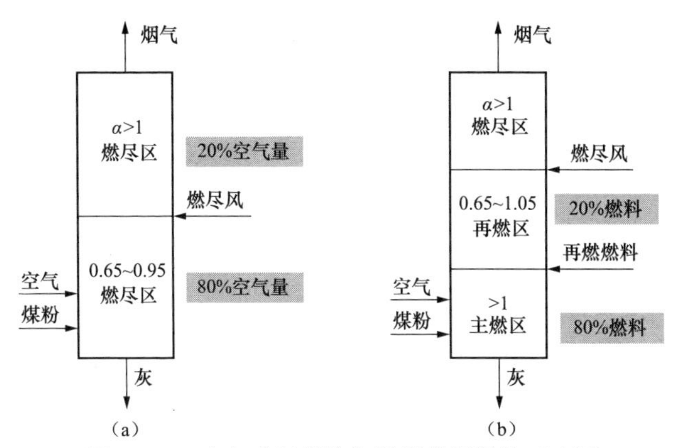

图 15 - 1 空气分级燃烧与燃料分级燃烧对比图

（a）空气分级燃烧实质：缺氧燃烧；（b）燃料分级燃烧实质：NO_x被还原

四、烟气再循环燃烧技术

烟气再循环燃烧技术是在锅炉的空气预热器前抽取一部分低温烟气直接送入炉内或与空气（一次风或与二次风）混合后送入炉内，因烟气的吸热和对氧浓度的稀释作用，会降低燃烧速度和炉内温度，使 NO_x的生成受到抑制，降低 NO_x的排放。

一般把再循环烟气量与不采用烟气再循环的烟气量之比称为烟气再循环率。理论上，随着烟气再循环率的增大，NO_x降低就更明显，但烟气再循环率的增大是有限度的，烟气再循环率过高时会导致炉内燃烧不稳定，不完全燃烧热损失增大。这种技术应用时还需加装再循环风机、再循环烟道等设备，增大了投资。故而这种技术在燃煤锅炉中使用较少。

五、低氮燃烧器技术

对煤粉锅炉来说，煤粉燃烧器是锅炉燃烧系统的重要设备，它保证燃料稳定着火燃烧和燃料的完全燃烧，占 NO_x绝大部分的燃烧性 NO_x是在煤粉着火阶段生产的，因此，要抑制 NO_x的生成量就必须从燃烧器入手。

根据空气分级、燃料分级及烟气再循环降低 NO_x浓度的原理，特殊设计制造的燃烧器，通过改变燃烧器风、粉配比，尽可能降低着火区氧浓度，适当降低温度，最大限度的抑制 NO_x的生成。根据降低 NO_x的燃烧技术，低氮氧化物燃烧器大致分为以下几类。

1. 阶段燃烧器

根据分级燃烧原理设计的阶段燃烧器，使燃料与空气分段混合燃烧，由于燃烧偏离理论当量比，故可降低 NO_x的生成。

2. 自身再循环燃烧器

一种是利用助燃空气的压头，把部分燃烧烟气吸回，进入燃烧器，与空气混合燃烧。由于烟气再循环，燃烧烟气的热容量大，燃烧温度降低，NO_x减少。另一种自身再循环燃烧器是把部分烟气直接在燃烧器内进入再循环，并加入燃烧过程，此种燃烧器有抑制氧化氮和节能双重效果。

3. 浓淡型燃烧器

其原理是使一部分燃料作过浓燃烧，另一部分燃料作过淡燃烧，但整体上空气量保持不变。由于两部分都在偏离化学当量比下燃烧，因而 NO_x 都很低，这种燃烧又称为偏离燃烧或非化学当量燃烧。

4. 分割火焰型燃烧器

其原理是把一个火焰分成数个小火焰，由于小火焰散热面积大，火焰温度较低，使热力型 NO_x有所下降。此外，火焰小缩短了氧、氮等气体在火焰中的停留时间，对热力型 NO_x和燃料型 NO_x都有明显的抑制作用。

5. 混合促进型燃烧器

烟气在高温区停留时间是影响 NO_x生成量的主要因素之一，改善燃烧与空气的混合，能够使火焰面的厚度减薄，在燃烧负荷不变的情况下，烟气在火焰面即高温区内停留时间缩短，因而使 NO_x的生成量降低。混合促进型燃烧器就是按照这种原理设计的。

6. 低 NO_x 预燃室燃烧器

预燃室是近 10 年来我国开发研究的一种高效率、低 NO_x分级燃烧技术。预燃室一般由一次风（或二次风）和燃料喷射系统等组成，燃料和一次风快速混合，在预燃室内一次燃烧区形成富燃料混合物，由于缺氧，只是部分燃料进行燃烧，燃料在贫氧和火焰温度较低的一次火焰区内析出挥发分，因此减少了 NO_x的生成。

不同燃烧设备的低 NO_x燃料技术比较见表 15－1。

表 15－1　　不同燃烧设备的低 NO_x燃烧技术比较

低 NO_x 燃烧技术	技术要点	降低百分数（%）	优点	存在问题
空气分级燃烧	燃烧器的空气为燃烧所取的 80%，其余空气通过布置在燃烧器上方的喷口送入，使燃烧分阶段完成	30	投资低	二段空气量过大，不完全燃烧损失增大，二段空气应控制在 15%～20%，还原气氛易结焦或引起腐蚀

续表

低 NO_x 燃烧技术	技术要点	降低百分数（%）	优点	存在问题
燃料分级燃烧	将80%左右的燃料送入主燃区富氧燃烧，其余燃料送入主燃区上部的再燃区燃烧，形成还原气氛，将主燃区产生的 NO_x 还原	50	适用于新的和现有的锅炉改装，中等投资	为减少不完全燃烧损失，须加空气对再燃区烟气进行三段燃烧
烟气再循环燃烧	让一部分低温烟气与空气混合送入燃烧器，降低烟气浓度	25～35	能改善混合和燃烧，中等投资	偶遇手燃烧稳定性的限制，烟气再循环率为15%～20%，投资运行费用高，占地面积大
低氮燃烧器	改变燃烧器风、粉配比，经特殊的燃烧器尽可能降低着火区氧浓度，适当降低温度，最大限度的抑制 NO_x 的生成	30～60	具有良好的稳燃作用	燃烧器需精心设计、结构复杂

第二节　烟气脱硝技术

由于炉内低氮氧化物燃烧技术的局限性，对于燃煤锅炉，采用改进燃烧技术可以达到一定的除 NO_x 效果，但脱除率一般不超过60%，使得 NO_x 的排放不能达到令人满意的程度，为了进一步降低 NO_x 的排放，必须对燃烧后的烟气进行脱硝处理。烟气脱硝技术按治理工艺可分为湿法脱硝、干法脱硝和半干法脱硝三种。就目前而言，干法脱硝占主流地位。其原因是：NO_x 与 SO_2 相比，缺乏化学活性，难以被水溶液吸收；NO_x 经还原后成为无毒的 N_2 和 H_2O，脱硝的副产品便于处理；NH_3 和尿素是良好的还原剂。湿法与干法相比，主要缺点是装置复杂且庞大，排水要处理，内衬材料腐蚀，副产品处理较难，电耗大（特别是臭氧法），因而在大机组的烟气脱硝上目前没有应用。

一、湿法烟气脱硝技术

此技术是利用液体吸收剂将 NO_x溶解的原理来净化燃煤烟气。由于烟气中 NO_x的 90% 都是 NO，NO 很难溶于水，为此一般先将 NO 通过与氧化剂 O_3、ClO_2或 $KMnO_4$反应，氧化生成 NO_2，然后 NO_2被水或碱性溶液吸收，实现烟气脱硝。虽然湿法烟气脱硝效率高，但系统复杂，用水量大，存在水污染，因此目前在燃煤锅炉上应用较少。

1. 稀硝酸吸收法

由于 NO 和 NO_2在硝酸中的溶解度比在水中的大得多（例如 NO 在浓度为 12% 的硝酸中的溶解度比在水中的溶解度大 12 倍），故采用稀硝酸吸收法以提高 NO_x去除率的技术得到广泛应用。随着硝酸浓度的增加，其吸收效率显著提高，但考虑工业实际应用及成本等因素，实际操作中所用的硝酸浓度一般控制在 15% ~20% 的范围内。稀硝酸吸收 NO_x的效率除了与本身的浓度有关外，还与吸收温度和压力有关，低温高压有利于 NO_x的吸收。

2. 碱性溶液吸收法

该法是采用 NaOH、KOH、Na_2CO_3、$NH_3 \cdot H_2O$ 等碱性溶液作为吸收剂对 NO_x进行化学吸收，其中氨（$NH_3 \cdot H_2O$）的吸收率最高。为进一步提高对 NO_x的吸收效率，又开发了氨 - 碱溶液两级吸收：首先氨与 NO_x和水蒸气进行完全气相反应，生成硝酸铵白烟雾；然后用碱性溶液进一步吸收未反应的 NO_x，生成硝酸盐和亚硝酸盐，NH_4NO_3、NH_4NO_2也将溶解于碱性溶液中。吸收液经过多次循环，碱液耗尽之后，将含有硝酸盐和亚硝酸盐的溶液浓缩结晶，可作肥料使用。

二、干法烟气脱硝技术

与湿法烟气脱硝技术相比，干法烟气脱硝技术的主要优点是：基本投资低，设备及工艺过程简单，脱除 NO_x的效率也较高，无废水和废弃物处理，不易造成二次污染。主要包括选择性催化还原法（SCR）选择性非催化还原法（SNCR）SNCR/SCR 联合脱硝法、电子束照射法和活性炭联合脱硫脱硝法等。

1. 选择性催化还原法（SCR）

选择性催化还原法（SCR）是目前商业应用最为广泛的烟气脱硝技术，其原理是在催化剂存在的情况下，通过向反应器内喷入氨（NH_3）或者尿素［CO（N_2H_2）］等还原剂，选择性的与烟气中的 NO_x反应，并生成无毒无污染的氮气和水，脱硝效率可达 90% 以上。SCR 脱硝设施主要由脱硝反应剂制备系统、反应器本体和还原剂喷淋装置组成，安装运行方便，脱硝效率高，但初次投资较大，运行成本高，催化剂需要定期更换且更换成本高。SCR 工艺流程如图 15－2 所示。

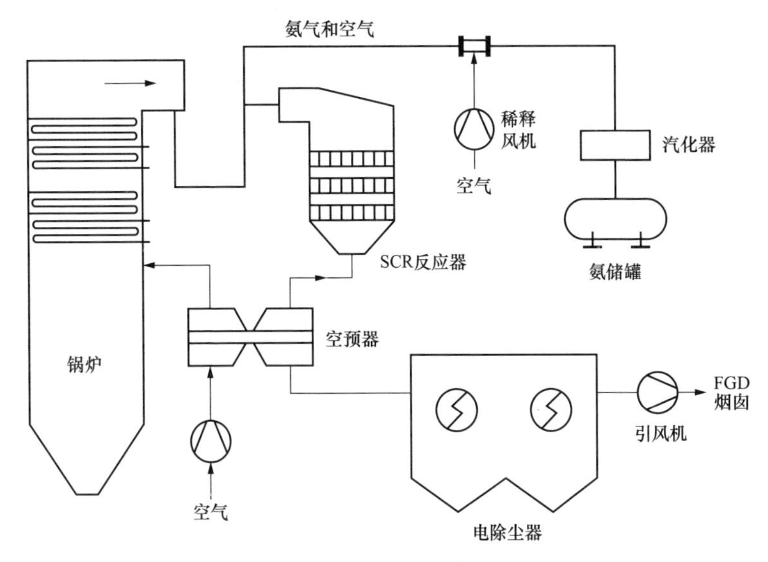

图 15－2　SCR 工艺流程

2. 选择性非催化还原法（SNCR）

选择性非催化还原法（SNCR）实质是在无催化剂存在的条件下，在温度为 850～1250℃的范围内，向炉膛喷射还原性物质如氨或尿素，可在一定温度条件下还原已生成的 NO_x，将其还原成为 N_2 和 H_2O，从而降低 NO_x 的排放量。

此方法不需要昂贵的催化剂和体积庞大的催化塔，建设周期短、投资少、脱硝效率中等，比较适合于对中小型电厂锅炉的改造。还原剂喷入锅炉折焰角上方水平烟道，在 NH_3/NO_x 摩尔比 2～3 的情况下，脱硝效率为 30%～50%。在 950℃左右温度范围内，反应式为：

$$4NH_3 + 4NO + O_2 \longrightarrow 4N_2 + 6H_2O$$

当温度过高时，会发生如下的副反应，又会生成 NO：

$$4NH_3 + 5O_2 \longrightarrow 4NO + 6H_2O$$

当温度低于 850℃时，会减慢反应速度，导致反应不完全，氨的逃逸率高，造成二次污染，所以温度的控制至关重要。该工艺不需催化剂，但脱硝效率低，高温喷射对锅炉受热面安全有一定影响。该工艺存在的问题是：由于受到锅炉结构形式和运行方式的影响，温度随锅炉负荷和运行周期变化及锅炉中氮氧化物浓度的不规则性变化，使该工艺应用时变得较复杂。在同等脱硝率的情况下，该工艺的 NH_3 耗量要高于 SCR 工艺，从而使 NH_3 的逃逸量增加。该技术至今已经成功应用在 600 ~ 800MW 等级的燃煤机组。

由于氨在使用过程中管理不当会造成危险，所以为了增加系统的安全可靠性，SNCR 大多采用尿素作为还原剂，加水配成 50% 的溶液，直接喷入高温烟气中。图 15 – 3 所示为以尿素为还原剂的 SNCR 工艺流程，该流程由 4 部分组成：

（1）反应剂的接收和储存。

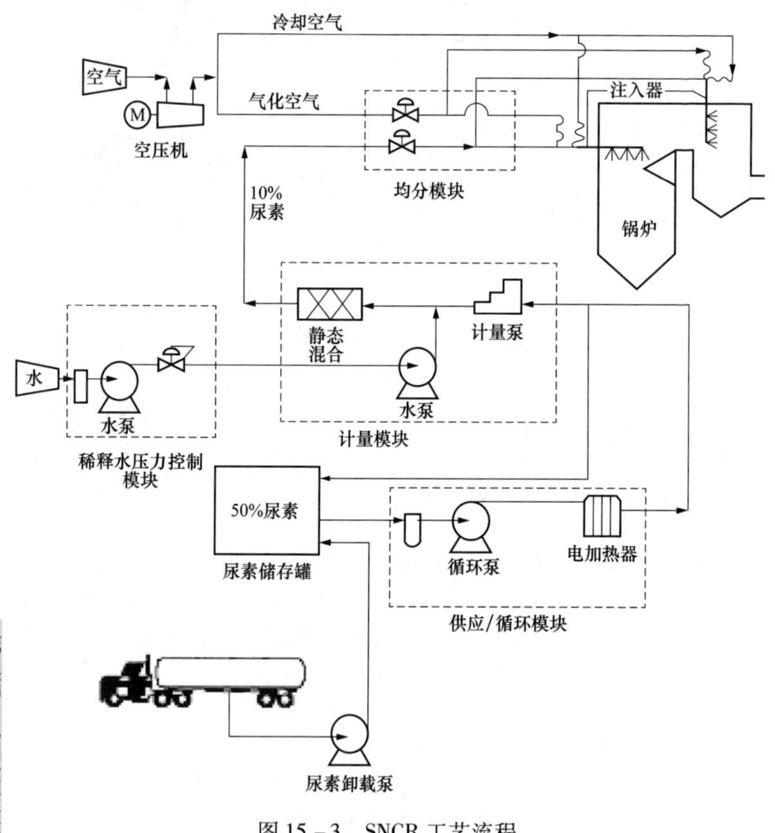

图 15 – 3　SNCR 工艺流程

（2）反应剂的计量稀释和混匀。

（3）稀释的反应剂喷入锅炉合适的部分。

（4）反应剂与烟气的混合。

在还原剂的接收和储存系统中，尿素一般采用50%的水溶液，可直接喷入炉膛。与氨系统相比，尿素系统有以下优点：尿素是一种无毒、低挥发的固体，在运输和储存方面比氨更加安全；此外，尿素溶液喷入炉膛后在烟气中扩散较远，可改善锅炉中吸收剂和烟气的混合效果。

3. SNCR/SCR联合烟气脱硝技术

SNCR/SCR联合烟气脱硝技术是一种结合炉内脱硝SNCR法及炉后脱硝SCR法串接成的一个系统，该系统结合了选择性和非选择性还原法的优势，脱硝效率可得到SNCR+SCR的效果。SNCR法化学还原剂可以设计成在炉内脱硝后的余氨再进入SCR的催化剂实施再脱硝，主要还原剂可以为较安全的尿素，其后加的SCR可以省去AIG（Ammonia Injection Gird）系统。

表15-2对以上三种脱硝方法进行了比较。

表15-2　　三种脱硝方法比较

主要成熟技术	SCR	SNCR	SNCR/SCR联合
还原剂	NH_3或尿素	NH3或尿素	NH_3或尿素
反应温度	320~400℃	850~1250℃	前段850~1250℃，后段320~400℃
催化剂	主要V_2O_5、WO_3、TiO_3	无	后段加装少量催化剂
脱硝效率	70%~90%	大型机组25%~40%，小型机组配合空气分级燃烧等技术可达48%	40%~90%
SO_2/SO_3转化率	会导致SO_2/SO_3氧化	无	SO_2/SO_3氧化较SCR低
NH_3逃逸	$3\times10^{-6}\sim5\times10^{-6}$	$5\times10^{-6}\sim10\times10^{-6}$	$3\times10^{-6}\sim5\times10^{-6}$

4. 电子束法

电子束法是用高能电子束（0.5~1MeV）辐射含NO_x和SO_2的烟气，产生的自由基氧化生成硫酸和硝酸，再与NH_3发生中和反应生成氨的硫酸及硝酸盐类，从而达到净化烟气的目的。该方法可以实现高效脱硝、脱硫，脱硝率可达85%以上，脱硫率在95%以上。但电子束法烟气净化工艺也存在一些问题。高湿、足氨的条件下有利于自由基的生成和化学反应的进行，并可提高脱硫率及脱硝率。但增加氨会导致逸氨，造成二次污染，这在一定程度上限制了脱硫率的提高。副产物在烟气中为气溶胶状态，颗粒小，湿度大，且易结块，干式电除尘器对其收集效率不高。产物收集后需要经过造粒机形成可保存使用的化肥。另外，电子束法由于受到反应条件的限制，主反应路径的选择为辐射化学反应，因此需要较大的辐照剂量，需要大功率加速器，从而增加了能耗，也提高了工程造价。

5. 活性炭联合脱硫脱硝法

活性炭联合脱硫脱硝法是利用活性炭特有的大表面积、多空隙进行脱硝。烟气经除尘器后在90～150℃下进入炭床（热烟气需喷水冷却）进行吸附。优点是吸附容量大，吸附和催化过程动力学过程快，可再生，机械稳定性高。缺点是易形成热点和着火问题，且设备的体积大。

三、半干法烟气脱硝技术

半干法烟气脱硝技术主要是活性炭联合脱硫脱硝法，又称吸附法，由于活性炭具有大的表面积、良好的孔结构、丰富的表面基团、高效的原位脱氧能力，同时有负载性能和还原性能，所以既可作载体制得高分散的催化体系，又可作还原剂参与反应，提供一个还原环境，降低反应温度等，因此其被应用在脱硫脱硝工业上。

在众多烟气处理技术中，液体吸收法的脱硝效率低，净化效果差；吸附法虽然脱硝效率高，但吸附量小，设备过于庞大，再生频繁，应用也不广泛；电子束法技术能耗高，并且有待实际工程应用检验；SNCR法氨的逃逸率高，存在影响锅炉运行的稳定性和安全性等问题；目前脱硝效率高，最为成熟的技术是SCR技术。

表15－3为各种烟气脱硝技术比较，表15－4为各种脱硝技术性能价格比较。

表15－3　烟气脱硝技术比较

方法	原理	技术特点
SCR技术	在特定催化剂作用下，用氨或其他还原剂选择性地将NO_x还原为N_2和H_2O	脱除率高，被认为是最好的烟气脱硝技术。投资和操作费用大，也存在NH_3的泄漏

续表

方法	原理	技术特点
SNCR 技术	用氨或尿素类物质使 NO_x 还原为 N_2 和 H_2O	效率较高，操作费用较低，技术已工业化。温度控制较难，氨气泄漏可能造成二次污染
吸附法	吸附	适用于小规模排放源，耗资少，设备简单，易于再生。但受到吸附容量的限制，不能用于大排放源
电子束法	用电子束照射烟气，生成强氧化性 HO 基、O 原子和 NO_2，这些强氧化基团氧化烟气中的二氧化硫和氮氧化物，生成硫酸和硝酸，加入氨气，则生成硫硝铵复合盐	技术能耗高，并且有待实际工程应用检验
液体吸收法	先用氧化剂将难溶的 NO 氧化为易于被吸收的 NO_2，再用液体吸收剂吸收	脱除率较高，但要消耗大量的氧化剂和吸收剂，吸收产物造成二次污染

表 15－4　各种脱硝技术性能价格比较

序号	所采用的技术	脱硝效率（%）	工程造价	运行费用
1	低氮氧化物燃烧技术	25～40	较低	低
2	SNCR 技术	25～40	低	中等
3	SCR 技术	80～90	高	中等
4	SNCR/SCR 混合技术	40～80	中等	中等

提示　本章内容中、高级工及技师适用。

第十六章

选择性催化还原脱硝技术(SCR)介绍

选择性催化还原法（SCR）是指在催化剂的作用下，以 NH_3 等作为还原剂，“有选择性”地与烟气中的 NO_x 反应并生成无毒无污染的 N_2 和 H_2O。选择性是指在烟气脱硝过程中，烟气脱硝催化剂有选择的将 NO_x 还原为氮气，而几乎不发生 NH_3 与 O_2 的氧化反应。在不添加催化剂的条件下，氨与氮氧化物的化学反应温度为900℃，此时如果加入氨，部分氨会在高温下分解。如果加入催化剂，反应温度可以大大降低到300～450℃，从而可以在锅炉的省煤器与空气预热器之间的烟道喷入 NH_3 等还原剂，在烟气中 O_2 的作用下，将 NO_x 快速还原成无害的 N_2 和 H_2O。

目前，SCR 是世界上应用最为广泛且最成熟有效的一种烟气脱硝技术，与其他技术相比，SCR 技术没有副产物、不形成二次污染、装置结构简单、技术成熟、脱硝效率高、运行可靠、便于维护，是工程上应用最多的烟气脱硝技术，脱硝效率可达90%。SCR 工艺示意图如图16－1所示。

第一节 反应机理

选择性催化还原的反应机理较为复杂，如图16－2所示，在催化剂的作用下，主要有以下几种反应。

在 SCR 脱硝过程中，通过加氨可以把 NO_x 转化为空气中天然含有的氮气（N_2）和水（H_2O），其主要的化学反应如下：

$$4NO + 4NH_3 + O_2 \longrightarrow 4N_2 + 6H_2O$$

$$6NO + 4NH_3 \longrightarrow 5N_2 + 6H_2O$$

$$6NO_2 + 8NH_3 \longrightarrow 7N_2 + 12H_2O$$

$$2NO_2 + 4NH_3 + O_2 \longrightarrow 3N_2 + 6H_2O$$

当烟气中有氧气时，反应第一式优先进行，因此氨消耗量与 NO 还原

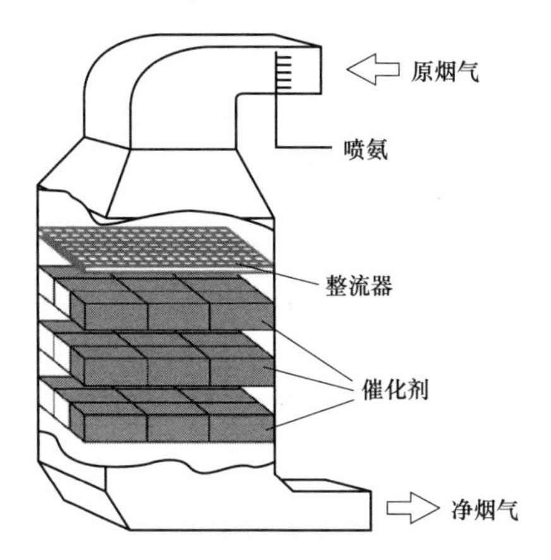

图 16－1　SCR 工艺示意图

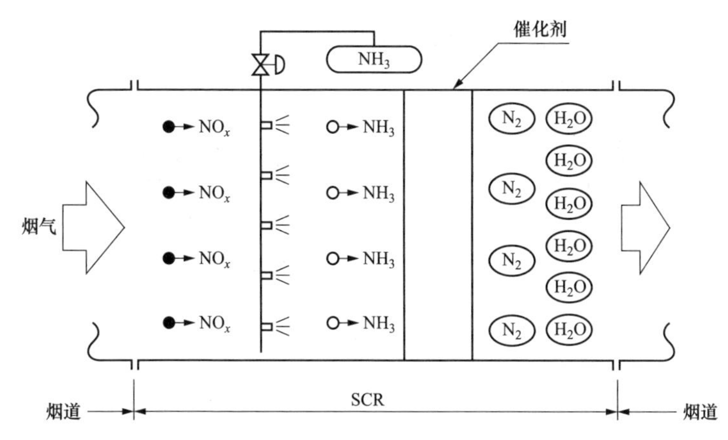

图 16－2　SCR 反应机理

量有一对一的关系。该反应为气－固两相催化反应，NO 和 NH_3，在催化剂存在下由以下 7 个步骤组成：

（1）NO、NH_3、O_2 从气流主体扩散到催化剂的外表面。

（2）NO、NH_3、O_2 进一步向催化剂的微孔内扩散进去。

（3）NO、NH_3、O_2 在催化剂的表面上被吸附。

（4）被吸附的 NO、NH_3、O_2 转化成反应的生成物。

（5）H_20 和 N 从催化剂表面上脱附下来。

(6) 脱附下来的 H_2O 和 N 从微孔内向外扩散到催化剂外表面。

(7) H_20 和 N 从催化剂外表面扩散到主流气体中被带走。

反应的前 2 个步骤主要是在催化剂表面进行的，催化剂的外表面积和微孔特性很大程度上决定了催化剂反应的活性，研究表明，前 4 个步骤速度较慢，为 SCR 脱硝反应的控制步骤。

在锅炉的烟气中，NO_2 一般约占总的 NO_x 浓度的 5%，还原 NO_2 比还原 NO 需要更多的氧，因为 NO_2 所占比例小，NO_2 的影响并不显著。

在没有催化剂的情况下，上述化学反应只在很窄的温度范围内（850～1100℃）进行，采用催化剂后使反应活化能降低，可在较低温度（300～400℃）条件下进行。

但是，某些条件下，SCR 系统中还会发生以下几种不利反应：

$$2SO_2 + O_2 \longrightarrow SO_3$$

$$SO_3 + NH_3 + H_2O \longrightarrow NH_4HSO_4$$

$$2NH_3 + SO_3 + H_2O \longrightarrow (NH_4)2SO_4$$

在反应中形成的 NH_4HSO_4 很容易对空气预热器造成沾污、堵塞，对锅炉安全运行造成不利影响。

第二节　SCR 脱硝系统设备及技术参数

典型 SCR 主要工艺流程为：还原剂（液氨）用罐装卡车运输，以液体状态储存于氨罐中；液态氨在注入 SCR 系统烟气之前经由蒸发器蒸发汽化；汽化的氨和稀释空气混合，通过喷氨格栅喷入 SCR 反应器上游的烟气中；充分混合后的还原剂和烟气在 SCR 反应器中催化剂的作用下发生反应，去除 NO_x。

SCR 系统包括催化剂反应器、氨储运系统、氨喷射系统及相关的测试控制系统。SCR 工艺的核心装置是脱硝反应器，有水平和垂直气流两种布置方式，如图 16－3 所示。在燃煤锅炉中，烟气中的含尘量很高，一般采用垂直气流方式。

SCR 的基本操作运行过程主要包括以下几个步骤：

(1) 氨的准备与储存。

(2) 氨蒸发并与预混空气相混合。

(3) 氨与空气的混合气体在反应器前的适当位置喷入烟气系统中，其位置通常在反应器入口附近的烟道中。

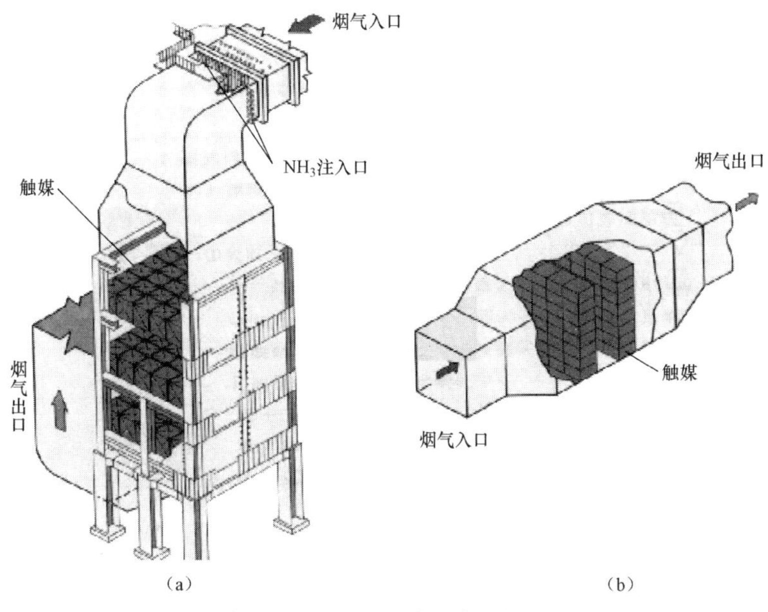

图 16-3 SCR 反应器布置方式

(a) 垂直气流；(b) 水平气流

(4) 喷入的混合气体与烟气的混合。

(5) 各反应物向催化剂表面的扩散并进行反应。

SCR 系统由氨供应系统、氨气/空气喷射系统、催化反应系统以及控制系统等组成，为避免烟气再加热消耗能量，一般将 SCR 反应器置于省煤器后、空气预热器之前，即高尘段布置。氨气在空气预热器前的水平管道上加入，并与烟气混合。

催化反应系统是 SCR 工艺的核心，设有 NH_3 的喷嘴和粉煤灰的吹扫装置，烟气顺着烟道进入装载了催化剂的 SCR 反应器，在催化剂的表面发生 NH_3 催化还原成 N_2。催化剂是整个 SCR 系统关键，催化剂的设计和选择是由烟气条件、组分来确定的，影响其设计的三个相互作用的因素是 NO_x 脱除率、NH_3 的逃逸率和催化剂体积。2013 年普遍使用的是商用钒系催化剂，如 V_2O_5/TiO_2 和 $V_2O_5-WO_3/TiO_2$。在形式上主要有板式、蜂窝式和波纹板式三种。在 NH_3/NO_x 的摩尔比为 1 时，NO_x 的脱除率可达 90%，NH_3 的逃逸量控制在 5mg/L 以下。

SCR 的其他辅助设备和装置主要包括 SCR 反应器的入口和出口的管

路系统，SCR的旁路管路、吹灰装置、省煤器旁路管路系统，以及增加脱硝装置后需要升级成更换的尾部引风机。

根据选用的催化剂类型不同，SCR反应器在锅炉尾部烟道的布置有3种方案，如图16－4所示。

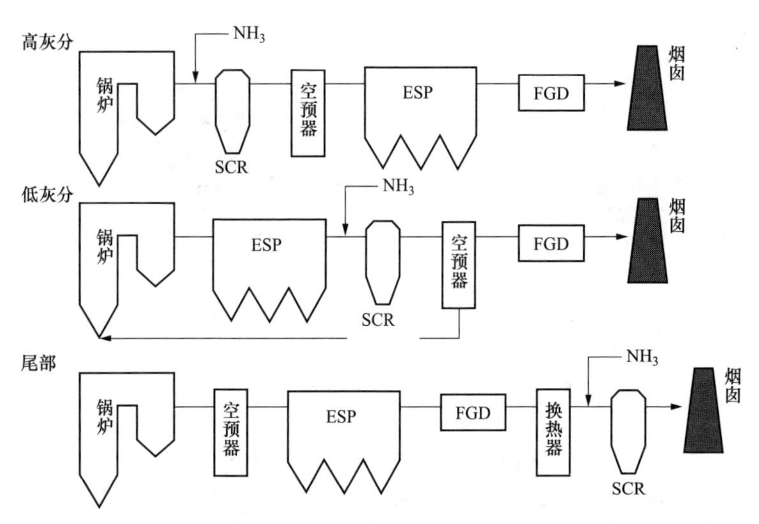

图16－4　SCR反应器的三种主要布置方式

（1）高烟尘布置方式，即将反应器置于省煤器与空气预热器之间。该方式应用最为广泛，其优点是进入反应器的烟气温度达到300～400℃，不用另加预热装置，投资和运行费用最低。多数催化剂在这个温度范围内具有足够的活性，烟气不需要再热即可获得较好的脱硝效果。但催化剂处于高尘烟气中，催化剂的寿命会受到一些影响，飞灰中的K、Na、Ca、As等微量元素会使催化剂污染或中毒；飞灰磨损反应器并使蜂窝状催化剂堵塞；烟气温度过高会使催化剂烧结或失效。

（2）低烟尘布置方式，即将反应器置于高温电除尘器之后。其优点是烟气中飞灰大量减少，催化剂不受飞灰的影响，不易堵塞和磨损催化剂，缺点是除尘器在高温下运行的技术并不成熟。

（3）尾部布置方式，即将反应器置于除尘器和烟气脱硫系统之后。其优点是催化剂不受烟气中SO_2等毒性气体的影响，也不存在飞灰堵塞和磨损的问题，可使用小通道低壁厚的催化剂。但是，为了满足温度要求，一般需用换热器或者燃料燃烧的方法将烟气温度提高到高温催化剂所必须的反应温度，运行费用增加，低温催化剂技术尚不成熟。

商业装置中，在正常运行范围内，微量元素的污染程度是可以接受的，而且现在催化剂对于微量元素的抗污染能力也逐渐增强。采取垂直布置的反应器和吹灰措施也可以解决飞灰堵塞和催化剂腐蚀问题，因此大多数 SCR 反应器都采用第 1 种布置方式，这样就可以避免需要将烟气加热到催化剂的最佳反应温度而降低了整个系统的热效率的问题。

第三节 催 化 剂

催化剂（Catalyst）又称触媒，是一类能改变化学反应速度而在反应中自身并不消耗的物质。

金属氧化物催化剂是目前研究较多的脱硝催化剂体系，其活性组分主要有 V_2O_5、Fe_2O_3、MNO_x、WO_3、MoO_3、CuO、CrO_x 和 NiO 等金属氧化物或其混合物，其中 V_2O_5、Fe_2O_3 和 MNO_x 的催化脱硝活性较高。催化剂的载体主要有 TiO_2、Al_2O_3、SiO_2、ZrO_2 活性炭和分子筛等。目前技术比较成熟，应用最广泛的是以锐钛型 TiO_2 作为载体，V_2O_5 为主要活性成分，MoO_3 或者 WO_3 为助剂的钒钛基催化剂。锐钛型 TiO_2 具有较好的抗硫中毒能力，在钒钛基催化剂中，通常含有 5% ~ 10% 的 MoO_3 或 WO_3。研究表明，MoO_3 或 WO_3 可以调高 TiO_2 载体的热稳定性，抑制锐钛型 TiO_2 的烧结和金红石化。一般认为，MoO_3 的加入还有利于催化剂耐砷中毒的能力。

一般来说，商业 SCR 催化剂由基材（构成催化剂的骨架）成型黏合添加剂、载体、助剂、活性组分所构成，以 TiO_2 为载体，以 V_2O_5 为主要活性成分，以 WO_3、MoO_3 为抗氧化、抗毒化辅助成分。大多数活性组分为 V_2O_5，表面呈酸性，容易将碱性的氨捕捉到催化剂表面进行反应，其特定的氧化优势利于将氨和氮氧化物转化为氮和水。钒的负载量各厂家不同，通常在 0.5% ~ 1% 之间。助催化剂通常选用 WO_3 和 MoO_3，助催化剂本身无催化活性或催化活性低，但可以改善催化剂性能，能提高主催化剂的活性、选择性和寿命。载体二氧化钛是用来负载活性组分和助剂的物质，由具有一定物理结构的固体物质组成。载体的作用是增加有效表面积、提供合适的孔结构；改善催化剂的机械性能，提高催化剂的热稳定性；提供活性中性位，与活性组分作用形成化合物；增加催化剂的抗毒性能；节省活性组分用量，降低成本。锐钛型为催化剂的主要载体。

一、脱硝催化剂的分类

按结构不同，SCR 脱硝催化剂分为三种：板式、蜂窝式和波纹板式。三种催化剂在燃煤 SCR 上都拥有业绩，其中板式和蜂窝式较多，波纹板式较少。

1. 蜂窝式催化剂

蜂窝式催化剂（如图 16－5 所示）属于均质催化剂，以 TiO_3、V_2O_5、WO_3为主要成分，催化剂本体全部是催化剂材料，因此其表面遭到灰分等的破坏磨损后，仍然能维持原有的催化性能，催化剂可以再生。蜂窝式催化剂是以 Ti－W－V 为主要活性材料，采用 TiO_2等物料充分混合，经模具挤压成型后煅烧而成。其特点是单位体积的催化剂活性高，达到相同脱硝效率所用的催化剂体积较小，适合灰分低于 $30g/m^3$、灰黏性较小的烟气环境。

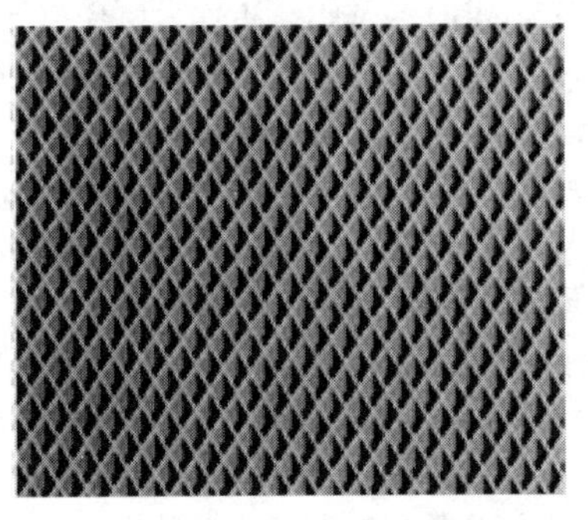

图 16－5　蜂窝式催化剂

2. 板式催化剂

板式催化剂（如图 16－6 所示）为非均质催化剂，以玻璃纤维和 TiO_2为载体，涂敷 V_2O_5和 WO_3等活性物质，其表面遭到灰分等的破坏磨损后，不能维持原有的催化性能，催化剂再生几乎不可能。板式催化剂以金属板网为骨架，Ti－Mo－V 为主要活性材料，采取双侧挤压的方式将活性材料与金属板结合成型，其模块形状与空预器的受热面很相似，节距为 6.0～7.0mm，比表面积较小。此种催化剂的特点是：具有较强的抗腐蚀和防堵塞特性，适合于含灰量高及灰黏性较强的烟气环境。缺点是单位体积的催化剂活性低、相对荷载高、体积大，使用的钢结构多。

3. 波纹式催化剂

波纹式催化剂（如图 16－7 所示）为非均质催化剂，以柔软纤维为载体，涂敷 V_2O_5和 WO_3等活性物质，催化剂表面遭到灰分等的破坏磨损后，不能维持原有的催化性能，催化剂再生不可能。波纹式催化剂的市场占有份额较低，多用于燃气机组。它以玻璃纤维或陶瓷纤维作为骨架，结构非常坚硬。这种催化剂的孔径相对较小，单位体积的催化效率与蜂窝式催化剂相近，相对荷载小一些，反应器体积普遍较小，支撑结构的荷载低，因而与其他型式催化剂的互换性较差。一般适用于含灰量较低的烟气环境。

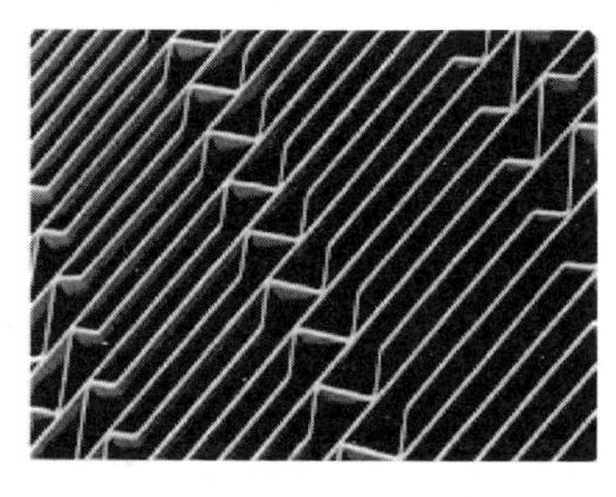

图 16－6　板式催化剂

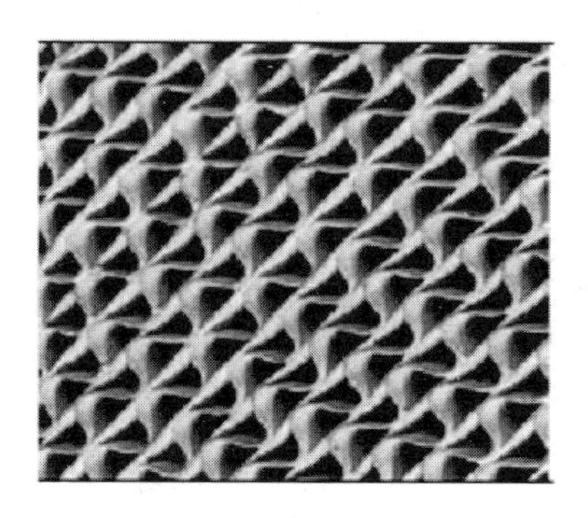

图 16－7　波纹式催化剂

催化剂的设计就是要选取一定反应面积的催化剂，以满足在省煤器出口烟气流量、温度、压力、成分条件下达到脱硝效率、氨逃逸率等 SCR 基本性能的设计要求；在灰分条件多变的环境下，其防堵和防磨损性能是保证 SCR 设备长期安全和稳定运行的关键。

在防堵灰方面，对于一定的反应器截面，在相同的催化剂节距下，板式催化剂的通流面积最大，一般在85%以上，蜂窝式催化剂次之，流通面积一般在80%左右，波纹板式催化剂的流通面积与蜂窝式催化剂相近。在相同的设计条件下，适当的选取大节距的蜂窝式催化剂，其防堵效果可接近板式催化剂。三种催化剂以结构来看，板式的壁面夹角数量最少，且流通面积最大，最不容易堵灰；蜂窝式的催化剂流通面积一般，但每个催化剂壁面夹角都是90°直角，在恶劣的烟气条件中，容易产生灰分搭桥而引起催化剂的堵塞；波纹板式催化剂流通面积一般，但其壁面夹角很小而且其数量又相对较多，是三种结构中最容易积灰的类型。

目前最常用的催化剂为 $V_2O_5-WO_3$（MoO_3）/TiO_2系列（TiO_2作为主要载体、V_2O_5为主要活性成分）。

三种形状催化剂的比较见表16－1。

表16－1　　三种形状催化剂的比较

项目	蜂窝式催化剂	板式催化剂	波纹板式催化剂
系统	整体煅烧成型充满活性成分	以金属为载体，表面涂层为活性成分	波纹状纤维做载体，表面涂层为活性成分
特点	表面积大、活性高、催化体积小； 催化活性物质比其他类型多； 催化再生仍保持选择性	表面积小、催化剂体积大； 生产简便，自动化程度高； 烟气通过性好，但上下模块单元间易堵塞； 实际活性物质比蜂窝式少50%	表面积介于蜂窝式与板式之间，质量轻； 生产自动化程度高； 活性物质比蜂窝式少70%； 烟气流动性很敏感，机械强度低； 但上下模块单元间易堵塞
适用范围	高尘、低尘均适用	高尘、低尘均适用	低尘适用
市场	蜂窝式催化剂表面积大、活性高、体积小，占据80%的市场份额		

二、SCR脱硝催化剂失活机理

1. 催化剂的活性

SCR催化剂运行一段时间后，因某些物理和化学作用破坏了催化剂原有的组织和构造，催化剂会降低或丧失活性，这种现象称为催化剂失活。催化剂的失活是一个复杂的物理和化学过程，造成催化剂失活的因素有很多，烧结、磨蚀、堵塞、沾污、遮蔽、中毒等都会引起催化剂的失活。其中，中毒是造成催化剂失活的主要原因。所有的催化剂都有一定的使用期限，称为催化剂寿命。

工程上，常采用 NO 转化率（X_{NO}）表示 SCR 催化剂的活性，X_{NO}定义为

$$X_{NO} = \frac{C_i - C_o}{C_i} \times 100\%$$

式中 C_i、C_o分别表示 SCR 反应器进出口 NO 的体积分数。

2. 催化剂的烧结

烧结是催化剂失活的重要原因之一，且该过程是不可逆的。催化剂的烧结如图 16－8 所示。烧结导致催化剂活性减低，一般在烟气温度高于 400℃时，烧结就开始发生。按照常规催化剂的设计，当烟气温度低于 420℃，催化剂的烧结速度处于可以接受的范围。当烟气温度超过 500℃时，TiO_2开始发生箱变，从锐钛矿向金红石转化。烧结引起催化剂结构上的变化导致 SCR 脱硝反应的温度范围变窄，并向低温方向发生移动；高温（>400℃）时 N_2选择性降低；NH_3直接氧化成 N_2、N_2O 和 NO 的活性增加；SO_2向 SO_3的氧化性增强。当烟气温度接近 690℃时，V_2O_5发生融化，从而引起催化剂的失活。

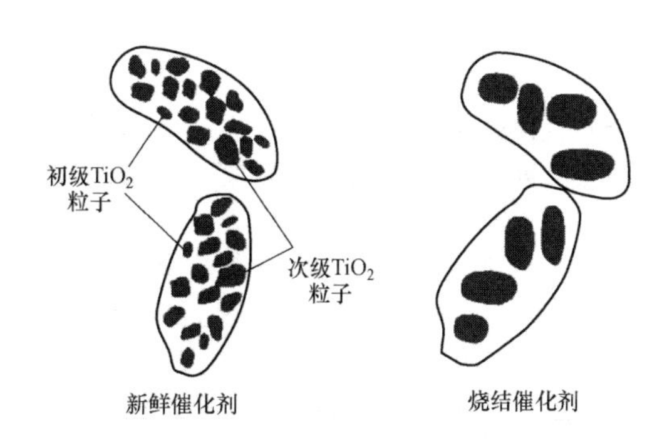

图 16－8　催化剂的烧结

3. 砷中毒

砷（As）中毒主要是由烟气中的气态 As_2O_3引起的。As_2O_3扩散进入

催化剂表面及堆积在催化剂小孔中，然后在催化剂的活性位置与其他物质发生反应，砷在催化剂表面的堆积引起催化剂活性降低。具体反应原理如图 16－9 所示。

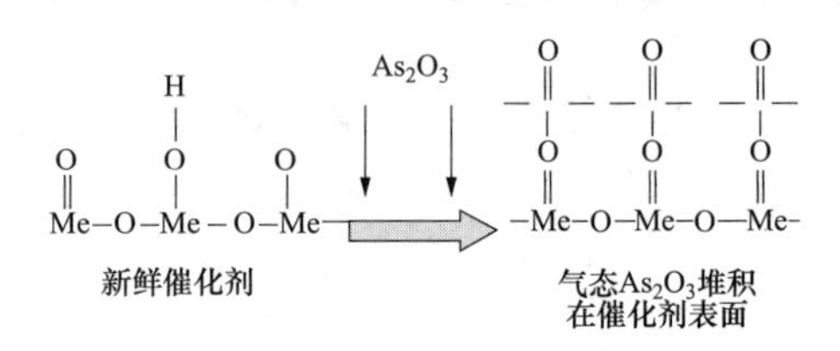

图 16－9　催化剂砷中毒原理

从图 16－9 可以看出脱硝催化剂的活性位点被氧化砷所占据，砷氧化物固化在催化剂活性区和非活性区，然后形成一层砷饱和层，使反应气体在催化剂中的扩散受到限制，同时也使催化剂孔遭到破坏堵塞。经相关研究，推断砷中毒具有以下 4 个特点：①砷饱和层几乎没有活性，即催化剂表面活性被砷完全破坏；②砷并不从饱和层扩散到催化剂内部，因此内部催化剂保持初始活性；③砷饱和层阻挡反应物扩散到内部催化剂；④这种阻碍能力的大小与砷饱和层的厚度（用 As/TiO_2 表示砷的沉积情况）成正比。由于这种由相变引起的催化剂中毒是不可逆的，对 SCR 催化剂的效率影响巨大。

按照砷中毒的相关原理，处理 SCR 催化剂的砷中毒主要有以下几种方式：

（1）改善催化剂的化学特性，一是改变催化剂的表面酸位点，使催化剂对砷不具有活性，从而不吸附氧化砷；另一种方法是通过采用钒和钼的混合氧化物，经高温煅烧获得稳定的催化剂，使砷吸附的位置不影响 SCR 的活性位。

（2）改善催化剂的物理特性，一方面可使用蜂窝式催化剂有效地降低表面砷的浓度；另一方面通过优化孔结构来防止催化剂砷中毒，有文献报道的托普索公司生产的 DNX 催化剂经过优化后具有微、中、大 3 种孔结构且具备高孔隙性，可有效克服毒物的沉积和聚积，是一种高效催化剂。

（3）燃烧和反应过程中加入添加剂（主要是通过钙抑制，如高岭土、石灰石、醋酸钙等）能够有效降低反应器入口气相中砷的浓度；尾部喷射添加剂（如活性炭、硅藻土等）粉末。

（4）考虑到催化剂的运行成本和催化剂处置的难度，对采用SCR技术的燃煤电站而言，催化剂再生是处理催化剂的首选方法。目前，常用的再生方法有：水洗再生、热再生、热还原再生、酸液处理和SO_2酸化热再生等，这些再生技术都可使催化剂恢复到较高的活性。针对催化剂砷中毒的再生，较好的方法是酸碱组合式处理催化剂再生。其过程为先将中毒的催化剂置于一定浓度的碱溶液中浸泡若干时间，随后过剩的碱用无机或有机酸进行中和处理，将处理好的催化剂干燥后用活性元素的水溶性化合物进行浸渍。研究表明，利用酸碱组合式处理方法对As_2O_3中毒SCR催化剂进行再生，能有效去除毒性物质，再生后的催化剂在SCR反应中表现出很高的脱硝活性。而且在上述砷中毒的催化剂再生中，在一定程度上也可以消除碱金属催化剂中毒。

4. 碱土金属中毒

CaO是催化剂脱硝活性降低的原因，其影响主要表现在氧化物在催化剂表面的沉积并进一步发生反应而造成孔结构堵塞，表面沉积的碱土金属化合物主要为$CaSO_4$。烟气中的CaO可以将气态As_2O_3固化，缓解砷中毒，但CaO浓度过高又会加剧催化剂$CaSO_4$堵塞。

5. 碱金属中毒

对于SCR催化剂，碱金属是最强的毒物之一。在燃料燃烧过程中，延期中的碱金属、碱土金属、砷、氯化氢、磷、铅等可以导致钒系SCR催化剂中毒。不同碱金属元素毒性由大到小的顺序为：$Cs_2O > Rb_2O > K_2O > Na_2O > Li_2O$，除碱金属氧化物以外，碱金属的硫酸盐和氯化物也会导致催化剂的失活。催化剂碱金属中毒原理如图16－10所示。

在实际燃煤电场中，由于含量的关系，K影响是最显著的。K与催化剂表面V－OH酸位点发生反应，生产V－OK，使催化剂吸附NH3能力下降。

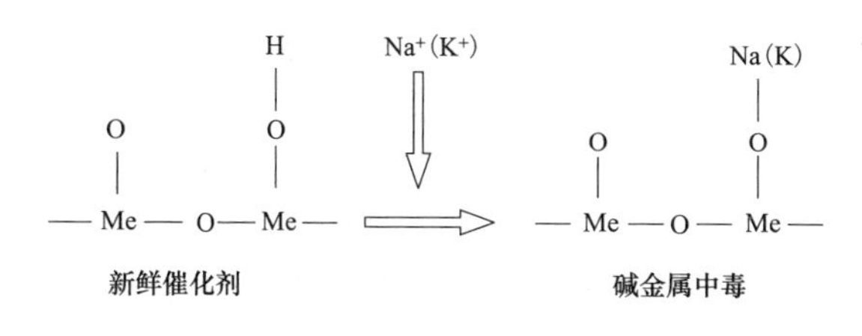

图16－10　催化剂碱金属中毒原理

6. 磷中毒

研究发现，磷元素的以下化合物也对 SCR 催化剂有钝化作用，包括 H_3PO_4，P_2O_5和磷酸盐。钒系 SCR 催化剂磷中毒可能是由以下 4 个原因引起的：固态磷酸钙引起的孔堵塞；H_3PO_4引起的孔堵塞或孔凝聚；氧化磷的形成；碱金属多磷酸盐或者玻璃结构的磷酸氧钒（例如 $NaVP_3O_{12}$）形成。

7. 催化剂孔隙积灰堵塞

在所有导致 SCR 催化剂中毒的因素当中，积灰是最复杂、影响最大的一个。催化剂表面积灰过程可用如下机理来解释：

（1）含有 K、Na、Ca 和 Mg 等元素及其氧化物的飞灰颗粒随延期进入 SCR 反应器时沉积在催化剂表面。

（2）飞灰颗粒与烟气中的 CO_2反应，部分氧化物转变为碳酸盐；同时，由于在催化剂表面 SO_2部分被氧化成 SO_3，颗粒会进一步发生硫酸盐化。

（3）固态金属氧化物与碳酸盐、硫酸盐与催化剂表面渐渐融为一体，部分小颗粒渗入催化剂内部。

（4）催化剂表面活性位逐渐丧失，同时，内部孔结构发生堵塞，导致催化剂中毒。

8. 催化剂的磨蚀

SCR 反应器在火电厂的安装位置位于省煤器与空气预热器之间，该区域的烟气中携带有大量的飞灰。烟气中的飞灰撞击催化剂表面会造成催化剂的磨蚀。

当飞灰颗粒随延期撞击在催化剂表面时，微观上可分解为切削力和撞击力，对催化剂的磨蚀起主要作用的切削力。在大量飞灰长期反复的切削作用下，催化剂表面产生磨损。当烟气流速增高或飞灰浓度增大时，催化剂的磨蚀随之加剧。

9. 催化剂的沾污、遮蔽

当细微的飞灰颗粒沉积在催化剂表面，引起催化剂的微孔被堵塞或者活性位被覆盖时，催化剂发生沾污。当催化剂外表面上形成包覆层，颗粒并没有明显进入催化剂内部时，在催化剂上发生遮蔽。

沾污或遮蔽均会造成催化剂活性位通路发生物理性阻断，从而阻止烟气中的 NO_x、NH_3、O_2到达催化剂的活性位，使催化剂脱硝性能降低。此外，飞灰沉积在催化剂表面（沾污和遮蔽），其中有力的 CaO 可能与 SO_2 发生氧化反应生成的 SO_3反应，在催化剂表面形成低孔隙度的 $CaSO_4$，从而阻止反应物在催化剂中的扩散。

第四节　还　原　剂

对于 SCR 工艺，选择的还原剂有尿素、氨水和纯氨。尿素法是先将尿素固体颗粒在容器中完全溶解，然后将溶液泵送到水解槽中，通过热交换器将溶液加热至反应温度后与水反应生成氨气；氨水法，是将 25% 的含氨水溶液通过加热装置使其蒸发，形成氨气和水蒸气；纯氨法是将液氨在蒸发槽中加热成氨气，然后与稀释风机的空气混合成氨气体积含量为 5% 的混合气体后送入烟气系统。

一、液氨

液氨，为 GB 12268—1990 规定的危险品。无色，有刺激性恶臭味，分子式为 NH_3，分子量 17，熔点 -77.7℃，沸点 -33.5℃，水溶液呈强碱性。液氨变成气态时会膨胀 850 倍，形成氨气。液氨泄露进入口气中会形成液体氨滴，放出氨气，与空气中的水形成云状物。氨气泄露时不会迅速往空中扩散，而会在地面直流，给附近的人和其他生命带来危害。氨蒸汽与空气混合物的爆炸极限为 16% ~25%，在此浓度范围内遇明火会爆炸。氨属于中毒类物质，当浓度为 5×10^{-6} 时，有强烈刺激气味；浓度为 20×10^{-6} ~ 25×10^{-6} 时，眼睛和喉咙有刺激感。若与氨直接接触，会刺激皮肤，灼伤眼睛，使眼睛暂时或永久失明，并导致头痛、恶心、呕吐等。若长期暴露在氨气中，会伤及肺部。严重者会导致肺积水甚至死亡。

二、氨水

氨水，即氨溶液，为 GB 12268—1990 规定的危险品。无色透明液体，有强烈刺激性气味，分子式为 NH_3OH。用于脱硝的氨水浓度为 19% ~29%，相对液氨安全。溶液呈强碱性，有强腐蚀性。与液氨相似，氨水对人体也有很大的危害，对生理组织有强烈的腐蚀作用，对人体可能造成严重刺激或灼伤、呕吐等，也可能造成皮肤病、呼吸系统疾病加剧等。

三、尿素

尿素化学式为 $CO(NH_2)_2$，为无色或白色针状或棒状结晶体，工业或农业品为白色略带微红色固体颗粒，无臭无味，易溶于水、醇，难溶于乙醚、氯仿。尿素无毒、无害、无腐蚀、不爆炸。在运输和储存中无需考虑安全及危险性，更不需任何的紧急程序来确保安全。使用尿素做还原剂可获得较好的安全环境。通常为常温常压储存，但要防止吸潮。工业上用液氨和二氧化碳为原料，在高温高压条件下直接合成尿素，化学反应如下：

$$2NH_3 + CO_2 \longrightarrow NH_2COONH_4 \longrightarrow CO(NH_2)_2 + H_2O$$

表16－2为不同还原剂的性能比较。

表16－2　　不同还原剂比较

项目	液氨	氨水	尿素
反应剂费用	便宜	较贵	最贵
运输费用	便宜	贵	便宜
安全性	有毒	有害	无害
存储条件	高压	常压	常压，干态
储存方式	液态	液态	微粒状
初投资费用	便宜	贵	贵
运行费用	便宜	贵 需要高热量水和氨	贵 需要高热量水解尿素和氨
设备安全要求	有法律规定	需要	基本上不需要

从经济性角度来看，使用液氨还是比尿素经济的。而且使用液氨时，系统简单，能耗低、设备投资低。但是，装置区域为爆炸危险区，毒性和爆炸危险性危害均存在，运输管理严格，运输成本高，在2009年重大危险源辨识标准颁布后，液氨存储10t就算重大危险源。用氨水系统简单，能耗相对较高，但比液氨安全性高。通常，从安全角度考虑，大多数电厂还是使用尿素作为还原剂。

第五节　反应器本体系统及其主要设备

一、氨氮摩尔比

理论上1mol的NO_x需要1mol的NH_3去脱除。而实际上喷入锅炉烟气中的还原剂要比此值高，这是因为NO_x和注入还原剂的化学反应复杂，以及还原剂与烟气的缓和等因素所致。NH_3量不足会导致NO_x的脱除效率降低，但NH_3过量，NH_3/NO_x摩尔比过大，虽然有利于NO_x脱除率增大，但氨逃逸加大又会造成新的问题：多余的NH_3与烟气中的SO_2、SO_3等反应生成铵盐，导致设备积灰、腐蚀；NH_3吸附在飞灰上，会影响除尘器捕获粉煤灰的再利用价值；氨泄漏到大气中又会对大气造成新的污染，同时还增加运行费用。因此，氨逃逸量一般要求≤3×10^{-6}。实际运行中，通常去氨氮摩尔比（NH_3∶NO_3）为0.80～0.85，NO_x的脱除率能达80%～90%。

二、反应温度

由于SCR催化剂有自己的适宜温度范围，当反应温度超出该温度范围时，将发生副反应。副反应不但对脱硝效率有所影响，而且会导致催化剂活性降低。如常见的钒催化剂，当SCR反应器温度超过400℃，氨的氧化会对脱硝过程产生显著影响。当温度低于320℃，催化剂的活性会降低，NO_x的脱除率随之降低，且NH_3逃逸率增大，SO_2易被氧化成SO_3，二者容易与逃逸的氨反应成铵盐，进而导致一系列问题。所以通常SCR系统运行温度一般维持在320～400℃。NO_x脱除率和温度的关系如图16－11所示。

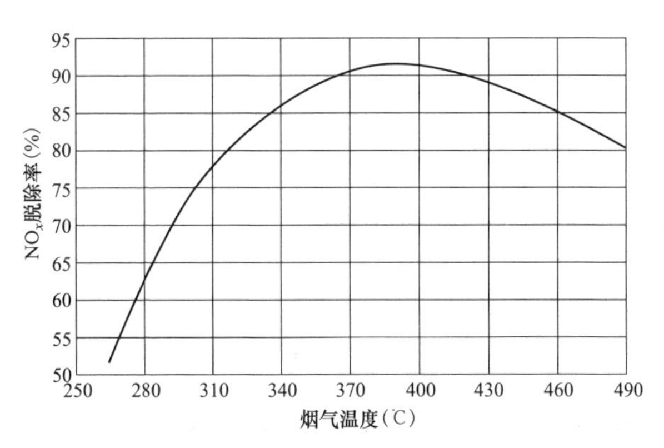

图16－11　NO_x脱除率和温度的关系

三、反应时间

还原剂必须和NO_x在合适的温度区域内有足够的反应时间，才能保证烟气中的NO_x还原率，而脱硝效率随接触时间的增加而迅速增加。由于反应气体与催化剂的接触时间增大，有利于反应气体在催化剂内扩散、吸附、反应和产物的解吸、扩散，从而使NO_x脱除率提高。但如果接触时间过长，NH_3氧化反应开始发生，脱硝效率反而会降低。故在一定的氨逃逸率下，控制好接触时间即控制好烟气流速，能保证最佳的NO_x脱除率，大部分厂家控制反应器内的烟气流速为4～6m/s。

四、煤质及飞灰

我国的煤灰量大，煤种变化和质量变化也很大，很多电厂为降低成本，深度进行配煤掺烧工作，对 SCR 装置的氨逃逸和催化剂的寿命提出了很高的要求。尤其飞灰量的大小与飞灰在催化剂、空预器上的沉积对设备造成了深度影响。这就要求根据含灰量选择合适的催化剂孔径，考虑均匀流场布置而减少冲蚀与沉积，同时加强吹灰工作。尤其在机组启动过程中，应加强 SCR 反应器吹灰，避免催化剂上的碳粒沉积过多着火。

五、二氧化硫

SO_2将在催化剂反应器中被氧化成SO_3，SO_3与H_2O和NH_4反应生成硫酸铵和硫酸氢铵。这些硫酸盐（尤其是硫酸氢铵）会沉积在催化剂表面，进而使催化剂失活和堵塞，造成脱硝效率下降和阻力增加。

六、催化剂寿命

催化剂都有一定的使用期限，长期处于高温、高尘的运行环境中，烧结、磨蚀、堵塞、沾污、遮蔽、中毒等均会造成催化剂的失活。通常经过 16000h（约 2 年）的使用，SCR 催化剂的活性会降至初始的 0.8。催化剂一般保证 2~3 年的使用寿命，SCR 催化剂通常运行两层，空置一层，运行 2~3 年后在空置层添加一层催化剂，再运行 5~6 年后更换一层催化剂。遇到机组停运检修，要及时更换物理损坏的催化剂，若有条件，还可以请专业公司测试催化剂的活性，及时更换活性太低的催化剂单元块，以保证 SCR 脱硝效率。

第六节　以尿素为还原剂的 SCR 工艺

一、SCR 法烟气脱硝工艺中还原剂的选择方案

SCR 法烟气脱硝工艺中常用的还原剂主要有液氨、氨水和尿素。由于考虑到场地、安全、交通运输等多个方面，尿素为最常用的还原剂，现主要介绍以尿素为还原剂的 SCR 工艺。

二、尿素热解法的系统原理简介

尿素是白色或浅黄色的结晶体，易溶于水，在高温（350~650℃）下可完全分解为NH_3。尿素的密度为 1355kg/m^3，尿素颗粒容重是 780kg/m^3，堆积角度为 31°。

尿素热解法是利用尿素热解所得的氨气作为脱硝还原剂，脱硝装置布置在省煤器与空气预热器之间的烟道内，100% 烟气脱硝，无旁路的方式，整个脱硝系统由还原剂制备区和 SCR 反应器区两大部分组成。省煤器出

口烟气经由 SCR 入口进入 SCR 入口烟道，与喷入的氨/空气混合气均匀混合，从上部进入反应器，通过整流装置，垂直流经催化剂，在催化剂的作用下，氨气和烟气中的 NO_x 反应生成氮气和水，最后通过出口烟道进入空气预热器。

三、脱硝系统的组成

1. 还原剂制备区

还原剂制备区主要由尿素溶液制备系统、储存系统、供应与循环系统、热解系统组成。包括自动破袋卸料机、斗式提升机、尿素溶解罐、尿素溶液给料泵、尿素溶液储罐、高流量循环泵、计量和分配装置、背压控制阀、绝热分解室（内含喷射器）控制装置等。

袋装尿素颗粒储存于尿素储备间，气力输送至储存仓，由斗式提升机输送到溶解罐里，用除盐水将尿素溶解成质量浓度为 40% ~60% 的尿素溶液。当尿素溶液温度过低时，蒸汽加热系统启动使溶液的温度高于 82℃，防止尿素结晶。溶解罐材料采用不锈钢，除设有水流量和温度控制系统外，还采用输送泵将化学剂从储罐底部向侧部进行循环，使化学剂更好地混合。制备合格的尿素溶液通过输送泵输送至尿素溶液储存罐。

储存罐为立式平底储罐，罐体要求能满足全厂机组 5 ~7 天的用量，储存罐采用不锈钢制造。罐体包括保温、液位计、温度压力表、排气孔、蒸汽盘管加热系统、液位和温度测定控制系统、电气控制柜、顶部和侧部人孔、吊环、法兰连接管道、出入口管道和排水管道以及手动隔离阀等。为了防止尿素溶液结晶，罐体内的蒸汽加热装置能使罐内温度不低于 35℃（保证溶液温度高于结晶温度 10℃ 以上）。储罐基础为混凝土结构，储罐露天放置。

设置一套尿素溶液供应与循环装置，为脱硝装置供应尿素溶液，包括尿素溶液高流量循环泵、计量分配器及被压控制阀等。尿素溶液从储存罐出来，经过上述三个装置后，重新返回储存罐，从而形成循环回路，该回路配有伴热管道系统，尿素溶液管道由尿素溶解罐及存储罐的加热蒸汽疏水进行伴热。

高流量循环泵为系统提供循环动力。

计量分配装置安装若干只尿素溶液喷枪，根据氨需量及开启的喷枪数量，自动控制每个喷枪的流量，计量分配器能精确的计量和分配输送到热分解炉的每一个喷射装置的尿素溶液的量以及雾化用的压缩空气的压力和流量，将尿素溶液精确、均匀的输送到热解炉内进行分解。尿素溶液和压缩空气通过计量分配器来进行分配调节，从而得到适当的气/

液比以此得到最佳的反应剂。

背压控制阀用于维持整个系统压力稳定，并为计量分配装置供应参数合适的尿素溶液。

尿素溶液热解系统包括热解炉本体、稀释风系统。设置一个热解炉，尿素溶液由喷枪雾化后喷射进入热解炉内进行分解，在热解炉中，采用经过加热到约350～650℃的稀释风，将尿素溶液热解生成氨气、水和二氧化碳，之后与稀释空气均匀混合后注入SCR系统。热分解炉是一个反应装置，提供了比较充足的时间来保证尿素在高温下的转化。

2. SCR反应器区

锅炉设置一个SCR反应器装置，主要包括SCR反应器本体、氨喷射系统、吹灰系统等。通常设计为脱硝效率不低于80%，氨逃逸率控制在3×10^{-6}以内，SO_2氧化生成SO_3的转化率控制在1%以内。

烟道分为反应器入口烟道、出口烟道两部分。

入口烟道从锅炉省煤器出口至反应器入口为止。在入口烟道上布置有氨喷射装置、混合器、烟气导流板等。出口烟道从反应器出口至锅炉空气预热器入口为止。在出口烟道上布置有出口烟气导流板等。

SCR反应器主要包括导流板、整流器、催化剂层的支撑、催化剂的密封装置、在线分析检测系统等。催化剂常采用蜂窝式，主要成分有二氧化钛（TiO_2）五氧化二钒（V_2O_5）三氧化钨（WO_3）等，设置为三层，两用一备。催化剂模块设计有效防止烟气短路的密封系统，密封装置的寿命不低于催化剂的寿命。催化剂各层模块一般规格统一、具有互换性。催化剂设计时要考虑燃料中含有的任何微量元素可能导致的催化剂中毒。催化剂采用模块化设计以减少更换催化剂的时间。催化剂模块采用钢结构框架，便于运输、安装、起吊。催化剂能满足烟气温度不高于430℃的情况下长期运行，并能承受5h超过450℃高温的考验而不产生任何损坏。催化剂的外部结构主要由框架钢结构、钢板焊接形成密闭的空间。为了防止烟气的散热，在反应器外护板之间布置保温材料。为支撑催化剂，在每层催化剂的下面布置有支撑钢结构梁，将催化剂模块成排布置在支撑梁上。在反应器的入口设置气流均布装置，反应器内部易于磨损的部位设有防磨措施。内部各种加强板及支架均设计成不易积灰的型式，同时将考虑热膨胀的补偿措施。在反应器壳体上设置更换催化剂的门、人孔门和安装声波吹灰器的孔。

氨喷射格栅（AIG）系统主要是指喷氨格栅。氨气的注入采用格栅式，在管道上布置很多喷嘴，能够试验NO_x与NH_3的最佳湍流混合以保证喷入烟道内的氨与烟气均匀分配和混合。在喷射格栅的入口每一区域分配管道上设有手动流量调节阀，以调节各个区域氨气的分配。

喷氨装置具备横向和纵向的分区调节功能，每一个区域的自关设置手动调节阀。氨喷射与混合系统能保证 SCR 反应器入口氨氮摩尔比的最大偏差为平均值的 ±10%。喷氨格栅上有喷嘴，按期与空气的混合气体通过喷嘴喷入烟道内与烟气混合。

吹灰装置常采用声波吹灰器，每台反应器安装一套声波吹灰系统。每一层催化剂设置 3 台吹灰器，一台锅炉共装有 12 台声波吹灰器。吹灰器采用两层布置，利用压缩空气通过膜片时产生的低频振动进行清灰。吹灰系统采用 DCS 控制，间歇轮流吹扫，双侧交替，防腐循环，在机组运行期间全程投入。通过定期的声波振动吹扫，保持催化剂的清洁，并尽可能避免因死角而造成催化剂失效导致脱硝效率的下降。吹灰器的控制应接入脱硝 DCS 控制系统。

第七节　SCR 装置对锅炉及下游设备的影响

一、对锅炉钢结构的影响

对现有电厂加装高尘布置方式的 SCR 装置，因空气预热器和省煤器之间的空间不足，通常是将 SCR 反应器布置在锅炉后，由此造成尾部烟道走向改变，将省煤器出口直接进入空气预热器的原烟道改为穿出炉后钢架连接空气预热器的现烟道。整个 SCR 装置载荷较大，因此，需在炉后外侧设置单独钢架支撑 SCR 装置。为避让 SCR 进出口烟道，将修改原锅炉钢架的布置，钢结构因此变化，故需要重新校核计算强度，并需考虑 SCR 钢架和锅炉钢架的水平力传递和钢架支撑结点的配合。

二、对锅炉烟道的影响

火电厂中烟气脱硝装置反应器多布置在空气预热器入口以及省煤器出口前的高灰尘区域内，在烟气脱硝装置的运行过程当中，整个烟道的阻力明显增大（包括烟气在烟道传输中的沿程阻力、催化剂自身阻力、以及局部阻力等）。在省煤器出口至 SCR 入口范围，烟道压力与炉膛承受压力基本一致，对烟道强度计算没有影响；在 SCR 出口至空气预热器入口范围，烟道压力与省煤器出口相比，应增加空气预热器阻力损失和部分烟道阻力损失，烟道设计压力提高 1kPa，对烟道强度计算有影响，加强筋需加强；在空气预热器出口范围，烟道设计压力提高约 1.5kPa，烟道外形尺寸不变，烟道温度也要重新计算并增加加强筋。

在火电厂将脱硝装置布置于整个系统内后，烟气脱硝装置的运行会直接增加尾部烟道，导致锅炉散热损失增大。同时，空气预热器入口位置的烟气温度有明显下降趋势，较布置前温度差异在5.0℃左右。受此因素影响，会降低整个烟气脱硝装置运行过程中的一次、二次风温，影响空气预热器冷端烟气温度。

三、对引风机的影响

SCR脱硝设施反应器和增加的烟道使锅炉烟气侧阻力增加，从而增加了引风机的功率和电耗。SCR脱硝设施产生的烟气阻力包括烟气在烟道中的沿程阻力、局部阻力和催化剂自身的阻力，综合起来大概增加阻力1500～2000Pa。现有引风机裕度不够的话可能达不到系统需要的压力，需要改造现有引风机或安装新的引风机，同时，也需要调整现有风机和电机的基础。风机增加的电耗是SCR系统运行的主要能耗之一，在大多数情况下，约占机组电功率的0.3%，引风机运行工作点必然左移。机组低负荷运行阶段，引风机更容易运行在不稳定工作段（并列异常），一旦受到扰动，还可能发生抢风事件。应加强尾部烟道、空气预热器的清灰工作，降低阻力，减少引风机抢风的几率。

四、反应器催化剂阻塞

在火电厂选择性催化还原工艺运行过程当中，增设烟气脱硝装置后，化合物与粉尘可能在催化剂表面发生堆积，覆盖活性成分或导致催化剂毛细孔的堵塞，这种阻隔反应物与催化剂的接触，降低催化剂活性的问题，主要表现为飞灰颗粒沉积堵塞。

结合已有的现象观察来看：飞灰颗粒沉积会造成催化剂表面的微孔被堵塞，或受到毛细管作用影响，固体颗粒产生结垢并凝结，进而堵塞催化剂表面微孔。出现此问题将会严重威胁到整个火电厂锅炉装置的安全运行，必须引起重视。

在整个反应器投入运行的过程当中，除定期吹灰以外，还需要在反应器烟道中增设导流板，以起到疏导烟气流向的目的，同时可减少飞灰沉积量。为解决催化剂表面灰尘大量沉积的问题，还可以在反应室第一层催化剂上方增设网筛。

五、空气预热器堵塞及腐蚀

一般锅炉增加烟气脱硝系统后烟道的烟气阻力会增加1kPa左右，空气预热器出口段烟气负压增加较多，使得空气预热器漏风差压升高，烟温有所下降。燃料中的硫分在燃烧过程中会产生SO_2和SO_3，SCR烟气脱硝装置在催化剂V_2O_5的作用下将更多的SO_2转化为SO_3。

一般情况下脱硝效率越高，SO_2向SO_3的转换率也越高，导致烟气中的酸露点温度有所提高，当排烟温度低于酸露点温度时就会使硫酸蒸汽凝结，进而加剧空气预热器冷端腐蚀和堵塞的可能性。

SCR正常运行时，反应器内残余的NH_3和烟气中的SO_3和H_2O形成硫酸氢铵，它在烟气温度230℃时，开始从气态凝结为液态，对空气预热器中温段和冷段形成强腐蚀。硫酸氢铵具有很强的黏附性，会吸附烟气中的颗粒物，造成大量灰分黏附在换热器金属表面和层间，引起换热元件堵塞，使得空气预热器的烟气阻力增加、换热效率降低，甚至无法正常运行的现象。同时，烟气中约有1%的SO_2被SCR催化剂转化为SO_3，加剧空气预热器冷端腐蚀和堵塞的可能。因此，用SCR设备的空气预热器在防止堵塞和冷端清晰方面需做特殊设计，主要包括热元件采用高吹灰通透性的波形替代原有空气预热器波形，以保证吹灰和清洗效果。

六、氨逃逸及对其下游设备的影响

由于氨与NO_x的不完全反应，会有少量的氨与烟气一道逃逸出反应器，这种情况称之为氨逃逸。氨逃逸可导致：

（1）生成的硫酸铵、硫酸氢铵沉积在催化器和空气预热器上，造成催化剂中毒和空气预热器的腐蚀。

（2）造成FGD废水及空气预热器清洗水中含NH_3。

（3）增加飞灰中的NH_3化合物，改变飞灰的品质。

七、SO_2转换成SO_3对尾部烟道设备的影响

由于在催化剂反应器中SO_2将转换成SO_3，反应器下游的SO_3会明显增加。生成硫酸铵和硫酸氢铵会堵塞催化剂，造成脱硝效率下降和阻力增加。硫酸、硫酸铵、硫酸氢铵的混合物附着在空气预热器上，会造成空气预热器的腐蚀及堵塞，严重时必须停炉清理，否则影响锅炉的正常运行。此外，SO_2氧化成SO_3后会引起烟气酸露点升高，使排烟温度及空气预热器出口的温度升高，降低锅炉热效率。同时，SO_3会使排烟的不透明度增加，而且SO_3在排烟时已经转化成硫酸，直接造成酸雨污染。

第八节　SCR技术主要特点

SCR技术具有以下特点：

1. NO_x脱除效率高

据有关文献记载及工程实例监测数据，SCR法一般的NO_x脱除效率可

维持在80% ~95%，一般的NO_x出口浓度可降低至50mg/m^{3}左右，是一种高效的烟气脱硝技术。

2. 二次污染小

SCR法的基本原理是用还原剂将NO_x还原为无毒无污染的N_2和H_2O，整个工艺产生的二次污染物质很少。

3. 技术较成熟，应用广泛

SCR烟气脱硝技术已在发达国家得到较多应用。如德国，火力发电厂的烟气脱硝装置中SCR法大约占95%。在我国已建成或拟建的烟气脱硝工程中采用的也多是SCR法。

4. 投资费用高，运行成本高

以我国第一家采用SCR脱硝系统的火电厂——福建漳州后石电厂为例，该电厂600MW机组采用日立公司的SCR烟气脱硝技术，总投资约为1.5亿人民币。除了一次性投资外，SCR工艺的运行成本也很高，其主要表现在催化剂的更换费用高、还原剂（液氨、氨水、尿素等）消耗费用高等。

提示　本章内容中、高级工及技师适用。

第十七章

SCR 脱硝系统的调试

第一节 SCR 脱硝系统的调试目的与调试项目

调试就是使 SCR 系统设备在安装完毕后，通过进行单体调试、分系统调试及整套启动调试，对脱硝设计施工、设备质量进行动态验收，发现并解决系统可能存在的问题。在整个脱硝经过满负荷 168h 试运后，达到设计最优运行状态，装置各参数、指标达到设计保证值并且能够安全稳定的运行。

调试主要内容包括单体调试、分系统调试、冷态调试、热态调试及运行调整优化、喷氨格栅（AIG）调节、168h 试运等过程。

一、SCR 脱硝系统冷态调试

1. 单体的传动及试转

单体调试是指对系统内的各类泵、压缩机、喷枪、稀释风机、吹灰器各动力设备及阀门、风门、挡板等按照规定进行的开关实验、连续试运转测定轴承升温、振动及噪声等，并进行各种设备的冷态连锁和保护试验。根据国标和行标对单体罐箱设备进行水压、严密性试验。

2. 分系统调试

对 SCR 系统的各组成系统进行冷态试运行模拟，全面检查各系统的设备状况，并进行相关的连锁和保护试验。

（1）还原剂为液氨的储存制备系统。对液氨卸料、储存及氨气制备系统进行吹扫及泄漏性试验、系统氮气置换，卸氨及贮存、液氨供给与停止、液氨蒸发、氨压力调节（缓冲罐）喷淋系统、废水系统进行冷态模拟试运行。

（2）还原剂为尿素的储存制备系统。对尿素溶液输送系统、尿素溶液稀释系统、尿素溶液的计量分配系统、尿素热解加热及控制、尿素水解喷射系统、压缩空气系统等进行冷态模拟试运行。

3. 反应区

脱硝 CEMS、吹灰器系统、除灰系统、稀释风系统等进行冷态模拟试运行。

二、热态调试

热态调试即 SCR 系统的首次启动，进行各项热态负荷下的调试，包括氨区的首次卸氨、氨蒸发器的启动、气氨供应系统的调试、尿素溶液的制备输送、尿素热解或水解系统的调试等。其主要任务是校验关键仪表的准确性，如 NO_3 分析仪、NH_3 监测仪、氧量计、流量计等，并进行尿素（或液氨）储存制备系统、喷射系统、压缩空气系统等的运行优化实验及顺序控制系统的投入、系统逻辑联锁试验参数整定等，检查各设备、管道、阀门等的运行情况。

三、调试过程优化及 168h 试运行

调整优化是指 SCR 系统在热态运行工况下，根据外部条件、设备性能、安装工艺不同对部分系统及参数进行优化调整，使得整套系统在最优性能下工作。

经过试验、调整各主要设备，确定 SCR 装置的运行情况，经过 168h 锅炉 85% 以上负荷考核试运行，考查脱硝系统连续运行能力和各项性能指标。

第二节　SCR 脱硝系统冷态调试

一、单体的传动及试转

系统设备、设施、热工仪表已按设计要求安装完毕，现场设备系统命名、编号、挂牌工作结束，通信照明系统正常投入运行，各电气设备的信号控制、保护传动、电源切换试验完成，系统已受电完毕满足试验条件。

（一）阀门的调试

（1）根据系统图的要求对系统的所有阀门进行检查，确保阀门安装正确，符合设计要求，阀门的 KKS（电厂标识系统）编码悬挂正确无误。阀门应完好无损、各螺栓紧固，电动头上铭牌标志清楚，电机接线完好，开关位置指示器完好，气动门应气缸完整、仪用气管道连接完好。

（2）对电动和气动阀门，联合热工人员逐一试验，确保在 DCS 上操作正常、开关反馈正确；对调节门，要分 0、25%、50%、75%、100% 5 个开度进行操作，确保阀门的就地指示和 DCS 的反馈一一对应。机械自调阀门，在设计的范围内调整试验，检查其压力调节性能是否调节灵活。

（3）氨气和液氨管道气动阀门在断气、断电或断信号后应自动关闭或保持关闭状态，喷淋水、消防水等阀门在断气、断电或断信号后应自动

开启或保持开启状态。

（二）系统所有安全阀的整定

由于系统安全门安装完毕后，无法在现场实际整定，因此系统的所有安全阀要求安装单位在安装前全部拿到有资质的单位进行校验，要求校验合格并进行记录，铅封完好。

（三）系统水压试验

（1）试验前将待试管道与无关系统用盲板或采取其他措施隔开。管道上的安全阀及仪表元件加以隔离或拆下，加盲板的部位应有明显标记和记录。

（2）液压试验用水质应符合要求，系统注水时应将空气排尽，奥氏体系不锈钢管道及设备液压试验时，水的氯离子含量不超过 25×10^{-6}。

（3）试验压力以管道最高点的压力为准。

（4）水压试验宜在环境温度5℃以上进行，否则需有防冻措施，试验时应测量环境温度，严禁材料试验温度接近脆性转变温度。

（5）制氨区承压设备的水压试验，水压试验压力为设计压力的1.2～1.3倍。在水压试验时发现的漏点要及时进行处理，处理完后再次进行水压试验，液压试验应缓慢升压，待达到试验压力后，稳压10min，再将试验压力降至设计压力，停压30min，以压力不降、无泄漏，目测无变形为合格。

（6）水压试验合格后要通过各管道的最低点把水排干净，再利用压缩空气吹扫，将系统内所有的水排干。

（四）卸料压缩机的试运

把卸料压缩机的进口管路和出口管路对空，检查卸料压缩机具备启动条件后，就地启动卸料压缩机进行8h试运，试运其间详细记录卸料压缩机的振动、温度等参数。在卸料压缩机试运结束后，联合热工人员对卸料压缩机的远方信号进行联调，确保空压机远方动作正常，状态指示正确。

（五）系统内各类转机的试运

1. 试运前应具备的条件

（1）设备及系统按要求安装完毕、并经检验合格，安装技术记录齐全。

（2）油位计标好最高和最低及正常工作位置的标志，应加好符合要求的润滑油或油脂，保证油位正常。

（3）各有关的手动、电动、气动阀门已调整实验完毕、动作灵活、正确，并标明名称及开、闭方向，处于备用状态。

（4）各指示和记录仪表以及信号、音响等装置已装设齐全，并经检验、调试准确。

（5）电动机已经过2h空负荷试运合格、旋转方向正确，就地事故按钮实验准确可靠。

（6）裸露的转动部分应装好保护罩，确认机械与电机连接完好。

（7）有关联锁自动保护装置模拟调整实验合格、动作灵敏可靠。

2. 试转要求

转动方向正确，无异音、摩擦和撞击声，轴承温度和振动应符合规定，无泄漏异常，出力能达到铭牌出力，电机电流不超过额定电流，联锁保护动作正确可靠，就地、远方操控正常，状态指示正确，事故按钮试验合格。

（六）热控压力、温度、流量仪表设备单体试验合格、显示准确偏差在规定范围内。

二、分系统调试

（一）系统调试前的主要准备工作

在脱硝设施调试工作开始以前，应完成下列工作，以保证脱硝设施调试的边界条件得到满足。

（1）脱硝设施厂用电源已经接入到脱硝设施，并可投入正常使用。

（2）脱硝设施压缩空气（仪用和杂用）母管已经与主系统接通，并可投入使用。

（3）设备单体调试工作基本结束。

（4）拟进入脱硝分系统调试的所有设备的单体调试已经基本合格，单体调试记录经过鉴定许可。

（5）管道压力试验、管道的冲洗和吹扫完成。

（6）管道与设备的连接完成。

（7）管道滤网和孔板按设计要求已经安装完成（包括临时项目）。

（8）润滑油和润滑脂的油位正常。

（9）现场所有仪表安装完成并已单体调试。

（10）所有接线均已完成。

（11）DCS已供电。

（12）调试必需的公用资源：压缩空气系统、辅助加热蒸汽系统、工艺水（生活水、工业水）具备提供使用条件。

（13）电机的单体测试完成。

（二）液氨为还原剂的制备储存及输送系统

1. 试验前检查内容

提供氮区蒸汽加热、压缩空气和工艺水、消防水的管道已经冲洗、吹扫完毕，可以正常投运，氨区废水池施工结束，满足排水需要。系统阀门单体试验完成系统阀门就地、远操启闭灵活，反馈信号正确，严密性合格；阀门的KKS编码悬挂正确无误，所有手动门开关灵活无泄漏。系统在线各类仪表应安装完毕，系统吹扫后可以投入运行，各温度、压力、流量、液位等测点显示准确。

2. 系统吹扫

（1）液氨储存及供应系统为保持系统的严密性，防止氨气的泄漏和氨气与空气的混合造成爆炸是最关键的安全问题。基于此方面的考虑，系统的卸料压缩机、储氨罐、氨气蒸发槽、氨气缓冲槽等都备有氮气吹扫管线。在液氨卸料之前通过氮气吹扫管线对以上设备分别要进行严格的系统严密性检查和氮气吹扫，防止氨气泄漏和系统中残余的空气混合造成危险。

（2）液氨还原剂系统的卸料压缩机进出口管线、液氨储罐进液氨管线、液氨储罐至液氨输送泵管线、液氨输送泵管至液氨蒸发器管线、氨气缓冲罐等氮气吹扫管线已安装完好。可以选用厂里的压缩空气或氮气吹扫，从还原剂制备区储罐依次往下，经主管路、支管路、排放管路依次进行直至各管路端口，整个系统可根据设计的排放口分成多段进行，分段吹扫干净后再进入下一段吹扫。经过反复憋压和吹扫，在排压口不带水和杂物后视为合格。吹扫过程中管路中的阀门要求全开，注意不能使卸料压缩机中进水，应提前做好隔离措施。

3. 气密性试验

液氢管道及存储罐的压力试验包括存储罐、蒸发罐、卸车的液路及气路氮管道等，按照有关规定需要进行水压试验和气密性试验。

（1）严密性试验在射线探伤合格、水压试验、管道吹扫合格经全面检查以后进行。严密性试验压力应为设计压力，无泄漏为合格。介质一般用空气，也可用氮气或其他气体（严密性试验可与系统置换结合进行）。

1）介质用空气严密性试验时，应先用压缩空气气源加压后用压缩机升压，压力应逐级缓升，首先升至试验压力的50%进行检查，如无泄漏及异常现象，继续按试验压力的10%逐级升压，直到严密性试验压力，每一级稳压10min，达到试验压力后稳压30min进行检查。

2）介质用氮气严密性试验时，应先用压缩空气气源加压后，然后再通过氮气接着提压，达到设计压力时根据规定时间内压力降低数值以确认是否严密，由于带压试验的气体中含有大量的氮气，因此试验合格后尽量保持，以便设备氮气置换用。

（2）严密性试验检查期间其压力应保持不变，不得采用连续加压以维持试验压力不变的做法，不得在压力下紧螺栓。

（3）严密性试验应重点检验阀门填料函、法兰或螺纹连接处、放空阀、排气阀、排水阀等。经肥皂液或其他检漏液检查无漏气无可见的异常变形即为合格，或以发泡剂检验不泄露为合格。

（4）试验过程中如遇泄漏不得带压处理，消除缺陷后应重新试验。

（5）至反应器氮气管道及缓冲罐的压力试验。

因此管道系统的工作压力相对低，可用压缩空气进行打压试验，主要检查管道法兰的泄漏和阀门内漏，尤其主要是氨气关断阀、调节阀门的严密性，在此期间可检查自调阀门的定值是否满足设计要求，因供氨泵设计的进出口工作压差小，打压试验期间需要将供氨泵隔离。

4. 系统氮气置换

氨系统包括液氨储罐、储管液相至氨储罐液相管线、氨储罐气相至压缩机入口管线、压缩机出口至储管气相管线、氨储罐至蒸发器管线、蒸发器至氨气缓冲罐管线、氨气缓冲罐、氨气缓冲罐至炉前 SCR 反应器管线。系统氮气置换可先完成液氨储罐的置换，置换合格后可用罐内合格的氮气完成氨系统其他管路和设备的置换。氮气置换可采用下面方法之一：通过氮气直接对罐内空气进行稀释来进行置换，充氮排放的次数多，氮气用量较大；采用罐体充水置换，氮气用量少，一次充氢可完成，但置换后的氮气里含水分，会对压缩机造成伤害。

（1）罐体充水置换：

1）准备足够氮气瓶及便携式氧含量分析仪。

2）检查所有系统阀门位置正确。

3）打开放空口的球阀，并且让罐充满水以便排出罐内空气。

4）关闭放空口向罐内充入氮气，同时打开排污口的阀门排出水。

5）直至排净罐内积水，关闭排污阀。

6）对氨罐进行氧含量检测，判断置换是否合格，统含氧量 $<0.5\% \sim 1\%$（体积）。

7）其余与液氨、气氨有关联的管道、机泵用氮气置换，置换完毕取有代表性气样分析，两次氧含量低于 0.5% 合格。

8）置换时系统内压力应反复升降几次，这样可以加快置换进度，注意置换死角。

（2）氮气直接对罐内空气进行稀释的置换：

1）进行置换的压力容器打压时已经加入了氮气，由于存储的氮气和空气的混合气体压力比较高，因此先将这部分气体对从氨区至反应器的管道进行置换。

2）一般要求氮气置换需要进行3～4次的加压、卸压，通过这种方式进行罐内和管道与空气置换。

3）为了节约时间减少置换次数，我们可通过仪器检查置换的气体的氮气或氧气的含量，一般氮气 >99% 或氧气 <1% 合格。

4）置换的方向从氨区向反应器内排除。

5. 氨吸收、废液排放系统

液氨储存与稀释吸收排放封闭系统的管线、废水池与电厂废水处理的管线已按设计要求施工完毕，废水池具备注水条件，废水泵具备试运条件。

（1）废水泵试验正常，泵的出口压力、流量符合设计要求。

（3）吸收罐无泄漏。

（3）系统分阀门开关灵活，无卡涩、外漏及内漏异常。

（4）废水泵联锁正常：地坑液位高报警废水泵联启，地坑液位低报警废水泵联停。

6. 蒸发器系统

（1）蒸发器加热介质（除盐水）至正常液位，各阀门开关位置正确，采用蒸汽加热方式的蒸汽已接通，液氨蒸发槽加热蒸汽压力、温度正常，管路保温良好，疏水畅通。采用电加热方式的电源已接通蒸发器投入运行，将蒸发器温度自动控制投入，检查加热介质温升率，介质加热温度控制在正常水平。

（2）气氨缓冲罐备用良好，液氨蒸发槽至气氨缓冲罐的气氨管路伴热投入正常。

（3）液氨蒸发槽安全阀、气氨缓冲罐安全阀已校验合格，投运正常，氨气稀释槽、废水池备用良好，汽源、水源供应正常。

（4）缓慢打开蒸发器液氨进口阀门，观察蒸发器加热介质温度、出口压力及温度等参数。蒸发器出口自力式调节阀调节供氨管道上稳定的压力至缓冲罐，为脱硝系统提供状态稳定的气氨。

7. 自动、联锁

（1）消防系统根据罐体空间上部安装的热感元件对环境温度进行监

控，模拟环境温度提高，消防系统能进行喷淋降温。

（2）喷淋手动试验喷水情况应正常，氨泄漏检测仪进行校验，当浓度达到规定值以上时都能发出报警信号实现良好的实验效果，DCS 显示正常。模拟液氨存储罐压力高或者温度高或者任何一个氨气泄漏检测装置到达报警上限，液氨存储系统的喷淋水应该能自动打开，消防喷淋联动正常。

（3）液氨卸载及储存连锁，监测液氨储罐内的高低液位报警及卸压缩机的状态，及时停止卸氨过程，保证液氨储罐内的液氨量不超过安全储存量。

（4）蒸发器自动控制，监测加热介质温度，调节换热量，根据设计值，温度到规定值时自动停止加热，将介质温度降至规定值时蒸发器自动开始加热。控制蒸发器安全稳定运行。

（三）尿素为还原剂的制备储存及输送系统：

1. 尿素制备储存系统调试条件

（1）蒸汽系统、压缩空气系统、软水系统、除盐水系统、废水排放公用系统与母管已正常连接，压力表、温度表、流量计、液位计、密度计校单体试压合格正常投入，中控显示准确参数，系统手动阀门开关正常，系统电动阀门、电磁阀已送电远方控制正常，阀门开关状态反馈正常。

（2）各泵电机单试运转正常，搅拌机、尿素斗提机试运正常，罐内杂物清理干净，罐体安全阀校验合格，系统相关电气设备已经送电，能正常工作。

（3）蒸汽加热、尿素溶液管道伴蒸汽热系统、电伴热系统管道施工安装完毕，满足投运条件。

（4）废水池及所有废液排放管道施工安装完毕，满足投运条件。

2. 尿素制备及输送系统注水试验

尿素溶解罐注入除盐水至正常液位，启动尿素溶解泵对尿素储存罐注水至正常液位，启动尿素溶液输送泵。

3. 试验内容及要求

（1）尿素溶解泵、尿素混合泵、尿素溶液输送泵、废水泵等试转正常，轴承温度与振动应符合有关规定。泵的出力、流量、压力控制，远方控制装置，事故按钮、联锁或联动开关，声光信号正确良好。

（2）系统中各压力表、温度表、流量计、液位计检查核对正常，误差在允许范围内。

（3）试验溶解罐蒸汽加热控制、尿素水解器蒸汽减温减压控制、尿素水解蒸汽疏水控制、各罐体及管道蒸汽伴热温度控制正常，疏水回收正常，各电伴热系统温度控制正常。

（4）废液池内废液回收正常，废水泵液位高低联锁正常。

（5）系统各尿素溶液管道、罐体、尿素水解器、密度计按要求进行冲洗后系统彻底放水。

4. 尿素热解系统调试

（1）采用尿素热解工艺时，吹扫雾化空气管道直至喷枪内部无杂物，喷枪安装角度、雾化效果、喷洒角度满足设计要求。

（2）计量模块尿素溶液喷枪远传流量计指示、压缩空气浮子流量开关动作正常；

（3）计量分配调节阀门动作正常，调节良好。

（4）压缩雾化空气系统压力正常，阀门动作正常，计量模块冲洗水系统满足正常投运条件。

（5）热分解室外观良好，保温完整。

（6）尿素溶液管道电伴热或蒸汽伴热满足投运条件，温度控制正常。

（7）电加热电炉棒电气控制系统正常。

5. 尿素水解系统调试

（1）水解制氨车间系统伴热投入正常（尿素溶液输送泵进出口伴热投入正常、水解反应器上各管道电伴热投入正常、水解器至 SCR 反应区供氨管道伴热正常、水解反应器液体回流管线及氨气泄压管线伴热投入正常、水解反应器安全阀管线伴热投入正常、表面排污及底部排污管线伴热投入正常）。

（2）开启尿素溶液调节门，水解器进液至正常液位时关闭。

（3）开启水解器蒸汽入口气动阀，开启水解器蒸汽入口调节阀，按照步序控制温度缓慢上升至预热设定值。

（4）通过水解器蒸汽入口调节阀控制水解器压力在设计值。

（5）通过水解器出口氨蒸汽调节阀控制水解器喷氨出口供氨管道压力在设计值。

（6）通过水解器尿素溶液入口调节阀控制水解器正常液位维持在正常范围内。

（7）通过水解器疏水管线疏水阀将换热后的蒸汽冷凝水排出。

（8）SCR 反应器准备喷氨前，使用蒸汽吹扫预热喷氨管道，当流量调节模块温度达到 130～150℃时，关闭蒸汽吹扫阀。此时具备喷氨条件，可以开启氨蒸汽出口流量调节阀进行喷氨。

（四）硝区设备系统调试

1. 各系统调试前应具备条件

（1）电气系统投入。

（2）DCS 投入。

（3）各热工仪表初步调试完毕，具备投入条件。

（4）各系统设备单体调试完毕，具备投入条件。

（5）烟风通道打通，沿程各系统各设备的人孔门、检修孔等封闭，系统严密。

（6）烟气系统内保持清洁，烟道、设备清理干净，通道畅通，现场清洁。

（7）脱硝吹灰器安装完成。

（8）各系统分步试运合格，连锁保护正确，具备投入条件。

（9）照明投入，符合试运行要求。

（10）SCR 与锅炉连锁、控制和保护试验模拟检查。

（11）SCR 装置设备故障跳闸及 SCR 装置切除保护试验连锁试验。

2. 硝区的冷态调试内容

（1）硝区设备的跟踪检查，确保系统中的所有设备安装无误。

（2）阀门及测点调试，确保所有测点显示准确，阀门就地（远方）操作正常，反馈正确，氨气的调节阀门、速断阀门，尿素热解计量模块的尿素调节阀门、速断阀门着重检查有无内漏。

（3）检查喷氨栅格、喷嘴及节流孔板差压测试装置，确保设备安装正确，符合设计要求。

（4）SCR 反应系统安装完毕后（除催化剂外），对烟道内部的导流装置、均流格栅、气流分布板、喷氨格栅及烟道积灰情况等进行检查，确保设备安装完整、符合设计要求。

（5）检查催化剂的完整性和清洁程度，确认试块位置分布的代表性，且抽取方便。

3. 氨空气混合喷射系统调试

（1）吹扫氨气缓冲罐至氨空气混合器管路，检查氨空气混合器中氨气喷嘴无堵塞；进行气密性试验检查，氮气置换试验后，对管路及设备内气体进行取样分析，氧含量宜低于 1%。

（2）检查喷氨栅格、喷嘴及节流孔板差压测试装置，确保设备安装正确，符合设计要求。

4. 稀释风系统调试

（1）试运时要把注氨格栅分支的手动门关闭，拆开1～2个注氨格栅手动门前的法兰作为排放口，在管道吹扫干净后回装。

（2）确认稀释风机启动条件，导通稀释风至反应器管路，调整喷氨格栅各支管阀门，初始开度宜设置为50%。

（3）启动稀释风机，对稀释风量、风压进行初调，两侧反应器稀释风量基本平衡，并满足设计最大喷氨量所需稀释量要求，稀释比宜不大于8%。

（4）喷氨格栅流量均匀性调整：

1）就地稀释风机启动后，通过调整每个反应器喷氨格栅入口手动节流阀，使每个反应器对应的每个喷氨格栅的流量一致。如果在试验过程中，发现空气流量为零或者阀门全开后流量还是很少，就需要检查对应的喷氨格栅及喷嘴是否有堵塞现象。如有该现象出现，应进行相关处理，使之工作恢复正常。

2）采用混合器工艺的系统，对各喷氨支管的稀释风量配比进行调整，使喷氨支管风量配比符合模型试验要求，调整符合要求后应记录分配阀开度，并做好标记。

试运期间记录电流、风机流量、振动、温度等参数。待稀释风机8h试运调试工作完成后，联合热工人员对稀释风机的远方信号进行联调，确保风机远方动作正常，状态指示正确，进行稀释风机事故按钮、连锁试验。

还原剂为尿素的稀释风采用热一次风或二次风，对喷氨格栅前的管道吹扫喷氨格栅嘴检查、稀释风量、风压进行初调时应在锅炉冷态动力场试验或启动风机时进行。

5. 烟气分析仪的调试

脱硝CEMS（烟气自动监测系统）安装符合要求，检查CEMS小间有无防冻和保温措施，确保仪表显示数据的准确性。检查SCR反应器进出口测点位置，如果反应器截面较大，需将传感器放置在比较有代表的区域位置。

6. 吹灰系统调试

脱硝吹灰蒸汽管道吹扫及吹灰器试运，吹灰器蒸汽靶式和有声波吹灰器两个类型。

（1）蒸汽靶式吹灰系统调试。吹灰器安装完后，检查管路、吹灰器和控制装置安装是否与安装文件的规定一致。检查外管在墙箱内的中心位置是否正常，检查喷嘴在后端时和开始吹扫时的位置是否正常，喷嘴有无偏斜，吹灰阀门打开时，喷头必须进入烟气通道足够距离，停用和后退位置限位开关必须调整到位。冷态调试检查电机旋转方向正确，检查前限位开关和后端限位开关的作用是否正常。整体自控试运，单个吹灰器能够完成整个前进及后退的吹扫过程，吹灰程序时间控制符合要求，吹灰枪进退无卡涩。

（2）声波吹灰系统调试。系统调试前首先要对输气管路进行吹扫，确保管道内无杂物。确认主输气管路、支输气管路及吹灰器上的阀门全部处于关闭状态，所有电器设备都在断电、停止状态。确认声波吹灰器本体安装是否牢固，各部件连接是否正确，确认电控箱接线正确。

调试前应确认在炉内及烟道的检修工作人员全部撤出，一定要确认反应器内部没有施工人员，同时要关闭反应器人孔门，避免吹灰器高频声波发生器产生的噪声对人听觉造成伤害。

调试步骤：

1）合上控制电源及开启工作气（汽）源手动阀。

2）压力调节：打开手动阀，在声波吹灰器发声时调节减压阀，调节压力至厂家要求后锁定。

3）手动调试：在就地控制手动位置，调试每一路，现场观察每一路吹灰器运行状况、每一台吹灰器发声及运行状况运行正常后，结束手动调试操作。

4）就地控制进行自动启动操作或DCS顺控操作，检查系统是否按预先设定的时间参数依次循环运行每组吹灰器，就地控制屏或DCS屏上将显示当前的运行状态正常。经过2~3个循环周期的运行后，系统运行正常，自动调试完成。

7. 脱硝干除灰系统调试

现在干除灰系统一般都是气力输灰，调试时应注意与电除尘器灰斗下部同时联调。

8. 烟道内冷态气流分布调试

SCR反应系统进行冷态通风试验，测量注氨格栅的空气流场，检验上述截面的空气流场是否满足设计要求，冷态气流均布试验结果应与先前通过计算机流场模拟的结果趋势相一致，如果不一致应调节各喷氨支管阀门。

9. 硝区的连锁保护传动调试

主要是检查氨气关断门和调节流量的阀门机构动作正常。

第三节 SCR脱硝系统热态调试

一、氨区的热态调试

主要包括液氨罐首次利用卸料压缩机卸氨，以及氨气的首次制备。重点要对液氨蒸发器的温度自动控制及氨缓冲罐的压力自动控制进行参数调整，确保上述参数控制准确。进入氨蒸发器的手动阀门应人工缓慢调节，避免氨瞬间冲入，造成缓冲罐/气化罐外结冰。

（一）卸氨操作前的检查和准备

（1）就地检查卸氨系统有关检修工作结束，临时安全措施拆除，现场清洁无杂物。

（2）检查确认防护用品及设施完好可用，包括防毒面具、手套、防护鞋、防护衣等。

（3）检查确认氨区消防喷淋水系统、生活水系统及设备处于良好备用状态，随时可用。

（4）检查液氨储罐防雷、防静电接地装置完整无损，室外消火栓齐全完整。

（5）检查液氨储罐区域周围无杂物，无易燃易爆物品。

（6）检查液氨储罐完好无损，液位计、温度计、压力表及相应的变送器均正常。

（7）检查氨区无氨臭味，就地各氨泄漏检测仪显示正常，无异常报警。

（8）检查卸氨压缩机备用良好。

（9）确认有充足的氮气储备。

（10）液氨储罐安全阀校验合格正常投运，吸收罐水位、废水池液位满足要求。

（11）检查运装液氨槽车车况良好，《危险化学品运输许可证》等相关证件资质齐全。

（12）检查确认液氨槽车内液氨质量合格，液氨槽车需固定并接地，安全熄火，在车身前后约2m位置放置醒目的安全标示牌。

（13）液氨储罐应先进行氮气置换或抽真空工作，当罐内气体氧含量小于2%或真空度不低于0.086MPa后，方可进氨。

（二）卸氨操作

（1）卸氨前必须检查氨区自动保护投入，气氨及液氨管路检查确认连接安全可靠。首次卸氨或相关管道设备漏入空气后，需对该管路用 N_2 气吹扫，置换空气。充压后保持 3 ~ 5min，检查相关管道设备的严密程度。若压力下降过快，应查找系统泄漏点并予以消除，否则不得进行卸氨操作。

（2）检查开启液氨储罐及卸氨管道系统各阀门，液氨槽车中的液氨在压差的作用下进入液氨储罐，监视液氨储罐及液氨槽车压力和液位的变化，当液氨槽车内的压力接近液氨储罐压力时，需启动卸氨压缩机进行卸氨。根据液氨槽车液位指示或卸氨管路内的流动声音，确认液氨槽车内液氨已卸完，停止卸氨压缩机，检查关闭液氨储罐液氨及卸氨管道液氨、卸氨压缩机系统各阀门。

（3）首次卸氨时注意储存氨液量不大于 80% 的罐体容积，液氨储罐温度、压力不超规定值，禁止液氨罐超压、超装。

（4）注意事项。卸氨过程中，热控连锁保护正常投入，观察储罐的液位、温度、压力等信号，卸载过程中控制系统监测液氨储罐液位开关报警信号，使卸入储罐的液氨量不超过储罐有效容积的 80%，卸载过程中监测液氨储罐的压力和温度信号，如超限检查储罐降温喷淋保护是否正常启动。卸载过程中，如控制系统监测环境氨气泄漏，应及时启动事故喷淋保护。

（三）气氨制备及供应系统投运前的检查

（1）就地检查气氨制备及供应系统有关检修工作结束，临时安全措施拆除，现场清洁无杂物。

（2）检查液氨储罐备用良好，液位计及相关压力、温度测点投运正常。

（3）检查待投运的液氨蒸发槽各管路连接正常。

（4）检查液氨蒸发槽加热蒸汽压力、温度正常，管路保温良好，疏水畅通。

（5）检查液氨蒸发槽至气氨缓冲罐的气氨管路电伴热投入正常。

（6）检查氨气稀释槽、废水池备用良好，汽源、水源供应正常。

（7）液氨储罐安全阀、液氨蒸发槽安全阀、气氨缓冲罐安全阀已校验合格，投运正常。

（8）检查氮气系统连接完好，供应充足。

（9）检查气氨制备及供应系统的手动阀门位置正确，气动调节阀和电磁阀气源供应正常，开度显示与画面一致。

（10）检查 SCR 反应器气氨喷射格栅各手动门位置正确。

（11）检查仪用压缩空气压力正常。

（12）就地氨气泄漏检测装置显示正常，无异常报警。

（四）气氨制备

（1）初次或检修后投运，需用氮气对液氨蒸发槽、气氨缓冲罐及其连接管道进行加压吹扫，以便排出系统内的空气和校验系统的严密性，通过各管路的排放阀排放，分段进行，反复进行，直至合格。

（2）给液氨蒸发槽内注入质量合格的加热介质（除盐水）至正常液位。

（3）检查液氨蒸发槽疏水系统阀门开启，管路畅通；供汽管路预暖后全开；缓慢开启液氨蒸发槽进汽分门，控制液氨蒸发槽加热蒸汽调阀，控制加热介质温升率，防止系统产生振动。

（4）检查氨蒸发槽疏水通畅，系统稳定后，设定加热介质温度，液氨蒸发槽加热蒸汽调节阀投自动。

（5）当液氨蒸发槽内加热介质温度升至规定值时，按流程依次开启液氨储罐至蒸发槽管道各阀门，并监视母管压力指示正常。液氨进入液氨蒸发槽。

（6）开启蒸发槽至缓冲罐管道各手动门；缓慢开启液氨蒸发槽出口压力调阀，气氨进入气氨缓冲罐。

（7）监视缓冲罐压力缓慢上升，当压力上升至规定值时，将液氨蒸发槽出口压力调节阀投自动。

二、尿素溶液制备的热态调试

尿素制备及输送热态调试过程主要包括：根据尿素溶解罐中水量，按照配比加入尿素，配置满足热解或水解制氨工艺要求的尿素溶液。调整尿素溶液蒸汽加热及管路伴热系统，使溶液温度保持在设定的温度，防止尿素低温结晶。调节尿素溶液供应管道的尿素溶液流量、压力与循环回路的回流量，实现不同条件下尿素溶液供应量平稳可变。采用尿素水解工艺时，调整尿素水解罐温度及压力，满足氨气供应需要。

（一）尿素溶液制备系统投运前检查

（1）杂用压缩空气和仪用压缩空气、蒸汽、除盐水满足正常投运条件。

（2）转动设备试转合格，电气开关设备试验正常。

（3）电动阀门的就地与远方传动试验正常。

（4）各电动截门限位装置良好，“就地”“远传”均操作灵活，就地与集控室的开度指示一致并与实际相符；红绿灯指示正确。

（5）各种信号、联锁、保护、程控、报警值设置完成。

（6）仪器仪表校验应合格，包括流量、压力、液位计、温度变送器、就地压力、温度和流量指示器。

（7）尿素质量符合要求且储备充足。

（8）系统罐体及管线伴热正常，温度控制正常，疏水回收正常，各电伴热系统温度控制正常。

（9）废水池废液回收正常，废水泵液位高低联锁正常。

（二）尿素溶液制备系统投运

（1）尿素溶解罐注入除盐水。尿素溶解罐液位淹没内部盘管后，启动尿素溶解罐搅拌器。

（2）当尿素溶解罐液位填注到正常液位时，关闭尿素溶解罐除盐水补水阀，投入尿素溶解罐蒸汽加热，打开蒸汽进尿素溶解罐阀，将尿素溶解罐加热器供汽阀投入自动，温度调至规定值。检查加热器温度控制正常，尿素溶解罐加热疏水器工作正常。

（3）待尿素溶解罐加热器温度至规定值，启动尿素斗提机，根据尿素溶解罐中水量，按照配比加入尿素。为溶液更好地溶解混合，配制时应采用混合泵将溶液从储罐底部抽出返回上部进行循环配置，满足热解或水解制氨工艺要求的尿素溶液。

（4）待溶解罐内的温度稳定，密度计数值稳定，启动尿素溶液输送泵，向尿素溶液储罐制备合格尿素溶液。投入尿素溶液储罐蒸汽伴热，检查蒸汽伴热温度控制正常，疏水器工作正常。

（5）启动尿素溶液高流量循环泵，调整尿素溶液输送母管尿素溶液流量、压力与循环回路的回流量，实现不同条件下尿素溶液供应量平稳可变。

（6）在制完尿素溶液后，需要将尿素溶液密度计、尿素输送泵出入口管道和尿素溶解罐至尿素储罐管道进行冲洗。

三、脱硝系统的首次投运条件

脱硝系统的首次投运应具备以下条件：

（1）楼梯、平台安装牢固完好，试运场地平整，设有明显的标志与分界，危险区设有警告标志。

（2）消防设施完备，消防系统经消防部门验收合格并投入使用。

（3）供水、供气及废水排放设施能正常投运，现场沟道与孔洞盖板齐全。

（4）试运现场具有充足可靠的照明，事故照明能及时、自动投入。

（5）还原剂（液氨）制备区外应设置去静电触摸板、火种暂存箱。

（6）现场设备、管道及仪表管道应有保温、防冻措施，设备及管道按规定颜色刷漆完毕。

（7）试运区的空调装置及通风采暖设施满足设计要求，能正常投入使用。

（8）还原剂储量能够满足整套启动试运过程需要。

（9）电气、热工连锁保护校验验收合格，逻辑正确，动作可靠。系统分部试运、冷态试运项目已全部完成，并验收合格。

（10）烟气脱硝的公用系统投入运行，如辅助蒸汽、除盐（稀释）水、压缩空气等。

（11）已按照要求完成 CEMS 标定。

四、脱硝系统整套启动

（1）锅炉风机启动前启动脱硝稀释风机，调整系统稀释风量满足设计要求。尿素还原剂脱硝稀释风系统在锅炉风机启动后检查投入。

（2）锅炉风机启动后，要及时投入 SCR 反应器声波吹灰器，防止可燃物沉积在催化剂的表面上。声波吹灰器投运后检查各吹灰器发声正常，声波吹灰器程序控制正常，压缩空气压力达到要求。

（3）锅炉点火后 8h 内投入 SCR 蒸汽吹灰系统。检查吹灰器系统疏水自动控制正常，汽源压力自动调节正常，吹灰器程序控制正常。

（4）在锅炉点火启动后，就可以对喷氨系统进行检查，准备氨气的制备，以便脱硝系统投入。

（5）液氨作为还原剂的工艺，氨气制备完毕，氨气缓冲罐压力和温度满足投运要求。尿素作为还原剂的工艺，尿素溶液制备完毕，尿素溶液温度和浓度满足投运要求。

（6）脱硝气氨系统投运前用氮气对气氨供应管道进行吹扫，合格后关闭吹扫阀和排放阀。对管路及设备内气体进行取样分析，氧含量宜低于1%。尿素水解法脱硝在 SCR 反应器准备喷氨前，使用蒸汽吹扫预热喷氨管道，当流量调节模块温度达到设计值时，关闭蒸汽吹扫阀。尿素热解法投入稀释风电加热器运行，调整热解炉出口温度至设计值，检查电加热器本体温度正常，加热器温度自动控制正常。

（7）锅炉点火后关注燃烧状况，出现油雾化质量差等影响催化剂寿命的情况时，应联系主机运行人员调整，必要时采取停机措施。

（8）机组升负荷过程中，记录不同负荷下的催化剂初始压差，作为以后判断催化剂磨损堵塞的参考。催化剂压差出现异常时，应及时处理。

（9）当脱硝反应器入口烟温达到反应区连续运行温度设计值以上且稳定10min后，可以投入气氨供应系统（尿素热解投入计量模块）。

五、硝区的热态调试

主要包括以下几点：

（1）机组负荷稳定在90%以上，测量注氨格栅前烟气的温度、氧量、流量及NO_x浓度，根据测量结果初步计算出每个注氨格栅需要的氨流量。调试时应与主机配合严格控制催化剂运行温度在设计温度范围内，避免温度的过度拉伸和超温造成催化剂模块产生裂纹。

（2）氨喷嘴进口手动调节阀均全开；从左至右逐个关闭手动调节阀，并观察记录喷氨格栅进口压差值，并观察风机流量和风压的变化。将氨喷嘴进口手动调节阀关闭到阀打开，记录此时氨喷嘴进口压差值，再从右至左打开第2个阀门，再关闭前一个阀门，依次进行。通过手动调节阀调整，使每个手动调节阀单独开启时氨喷嘴进口压差值一致。调整完注氨格栅每个分支的流量之后，在烟气温度满足要求的情况下，往烟气中注氨，进行脱硝。脱硝效率达到设计值后，在SCR出口用网格法测量NO_x的分布，根据测量结果对注氨格栅相应的分支流量进行进一步的调整。

（3）脱硝吹灰器的热态投运。在锅炉燃油及等离子点火期间，应注意吹灰器投入时防止未燃尽煤粉在催化剂表面沉积再燃烧，造成催化剂局部烧结。

（4）脱硝首次启动喷氨调整：

1）喷氨启动时，以不超过5%的幅度逐渐增加调节阀开度，每次调整间隔宜在3min以上。调节阀开度调整幅度不宜对供氨母管压力产生超过0.02MPa的波动；脱硝效率接近设计值时，调节阀开度幅度增加变化宜更小。

2）根据CEMS监测的氮氧化物浓度、逃逸氨浓度和设计效率，调整氨气供应量。

3）监视反应区出口逃逸氨浓度变化，若氨浓度超过设计值，应减少氨气供应量，将逃逸氨浓度降至设计值以下，并分析氨逃逸高的原因。

4）根据流场均匀性分布设计数据及CEMS监测数据，调整喷氨格栅或混合器喷氨支管。

在上述工作完成后，需要对还原剂制备、供氨系统（尿素热解法计量模块系统）进行不同负荷条件下的适应性调整。根据脱硝反应器入口烟气流量、氮氧化物浓度、出口氮氧化物及氨浓度变化，调整喷氨自动（尿素热解法计量模块自动）控制参数，实现脱硝效率或出口氮氧化物浓度的自动稳定控制，使脱硝系统各运行参数正常，符合设计要求。

第四节　SCR脱硝系统调试中的常见问题

脱硝系统调试中应注意的问题如下。

一、硝区调试应注意的问题

（1）首次往烟气中通入氨气前，应先完成注氨格栅各分支流量的预调整；另外首次入氨气的量不宜多，通入氨气后当SCR反应器出口的烟气分析仪表有变化时，再缓慢增加注入的氨气量，直至脱硝效率达到设计值。

（2）由于注氨格栅的喷嘴比较小，在注氨格栅通入空气前，必须确保注氨格栅各分支手动门前的管道已经吹扫干净，并且要在通风的情况下进入内部，检查每个喷嘴是否畅通无堵塞。稀释风机试运时要把注氨格栅分支的手动门关闭，拆开1～2个注氨格栅手动门前的法兰作为排放口，在管道吹扫干净后回装；检查注氨格栅喷嘴，打开注氨格栅手动门，启动稀释风机，检查每一个注氨格栅喷嘴是否畅通，对不出气的喷嘴要进行处理。

（3）稀释风机产生的稀释风不但起稀释氨气的作用，同时还可防止AIG喷嘴堵塞。因此无论是否喷氨，在锅炉引风机投运前，均应先投运稀释风机。当锅炉引风机停运后方可停运稀释风机。

（4）主机启停时，要加强吹灰，延长吹灰时间，避免未完全燃烧的油滴、残炭沉积和堵塞催化剂内部通道，产生二次燃烧，对催化剂产生烧结作用。

（5）要实现SCR系统优化运行，则要求SCR反应塔顶部入口截面上的烟气速度分布最大允许偏差为10%～15%，烟气温度分布最大允许偏差为10～15℃，NH_3摩尔比分布的最大允许偏差为5%～10%。

（6）脱硝效率一般会随NH_3/NO_x摩尔比的增大而提高。当摩尔比大于1时，NH逃逸量会急剧上升，同时其他副反应速率也加快，氨与烟气中的SO反应可生成硫酸氢铵ABS，该化合物易黏结在空气预热器的换热面上，造成空气预热器堵塞、磨损、腐蚀及换热性能下降。根据工业试验情况，NH_3的逃逸率应严格控制小于3×10^{-6}。因此在调试过程中，需要注意氨逃逸率，在氨逃逸率较高时，必须降低脱硝效率，以使氨逃逸率恢复至正常水平。

二、氨区调试应注意的问题

（1）由于氨气和空气混合易引燃爆炸，首次进氨前必须按照要求把系统中的空气用氮气置换到氧的体积分数小于0.5%；进氨时先通入气态氨，检查系统无泄漏后再启动卸料压缩机通入液氨，卸氨结束后应用氮气把卸氨管道吹扫干净。

（2）压力容器及管道的吹扫由于氨储罐在安装阶段暴露时间较长，内部锈蚀严重，故在进行吹扫前，压力容器内部一定要人工清理；压力容器及其管道首选用蒸汽吹扫，但应该考虑管道的布置方式，如果有地下埋管，由于地下埋管的防腐涂层，高温蒸汽容易导致防腐层失效，此时应该采用压缩空气吹扫；液氨储存区离反应器区一般较远，采用分段吹扫可以确保将管道内异物清除干净。

（3）漏氨检测保护动作试验，为确保氨区压力容器在温度升高时不会出现超压危险，必须进行氨罐减温水和消防喷淋水真实动作试验；同时利用标准NH样品对氨罐、废氨吸收罐、气化器、压缩机、卸氨操作台处的漏氨检测仪进行真实报警试验，检验任何一处漏氨检测报警时，氨罐上的消防水将自动淋水并触发火灾报警至消防监控中心。

（4）氨是一种亲水化合物，因此在进行氨区设备管道水压试验时，要确保系统中的水能够彻底排净。对于不能排净水的设备，不得参与水压试验。为了保证将水彻底排干净，在排水结束后应再用压缩空气把系统中残留的水吹扫干净。

（5）根据我国TSG 21—2016《固定式压力容器安全技术监察规程》的要求，在水压试验结束后，氨区设备管道必须进行气密性试验。气密性试验合格后才可以向系统注氨。气密性试验要分段进行，每一个阶段都要用肥皂水对系统进行全面检查，对有泄漏的地方立即处理，然后再进行升压。

（6）进行卸氨操作时，应该注意控制液氨储罐内的储存量不得小于25%；槽车必须在接好地线后，稳定2～4h再开始卸氨操作；卸氨结束后，利用氮气将气相、液相卸氨管道内的残留液吹至氨罐。

（7）氨是一种危险的化学品，在调试过程中要熟悉相关事故的处置方法。现场调试必须配备必要的防护用品及便携式氨气泄漏检测仪。

第五节　调试过程优化及168h试运

SCR装置试验及调整：经过试验，调整各主要设备，初步确定SCR

装置的运行工况。

AIG 调整优化：每个反应器的入口烟道内烟气分布的均匀性和喷氨格栅每个喷嘴流速均匀性是影响脱硝率和控制副反应发生的决定性因素。烟道内烟气分布的均匀性主要通过反应器入口烟道导流板实现。每个喷嘴流速的均匀性主要通过调整每一路供氨支管上的调整实现。由于分侧烟道之间偏差会较大，故冷态动力场试验的重点是根据烟道内烟气流场规律，相应调整喷氨嘴出口风速，尽可能实现喷嘴风速的平均分布。最终还要通过热态下测量反应器出口 NO_x 和 NH_3 浓度分布，优化不同喷嘴的喷氨量，实现脱硝效率高、反应器出口 NO_x 浓度合理和 NH_3 逃逸率低的最佳控制。

整套 SCR 装置启动运行期间应进行的功能试验有变负荷运行试验、最大负荷运行试验、最小负荷运行试验、168h 试运等。

一、变负荷运行试验

SCR 装置在负荷 40% ~100% BMCR 变动时进行负荷变动试验。

试验方法：在负荷 40% ~100% BMCR 时，需同时控制 SCR 反应器出口烟温大于催化剂最低承受温度，反应器进口烟温小于最高承受温度。通过升降负荷，观察脱硝系统参数变化及控制系统对负荷的跟随性，记录喷氨量、脱硝效率、氨逃逸率、NO_x 的变化，通试验对控制系统进行优化。

二、最大负荷运行试验

试验方法：锅炉在 100% BMCR 负荷下稳定运行，SCR 装置同时在此负荷下喷氨稳定运行（运行时间大于 4h），记录脱硝系统喷氨量、脱硝效率、氨逃逸率、NO_x 值等参数，校验脱硝系统的最大出力。

三、最小负荷运行试验

试验方法：控制锅炉机组负荷保证 SCR 反应器出口烟温大于设计值，记录此时锅炉机组运行负荷，并记录脱硝系统喷氨量、脱硝效率、氨逃逸率、NO_x 值等参数，以此负荷作为今后 SCR 装置喷氨运行所允许的最低负荷。

四、168h 试运

SCR 装置各项参数经过全面调试后，机组在额定负荷工况大于 85% 稳定运行，经批准脱硝设施整体进入连续 168h 考核试运行。在脱硝设施整体进入连续 168h 试运行期，安装公司应继续负责消缺工作。

168h 试运行必备条件如下：

（1）完成带负荷调试和系统优化试验。

（2）SCR 系统各项指标达到合同设计值。

（3）热控自动装置投入率 100%。

(4) 热控保护投入率 100%。

(5) 锅炉烟气量应达到 SCR 设计满负荷要求 168h 连续稳定运行。

(6) 热控仪表投入率 100%。

168h 连续稳定运行期间，各项技术指标应达到设计和合同要求。

提示 本章内容高级工及技师适用。

第十八章

SCR 脱硝系统的启动

第一节　SCR 脱硝系统启动前的试验与检查

一、SCR 脱硝系统启动前试验的主要内容

（1）测试动力电缆和仪用电缆的绝缘电阻，测试电动机绝缘，试转电动机转向。

（2）对氨气、蒸汽、除盐水、尿素溶液、氮气、杂用压缩空气和仪用压缩空气的管路系统进行泄漏试验。

（3）对转动设备进行电气开关试验。

（4）对电（气）动阀门或挡板门进行远方传动试验。

（5）各种信号、联锁、保护、程控、报警值设置完成。

（6）仪器仪表校验，包括烟气分析仪、流量、压力、温度变送器、控制系统的回路指令控制器、就地压力、温度和流量仪表等。

二、SCR 脱硝系统启动前的检查

1. 液氨卸料、储存与氨稀释排放系统应检查内容

（1）液氨还原剂制备区电气系统投入正常。

（2）仪表电源正常，所有仪表测量装置投入且校准，连锁保护试验正常。

（3）仪用、杂用压缩空气压力达到系统运行要求。

（4）备用氮气量应准备到位，品质符合要求，压力正常。

（5）还原剂制备区的氨气泄漏检测装置报警值设定完毕，工作正常。

（6）氨稀释槽、液氨储存罐内部清洁，废液池清洁。

（7）氨稀释系统正常投运。

（8）氨废液吸收系统具备投入条件。

（9）氨废液排放泵系统具备投入条件。

（10）液氨储存罐降温喷淋具备投入条件，还原剂制备区消防系统应投入。

（11）卸氨压缩机具备启动条件。

（12）在上位机上检查确认系统连锁保护应100%投入。

（13）检查确认防护用品、急救用品准备到位。

（14）应急处置卡、应急预案已审批，并经过预演。

（15）安全阀一次门已开启到位，其他阀门在启动前位置。

（16）系统用氮气置换或抽真空处理完毕，氧含量应达到设计安全要求，不宜超过2%。

（17）系统各阀门位置正确。

2. 液氨蒸发系统及其氨缓冲系统应检查内容

（1）液氨蒸发槽、氨缓冲罐内部清洁，人孔封闭完好。

（2）系统内所有管道、设备已进行清洗及吹扫并已用氮气置换完毕，氧含量达到设计安全要求。

（3）压力、温度、液位等测量装置完好并投入。

（4）液氨蒸发槽加热蒸汽及其循环泵系统（若有）具备投入条件。

（5）液氨输送泵（若有）具备投入条件。

（6）氨缓冲罐具备储、供氨条件。

（7）安全阀一次门已开启到位，其他阀门应处于启动前位置。

（8）确认供水系统正常，蒸发槽已补水至正常液位。

（9）选定供氨储罐，导通系统至启动前状态。

3. 尿素热解系统应检查内容

（1）系统控制电源、动力电源已送电。

（2）系统各气动阀气源正常。

（3）系统连锁、保护已全部投入。

（4）就地仪表、变送器、传感器工作正常。

（5）设备阀门状态符合启动条件，所有安全阀均校验合格。

（6）热解炉风系统正常，满足启动条件。

（7）尿素制备系统已投入正常运行，尿素母管压力正常。

4. 稀释风系统应检查内容

（1）稀释风管、加热器内部清洁。

（2）喷氨格栅完好，喷嘴无堵塞。

（3）压力、压差、温度、流量等测量装置完好并投入。

（4）稀释风机润滑油正常，并具备启动条件。

（5）稀释空气加热系统具备投入条件。

（6）系统阀门应处于启动前位置。

（7）稀释风机电源绝缘合格已送电。

5. 循环取样风系统应检查内容

（1）系统已送电正常。

（2）循环取样风机进出口管道内部清洁。

（3）压力测量装置完好并投入。

（4）烟气在线分析仪、氨逃逸检测仪完好并具备投入条件。

（5）循环取样风机润滑油正常且具备启动条件。

（6）循环取样风机冷却水（若有）应具备投入条件。

（7）系统阀门应处于启动前位置。

6. 吹灰系统应检查内容

（1）压缩空气、蒸汽吹灰系统的管道吹扫干净，排水管道通畅。

（2）压力、温度、流量等测量装置完好并投入。

（3）蒸汽吹灰器进、退应无卡塞，与支架平台应无碰撞，限位开关调整完毕，位置正确。

（4）吹灰蒸汽压力、压缩空气压力正常。

（5）吹灰器控制系统完好，具备投入条件。

（6）系统阀门处于启动前位置。

7. SCR 反应器应检查内容

（1）催化剂及密封系统安装检查合格。

（2）喷氨混合器、导流板、整流器完好。

（3）混合器氨气入口管路应完好、通畅，阀门应处于启动前位置。

（4）烟道内部、催化剂清洁，无杂物。

（5）烟道无腐蚀泄漏，膨胀节连接牢固无破损，人孔门、检查孔关闭严密。

（6）烟气在线自动监测系统（CEMS）运行及信号传输正常，控制系统运行正常，所有连锁保护投入正常。

（7）氨泄漏报警系统投入正常。

（8）循环取样风系统、稀释风机系统、吹灰系统系统、压缩空气系统已投入运行正常。

（9）锅炉运行正常，烟温满足投运脱硝条件，供氨系统备用良好。

第二节　冲洗水系统启动

尿素溶液管道上设置有完善的冲洗水系统，以确保各分支管路及计量分配模块整套停运时，各分支管路能够自动独立的进行冲洗，防止残余的尿素溶液在管内结晶。冲洗水一般采用除盐水，与尿素接触的设备材料应为304不锈钢。正常情况下退出热解炉喷枪时要对喷枪进行冲洗。冲洗水系统启动步骤如下。

（1）检查冲洗水源正常，打开供水门补水至水箱水位正常。

（2）检查冲洗水泵出入口手动门开启。

（3）启动预选冲洗水泵。

（4）打开待冲洗系统电动门。

（5）冲洗3～5min，关闭打开的冲洗电动门。

（6）冲洗尿素喷枪步骤：

1）关闭喷枪溶液电动门。

2）全开喷枪溶液调阀。

3）开启对应喷枪冲洗水电动门。

4）监视冲洗3～5min。

5）关闭打开的冲洗水电动门。

6）全关尿素溶液调阀。

7）冲洗结束。

8）整个冲洗过程要监视热解炉出口温度，确保其不能下降过快，否则立即停止冲洗。

第三节　压缩空气系统启动

脱硝系统用压缩空气一般由厂区压缩空气管网提供，一般会在氨区和反应区设置压缩空气储罐。对液氨作还原剂的脱硝系统，压缩空气主要用作各气动门的气源、反应区取样用气以及声波吹灰的气源等；而对于尿素作还原剂的脱硝系统，压缩空气系统除了以上用途外，还用作尿素热解炉尿素喷枪的雾化和密封；另外一部分还作为检修吹扫用气。

脱硝压缩空气系统的启动就是将厂区压缩空气管网供脱硝系统的阀门全部打开，将脱硝系统各压缩空气用户的供气门打开。

第四节　还原剂制备系统的启动

一、以液氨作为还原剂的制备系统启动

1. 卸氨操作

（1）检查液氨储罐具备进氨条件。

（2）检查氨稀释系统、废液系统投入自动。

（3）检查氨区喷淋降温系统投入自动。

（4）检查氨区氨泄漏报警系统投入。

（5）按操作票检查系统各阀门状态处于正确位置。

（6）检查液氨槽车，确认槽车合格，液氨品质合格，允许槽车进入现场，并放置好止溜木桩，槽车可靠接地，做一次紧急切断阀试验且试验合格。

（7）把万向充装管道与槽车接口可靠连接。

（8）打开氨系统气相管路上阀门。

（9）打开氨系统液相管路上阀门。

（10）微开槽车液相管路阀门确认无泄漏后，缓慢打开至设计流量。

（11）当槽车压力与液氨储罐压力相差0.1～0.2MPa时，微开槽车气相管路阀门确认无泄漏后，缓慢全开。

（12）启动卸料压缩机，调整好压力。

（13）当槽车液位指示为零或液氨储罐液位达到规定充装量时，关闭液氨储罐上气液相阀门，同时停止卸料压缩机，并关闭卸料压缩机进出口阀门。

（14）关闭槽车气、液相阀门。

（15）吹扫卸氨气、液相管路。

（16）取下槽车和液氨储罐连接的万向充装管道，确认分离完全后，静置10min，拆除地线，移走止溜木桩，槽车开走。

2. 液氨蒸发系统启动

（1）确认系统的相关表计已经投入正常。

（2）给蒸发槽注入工业水至规定液位。

（3）打开蒸汽母管进汽手动门。

（4）打开蒸汽至液氨蒸发槽手动阀。

（5）打开液氨蒸发槽蒸汽入口气动阀。

（6）缓慢打开液氨蒸发槽入口蒸汽控制阀门，使蒸发槽的水温上升至55～65℃，把蒸汽控制阀门投入自动，并设定水温为60℃。

（7）打开选定液氨储罐液氨出口手动阀。

（8）打开选定液氨储罐液氨出口气动阀。

（9）打开液氨储罐液氨出口母管上相关手动阀。

（10）打开液氨储罐液氨出口母管至蒸发槽管道手动阀。

（11）打开液氨蒸发槽入口气动阀。

（12）通过调节压力控制阀调节蒸发槽出口压力。

（13）打开液氨蒸发槽出口手动阀，也就是氨气缓冲罐入口手动阀，使氨气缓冲罐缓慢升压至设定的压力。

（14）待液氨蒸发系统压力稳定后，各压力控制阀投入自动。

（15）缓冲罐压力稳定后可以开始给机组供氨。

二、以尿素作为还原剂的制备系统启动

1. 尿素配料系统的启动

（1）开启配料池（溶解罐）来水门进行注水，液位达设定值时关闭来水门。

（2）开启尿素配料池（溶解罐）蒸汽入口门，投入温度联锁设置。

（3）启动通风风机、搅拌器、循环泵。

（4）向溶解罐（配料池）中加设定量的尿素。

（5）搅拌尿素溶液，当尿素密度达到设定值停止搅拌，检查尿素完全溶解。

（6）打开尿素溶液储存罐蒸汽供汽门，投入加热系统自动。

（7）检查开启尿素溶液储罐入口门，打开循环泵至溶液储罐阀门，向溶液储罐补液。

（8）当溶解罐（配料池）液位降为设定值时，停止循环泵、搅拌器。

（9）投入尿素输送管道伴热系统，导通高流量循环泵系统，启动高流量循环泵，开泵出口门。

2. 尿素热解喷氨系统启动

（1）检查稀释风机运行正常（有的用热一次风）。

（2）检查稀释风至热解炉风门都在开启状态。

（3）调整风量在规定范围。

（4）启动热解炉加热器，控制热解炉出口温度在规定范围。

（5）开启热解炉前尿素喷枪雾化气源阀门。

（6）投入某层尿素喷枪。

（7）开启雾化气电磁阀、调节阀，控制就地调节阀后压力到设计值。

（8）开启稀释泵进出口阀门，启动稀释泵，查出口压力正常。

（9）开启尿素泵进出口阀门，启动尿素泵，查出口压力正常。

（10）根据锅炉负荷调节尿素和稀释水调节阀，把喷入热解炉内尿素溶液浓度控制在10%左右。

第五节　稀释风系统启动

锅炉风烟系统启动后，点火前要启动稀释风机，其启动步骤如下。

（1）确认入口手动挡板开启。

（2）启动稀释风机。

（3）风机启动后缓慢开大稀释风机入口调节挡板，控制稀释流量在正常范围。

（4）投入稀释风加热系统（若有），稀释风温度应控制在设计值。

（5）将备用稀释风机投入联锁备用。

第六节　计量分配系统启动

计量分配系统启动步骤如下：

（1）确认冲洗水在最小压力时可用，并且与计量与分配模块正确连接，供水门全开，水压正常。

（2）确认热解系统高流量循环装置已启动，能可靠供给计量与分配装置尿素溶液，尿素溶液入口管路压力正常。

（3）确认计量分配系统和热解炉系统压缩空气各阀门全开，压力正常。

（4）确认与计量分配装置相关的全部电源已供电。

（5）启动尿素溶液计量分配系统。

（6）启动热解炉系统。

（7）确认稀释风正常，调节阀调节正常（若为热一次风，确认热一次风调节阀调节正常）。

（8）确认电加热器正常，电加热器控制系统投入运行。用柴油加热时，检查供油泵系统正常，投运正常。

（9）按照程序进行吹扫。

（10）确认高流量循环装置运行良好。

（11）检查喷氨格栅及热解炉系统无报警。

（12）检查高流量循环装置、计量分配装置、电加热器系统无报警。

（13）按照顺序控制投入尿素溶液。

第七节　吹灰系统启动

脱硝 SCR 系统一般包括两种吹灰器，声波吹灰器和耙式蒸汽吹灰器，声波吹灰器为主，蒸汽吹灰器为辅。不论脱硝系统是否投入，当机组启动时就应投入，声波吹灰器。声波吹灰器应按烟气流动的方向运行，即按先吹上层再吹下层的顺序，一般应按组吹扫（同时启动同层几个吹灰器，吹灰器间声波叠加效果更好）。声波吹灰采取不间断循环运行，机组启动时，检查压缩空气压力满足投运条件，投入吹灰器子回路自动循环运行。

对于耙式蒸汽吹灰器，主要根据催化剂差压适时吹扫。当催化剂差压正常时，建议每周或半月应吹扫一次，避免长时间不运行导致的设备锈蚀、卡涩。蒸汽吹灰系统运行原则一样应按烟气流动的方向进行，即先吹上层再吹下层。

蒸汽吹灰步骤：

（1）打开蒸汽管路供汽电动总门。

（2）打开 SCR 吹灰器蒸汽管路疏水阀。

（3）当温度达到设定值，关闭 SCR 吹灰器蒸汽管路疏水阀，疏水结束。

（4）吹灰压力未见异常，暖管程序结束。

（5）检查吹灰压力、温度正常，启动吹灰程序，自动执行顺控步序。

提示　本章共七节，其中第一节、第二节、第三节、第五节和第七节适用于初级工，第四节和第六节适用于中级工。

第十九章

SCR 脱硝系统的运行

第一节 SCR 脱硝系统运行的一般规定

（1）火电厂脱硝系统的运行应符合国家现行有关强制性标准的规定，按设计技术指标运行，各项污染物排放指标应满足当地环保部门的要求，排放达标。

（2）未经当地环保部门批准，不得停止脱硝系统的运行。由于紧急或故障必须停止脱硝系统运行时，停运后应立即报告当地环保部门。

（3）应根据工艺要求，定期对各类设备、电气、自动控制仪表及建（构）筑物进行检查维护，确保装置稳定可靠运行。

（4）应建立健全脱硝系统各项运行管理制度、运行操作规程，建立脱硝系统主要设备运行状况的记录制度。

（5）采用液氨作为还原剂时，应根据《危险化学品安全管理条例》的规定，建立本单位事故应急救援预案，配备应急救援人员和必要的救援器材、设备，并定期组织演练。

第二节 SCR 脱硝系统运行人员管理

针对脱硝系统，企业根据实际情况可单独配备脱硝运行人员，也可与机组合并配置运行人员负责脱硝设施运行管理，但至少应设置一名专职的脱硝技术管理人员。

企业应对脱硝系统的管理和运行人员进行定期培训，使其掌握脱硝系统及其附属设施的正常操作和应急处理知识，运行操作人员上岗前培训至少要包括以下内容：

（1）国家和有关部门相关的法律法规、污染物排放标准及总量控制要求等。

（2）掌握液氨、尿素及溶液、氨气等的相关专业知识。

（3）本企业脱硝系统的原理、工艺流程、设备规范、控制规范等。

（4）脱硝系统投运的必备条件及投运前的检查准备项目。

（5）脱硝系统启停操作规范。

（6）脱硝系统正常运行的参数监控、调整及巡回检查的内容。

（7）脱硝系统故障的检查、发现和排除。

（8）事故处理的原则及氨泄漏应急预案的启动、急救、报警、自救措施等。

第三节 SCR 脱硝系统的投运

SCR 脱硝系统投运步骤：

（1）观察锅炉燃烧工况和省煤器出口烟气温度。

（2）烟气分析仪投入运行，启动循环取样风机系统。

（3）启动吹灰系统。

（4）启动稀释风机，启动稀释风加热器（若有）。

（5）当 SCR 反应器入口烟温达到允许值时，确认供氨压力正常，打开供氨手动阀门、气动关断阀、气动调阀。

（6）逐步提高喷氨量，控制反应器出口达到设定值，控制氨逃逸率在设计值范围内。

（7）投入喷氨自动。

（8）确认 SCR 脱硝系统稳定运行。

第四节 SCR 脱硝系统运行中的调整

一、运行中调整的主要原则

为保证脱硝系统安全稳定运行，在满足国标规定和当地环保部门排放指标要求下，还要对脱硝系统进行运行中调整，以提高脱硝系统运行的经济性。脱硝系统运行中调整应遵循以下原则。

（1）脱硝系统必须安全稳定运行，参数准确可靠。

（2）脱硝系统运行中调整服从于机组负荷变化，且在机组负荷稳定的情况下进行。

（3）脱硝系统运行中调整应采取循序渐进的方式，避免参数出现较大波动。

（4）在满足排放指标的前提下进行调整。

二、液氨蒸发系统主要运行中调整

(1) 液氨蒸发系统运行中调整的目的是使氨气的压力和流量满足机组用氨量，调整的项目包括液位、加热蒸汽流量和氨气压力。

(2) 蒸发槽采用蒸汽盘管式加热时，需要监视加热媒介液位，并根据需要经常补充加热媒介。当采用蒸汽凝结水加热液氨盘管时，则可通过溢流管来保持加热媒介液位。

(3) 正常运行中通过调节加热蒸汽的流量来控制加热媒介的温度，以满足气化液氨所需热量。

(4) 通过装在蒸发槽入口的液氨调阀或出口气氨调阀来控制缓冲罐气氨压力，以满足机组用氨量。

三、尿素热解系统运行中调整

(1) 尿素热解系统监测和调整的参数包括尿素溶解罐液位与温度、尿素溶液储罐液位与温度、疏水箱液位、尿素循环泵回流溶液温度与压力、尿素溶液浓度与压力、雾化空气的流量与压力、加热媒介的流量与压力。

(2) 用除盐水或冷凝水在溶解罐中配置浓度为40% ~50%的尿素溶液，当溶液温度过低时，蒸汽加热系统投入，调节溶液温度在设定温度，防止低温结晶。

(3) 通过尿素溶液给料泵压力控制回路，调节尿素溶液流量、压力与循环回路的回流量，以维持尿素热解炉的溶液供应量平衡。回流溶液温度低于规定值时，加热器电加热自动启动，回流溶液温度到规定值时，加热器电加热自动停止。

(4) 通过调节尿素溶液的流量、压力及雾化空气的流量与压力，控制尿素溶液雾化喷入热解炉的液滴粒径在合适的范围。

(5) 通过调节尿素溶液雾化液滴上游的加热媒介的温度与流量，以满足热解氨所需热量。

(6) 根据尿素溶液的浓度调节加热媒介的流量与压力，以控制热解炉出口氨气混合物的压力、温度、氨气流量及浓度。

(7) 运行中应控制热解炉出口最低温度在规定值以上，防止因温度降低导致热解炉出口结晶。同样应确保喷氨格栅管道温度不低于规定值，防止喷氨格栅管道结晶。

四、脱硝 SCR 装置运行中调整

1. 运行烟气温度的调整

(1) SCR 反应器入口烟气温度应满足催化剂最高、最低连续运行温度的要求。

（2）当SCR反应器入口烟气温度低于运行最低连续喷氨温度时，通过协调负荷、燃烧调整等措施提高反应器入口温度。在机组低负荷时，通过省煤器分级、烟气旁路或提高给水温度等方式，保证SCR反应器入口烟气温度高于最低连续喷氨温度，保证脱硝系统正常运行。

（3）运行中应控制SCR反应器入口烟气温度小于420℃，当SCR反应器入口烟气温度大于420℃、小于450℃时，运行时间不超过5h。严禁SCR反应器入口烟气温度超过450℃运行，以防止催化剂发生烧结。当出现SCR反应器入口烟气温度大幅度上升等故障，为避免催化剂的烧结失活，应立即降低锅炉负荷，以保护脱硝催化剂。

2. 喷氨量的调整

（1）根据锅炉负荷、燃料量、SCR反应器入口出口NO_x浓度和脱硝效率来调节喷氨量。

（2）严格控制脱硝系统出口氨逃逸浓度，当氨逃逸率已超标，而SCR反应器出口NO_x浓度未达标时，严禁继续增大喷氨量。应调整负荷，将氨逃逸率降低至允许的范围后，加强吹灰，查找原因，把氨逃逸率高的问题解决后，才能继续增大喷氨量。

（3）对高硫分煤种，应严格控制喷氨量，控制硫酸氢铵生成量。

（4）锅炉发生爆管事故时，为防止催化剂受潮，应立即停止喷氨，做好烟道、灰斗的除湿和干燥，保持自然通风。

3. 稀释风流量的调整

（1）根据脱硝效率对应的最大喷氨量设定稀释风流量，使得氨空比小于5%。

（2）对于喷嘴型氨喷射系统，稀释风系统得一直随锅炉运行。

第五节　SCR脱硝系统运行中的检查

一、脱硝系统运行中的检查通则

（1）转机各部件、地脚螺栓、联轴器螺栓、保护罩等应满足正常运行要求，测量及保护装置、工业电视监控装置齐全并投入运行。

（2）设备外观完整，部件、保温完整，设备及周围应清洁，无积油、积水和其他杂物，照明充足，栏杆平台安全完整。

（3）各箱、罐、槽的人孔、检查孔和排液阀应关闭严密。

（4）所有阀门、挡板应开关灵活，无卡涩现象，位置指示正确。

（5）电动机运行时，无撞击、摩擦等异音，轴承油位油色正常，电动机旋转方向正确，电流表指示不超额定值。

（6）电动机电缆头及接线、接地线完好，连接牢固，轴承及电动机测温装置完好并正确投入。

（7）事故按钮完好并加盖。

（8）所有管道无泄漏、堵塞，振动正常。

（9）所有烟道无漏风、腐蚀，振动正常。

（10）脱硝装置的主要设备应制定定期切换表，严格按定期表定期切换、定期分析。

二、液氨储存与制备系统运行中检查

（1）检查氨系统各管道应无裂缝，无异常振动，连接部位无泄漏，氨检漏器无报警，就地无刺鼻氨味。

（2）检查卸料压缩机曲轴箱油位、油压正常，压缩机进出口压力、温度正常，气液分离器排液正常。

（3）检查液氨储罐压力、温度、液位正常。

（4）检查液氨蒸发槽、氨气缓冲罐、氨吸收罐无泄漏，蒸发槽和稀释槽液位正常。

（5）氨区喷淋降温装置压力正常，处于自动状态。

（6）氨区废液池液位正常，废水泵投自动。氨吸收罐液位正常，氨水泵投自动。

（7）检查氨流量压力控制阀动作正常，无泄漏，氨气供气压力正常。

（8）检查氨系统各调节阀、截止阀以及氨流量计的状态正常，各种参数设定正确，阀门填料压盖处无泄漏，阀门位置指示正常。

（9）检查稀释空气配管无异常振动，状态正常，指示正常。

（10）检查注氨分配管节流孔板压差压力计指示正常，无泄漏。

三、尿素热解制氨系统运行中检查

（1）检查尿素储料筒料位正常，外形完整，下料管连接完好无漏点，筒顶部完好无漏水危险；储料筒活化风供应正常，管道连接完好无漏点。

（2）尿素溶液制备过程中，检查溶解罐搅拌器运行平稳无异音。罐顶排气风机运行正常，管内保持负压。

（3）溶解所需的加热蒸汽管道无撞击、泄漏，换热器工作正常，疏水器工作正常，疏水正常回收。

（4）尿素混合泵声音正常，出口压力正常，轴承油位、油色正常，无漏液现象。

（5）检查尿素溶液储罐外形完整，罐体连接管道无泄漏，各测点连接牢固；储罐加热蒸汽管道无撞击、泄漏，换热器与疏水器工作正常。

（6）尿素循环泵声音正常，出口压力正常，轴承油位、油色正常；尿素溶液供应管线伴热正常，储罐温度、回流温度保持在设计值。

（7）尿素热解系统的加热媒介无泄漏，媒介输送泵运行正常。

（8）尿素溶液管道及冲洗水管无泄漏，尿素喷枪雾化空气的流量和压力正常。

（9）稀释风机运行声音正常，轴承油位正常，油色正常。

（10）热解炉人孔及底部连接法兰封闭严密，无氨泄漏。

（11）尿素喷枪流量正常，无泄漏，雾化情况良好。

四、脱硝 SCR 反应器系统运行中检查

（1）检查反应器本体严密无漏烟，膨胀指示正常。

（2）检查氨空混合器、喷氨格栅处无氨泄漏。

（3）检查各氨气分配管压降是否均匀。

（4）检查吹灰器运行正常，压缩空气或蒸汽压力正常，无泄漏。

（5）监视在线监测、分析仪表运行正常。

第六节　SCR 脱硝系统运行中的维护

（1）脱硝装置的主要设备应按表 19－1 进行定期切换。

表 19－1　　脱硝装置主要设备切换周期表

序号	设备	切换周期	备注
1	液氨蒸发槽	每两周切换一次	
2	卸料压缩机	每周切换一次	
3	稀释风机	每两周切换一次	
4	声波吹灰器	循环吹灰	
5	蒸汽吹灰器	每周一次	可根据催化剂积灰情况确定吹灰周期
6	尿素溶液供给泵和循环泵	每两周切换一次	可根据尿素结晶情况确定
7	尿素热解炉喷枪		根据需要切换
8	尿素热解炉燃油泵	每两周切换一次	

（2）脱硝装置的主要设备应按表 19－2 进行定期分析和试验。

表 19－2　脱硝装置主要设备定期分析内容统计表

序号	项目	内容	目的	周期	备注
1	停炉检修	检查脱硝系统	查出明显存在问题的设备，检查催化剂积灰情况、喷嘴积灰情况	逢停必查	
2	SCR 参数	记录机组负荷、烟气流量、喷氨量、脱硝出入口氮氧化物、反应器阻力等并绘制相应曲线	监测脱硝性能	每周图表分析总结	
3	在线分析仪表	检查和标定	保障正常运行	每周一次	
4	入炉煤采样	采集入炉煤样	分析催化剂活性惰化的历史记录	每周一次	
5	飞灰采样	在电除尘器－电场灰斗下取灰样	间接测量氨逃逸	每周一次	
6	空预阻力分析	每小时记录一次空预阻力	监测氨逃逸、硫转化率	每周图表分析	
7	吹灰器检查	检查维护	保障正常运行	每周一次	
8	喷氨格栅优化	在反应器出口测试氮氧化物及氨逃逸	优化脱硝系统运行	每年一次	
9	SO_2/SO_3转化率测试	在反应器进出口化学法测试SO_2和SO_3	监测催化剂硫转化率	每年 2～4 次	

续表

序号	项目	内容	目的	周期	备注
10	催化剂活性、材料监测	从催化剂中采集样品测试催化剂活性、进行组成成分分析	建立催化剂活性档案，分析催化剂活性降低原因	每年一次或检修期间采集样品	
11	液氨系统	查找泄漏点、检查卸氨情况	安全检查，查出危险点及时消除	每周一次	
12	脱硝性能试验	在反应器出入口测量氮氧化物、压力、温度、氨等	检修前后脱硝设备运行水平	机组A修前后以及新增、更换催化剂前后	
13	逻辑性试验	停止或增减喷氨量	脱硝设施数据变化正常符合逻辑关系	按当地环保部门或上级公司监控要求执行	

（3）脱硝装置的维护应纳入全厂维护计划，检修应与机组检修同步进行。

（4）失效的催化剂应按环保要求优先进行再生处理，无法再生时送有处置资质的单位进行无害化处理。

第七节　SCR脱硝系统的优化运行

一、脱硝系统流场优化

脱硝催化剂和流场是影响SCR脱硝系统性能的两个重要因素。催化剂性能一定的情况下，烟气中NH_3/NO_x混合效果直接影响催化剂脱硝效率，也直接决定了氨逃逸的高低。当浓度偏差系数小于4%时，因浓度偏差造成的氨逃逸几乎可以忽略不计，随着偏差系数的增加，氨逃逸就越明显，当偏差系数超过10%，那么氨逃逸将超过3ppm上限。因此，氨浓度分布对于脱硝效率和氨逃逸的控制都具有重要的意义。

在SCR脱硝中，如果流场没有经过优化，流场分布不理想会造成氨氮混合不均匀、烟道积灰严重、经过催化剂的速度不均匀。流速过低会加速催化剂堵塞，流速过高或流速偏角过大会加剧催化剂磨损，而催化剂堵塞和磨损反过来又会加剧速度分布不均匀，这是一个恶性循环的过程，最终会导致脱硝效率低下、催化剂寿命降低、氨逃逸严重等问题。所以当锅炉处于燃烧器改造、受热面改造、烟道改造、大的燃烧调整、煤种变化大等情况时，应对脱硝烟道进行流场优化。从运行参数也可检查分析均流板、静态混合器、格栅板、导流板是否起到均流导流作用，出现大的偏差时应进行流场优化。

二、喷氨格栅优化

当脱硝效率较低而局部氨逃逸率偏高时，应对喷氨格栅阀门进行调节优化，一般每年都应进行一次 NH_3/NO_x 摩尔比分布（喷氨格栅）优化调整试验，以优化脱硝系统性能。优化调节应在机组额定或长期运行的负荷下进行。进行优化调整应采取循序渐进的方式，逐步调节阀门，使 SCR 反应器出口氮氧化物浓度分布比较均匀。

三、脱硝系统自动控制优化

由于调峰频繁、测点取值迟滞等，导致氮氧化物、氨逃逸率超标频繁，自动调节困难时，应加强自动控制的优化，优化机组不同工况下的自动调节能力，防止自动调整时氨逃逸率过高，同时减少脱硝装置运行对锅炉尾部烟气系统设备的影响。

四、吹灰器吹灰频率的优化

脱硝装置投运后，应监视催化剂差压变化，差压变化较快时，应改变吹灰器频率。声波吹灰器每组间间隔时间应优化调整。根据检修期间催化剂表面磨损情况检查，适当增减蒸汽吹灰器频率。

第八节　SCR 脱硝系统运行的安全性及注意事项

SCR 脱硝系统运行的安全性及注意事项如下：

（1）脱硝 SCR 系统要在设计的温度范围内运行，温度过高会烧结催化剂，过低会造成催化剂活性低、硫酸氢氨堵塞、寿命缩短等危害。

（2）升、降负荷时应及时调整喷氨量，以免出现长期欠喷，严防出现过喷现象。

（3）运行中排放氮氧化物浓度的调整。

1）除发电机组启机导致脱硝设施退出，以及其他不可抗拒的客观原因导致脱硝设施无法正常运行等情况外，脱硝 SCR 系统必须可靠投入运行。

2）正常运行中应调整排放浓度在80%排放限值以下运行。当氮氧化物浓度接近80%时，通过加大脱硝反应器喷氨量、调整低氮燃烧等措施无效时，汇报值长，值长应立即采取降负荷措施，确保氮氧化物排放浓度不超标，如1h内仍不能达标应立即向有关部门申请停机。

3）达标排放应实行综合治理，要确保燃煤品质、脱硝还原剂品质满足设计要求，每天都要提前了解入炉煤质情况，及时调整运行方式，保证污染物无条件稳定达标排放。

（4）当喷氨调门在手动位时，开大喷氨调门时应缓慢，防止出现因瞬时喷氨量过大致使液氨蒸发槽出力不足而导致的供氨压力降低或热解炉出口温度降低现象。

（5）运行中应经常监视脱硝催化剂层差压，差压增大时加强吹灰。

（6）运行中应监视稀释风机流量、电流、出口压力等参数，如有异常时立即查找原因。

（7）运行中应经常对比各种工况下的脱硝效率和喷氨量，出现异常时及时分析原因。

（8）机组紧急降负荷或发生RB时，应手动及时减少喷氨量。

（9）当SCR脱硝出口氨气逃逸率$>3\times10^{-6}$，确认不是测量故障时，在保证出口不超标情况下适当降低脱硝效率，同时增加空气预热器吹灰次数。

（10）严禁无稀释风机运行，防止喷氨格栅喷口堵灰。

（11）每日按工作要求定期检测氨区、脱硝区域气氨管道、设备的氨气泄漏情况，及时发现问题，消除缺陷和隐患，发现泄漏时立即上报。

（12）加强对液氨储罐液位、压力等重要参数的监视，掌握参数的异常变化。

（13）氨区有启停、切换设备以及卸氨等重大操作时，巡检必须先到，就地做好充分检查准备工作。

（14）脱硝系统正常停运时，在停止喷氨后，应维持烟气系统继续运行规定时间，以吹扫尽催化剂内残留氨气。同时严禁停运稀释风机。

（15）脱硝系统停运后，应及时关严尿素喷枪前手动门，防止因电动门不严尿素泄漏造成热解炉内结晶堵塞。

（16）脱硝系统停运后，应及时关严供氨手动门及旁路门。

提示 本章共八节，其中第一节、第二节适用于初级工、中级工，第三节、第五节、第六节和第八节适用于中级工，第四节和第七节适用于中级工、高级工。

第二十章

SCR 脱硝系统的停运

第一节 氨喷射系统停运

在 SCR 入口烟气温度降至保护停运温度以前，锅炉负荷暂时稳定，等喷氨调阀关闭后再降低锅炉负荷。

SCR 系统如果是短期停运（锅炉不停），液氨作为还原剂系统，只需关闭喷氨流量调节阀、喷氨关断阀，液氨蒸发系统无需停运，保持稀释风机运行。对尿素作为还原剂的热解系统，则需停止尿素系统下料，停止热解系统工作，关闭喷氨流量调节阀、喷氨关断阀，其他的系统和设备保持原来状态。

SCR 系统如果是长期停运，液氨作为还原剂停运步骤如下：

（1）通知值长 SCR 系统准备停运，得到许可后停止氨气供应。

（2）关闭 SCR 氨气流量调节阀，关闭喷氨关断阀。

（3）关闭喷氨流量调节阀前后手动阀。

（4）关闭氨气缓冲罐出口至机组供氨手动阀。

（5）保持稀释风机运行，对 SCR 反应器进行吹扫冷却。停炉后用稀释风吹扫反应器，如果稀释风机出现故障，就用自然风进行吹扫。

尿素作为还原剂，停运步骤如下：

（1）停止尿素系统下料。

（2）关闭正在运行的喷枪的尿素溶液供给电动门。

（3）喷枪尿素溶液调阀切手动全开。

（4）联启喷枪冲洗子组，打开喷枪冲洗电动阀冲洗喷枪。

（5）冲洗时间到时关闭喷枪冲洗电动门，关闭喷枪尿素溶液调阀。

（6）停止热解炉加热。

（7）对热解炉进行吹扫。

（8）停止热解炉稀释风。

（9）关反应器两侧喷氨调阀。

（10）关反应器两侧供氨手动阀。

第二节　计量分配系统停运

计量分配系统停运步骤如下：

（1）停运尿素喷枪运行。

（2）关闭尿素喷枪尿素调阀、关断阀。

（3）打开喷枪尿素溶液调阀。

（4）打开喷枪冲洗电动阀。

（5）冲洗3～5min，关闭冲洗电动阀。

（6）关闭喷枪尿素溶液调阀。

（7）关闭喷枪雾化空气阀。

（8）停运尿素溶液计量分配系统。

第三节　稀释风系统停运

脱硝稀释风机的作用是鼓入大量自然空气将氨气稀释到一定比例后喷入反应器管道，防止氨气与空气混合达到爆炸比例，从而避免造成危险。稀释风机还有一个重要作用就是避免锅炉运行过程中灰尘堵塞喷氨格栅。因此脱硝系统的稀释风机总是先于机组运行，在机组停运后，才能停下，属于长期持续运行的设备。脱硝SCR系统停运后甚至锅炉停运后，稀释风机也要保持运行，直到引风机停运后才可停运稀释风机。如果烟道温度还未冷却下来，引风机故障停运时，稀释风机必须保持运行，待烟温降至50℃以下时，才可停运稀释风机。同时要注意，在锅炉停运期间需启动引风机进行通风时，也必须要启动稀释风机。

稀释风停运步骤：

（1）停运稀释风机加热系统（若有）。

（2）解除稀释风机联锁。

（3）停运稀释风机。

（4）关闭稀释风入口挡板。

第四节　冲洗水系统停运

尿素热解系统的冲洗包括：密度计的冲洗、尿素溶液输送泵的冲洗、尿素溶解罐管路冲洗、尿素高流量循环泵及过滤器的冲洗、尿素溶液储存罐管路冲洗、尿素溶液储存罐冲洗、尿素溶液输送管路冲洗，当热解系统全部停运，不再需要制氨时，冲洗水系统冲洗干净各系统，就可以停止运行。

停运时，首先解除冲洗水泵联锁，再停运冲洗水泵，关闭除盐水供水门。冬季停运系统时，需要将各相关管路、泵、阀门等管路内的水排放干净，防止冻坏设备。

第五节　吹灰系统停运

脱硝 SCR 系统的蒸汽吹灰一般每星期要定期吹一次，吹灰时启动程序自动进行管道预暖，暖管结束自动按程序进行吹灰。当吹灰停止使用时，应先切断吹灰蒸汽，在吹灰系统运行结束后应再次进行疏水，以防止吹灰系统管路内留有积水，冬季极易结冰。

脱硝 SCR 系统的声波吹灰器，在锅炉停运且引、送风机停止运行后，取消声波吹灰顺控，手动停止声波吹灰程序运行。如果锅炉停运需进入烟道检查 SCR 催化剂时，需关闭声波吹灰器压缩空气气源，防止程序误启动，声波造成人耳朵受伤。

第六节　压缩空气系统停运

压缩空气系统一般不需要停运，当检修设备时，只需关闭相应设备的供气门即可。

提示　本章共六节，其中第一节、第二节适用于中级工，第三节、第四节、第五节和第六节适用于初级工、中级工。

第二十一章

SCR 脱硝系统故障处理

第一节 SCR 脱硝系统常见问题的分析与处理

SCR 脱硝系统常见问题的分析与处理见表 21－1。

表 21－1 SCR 脱硝系统常见问题的分析与处理

项目	现象	原 因	措 施
催化剂反应层压差高	SCR 反应器进、出口差压高报警	（1）积灰、灰渣堵塞或催化剂本体结构损坏； （2）压差测点故障； （3）催化剂反应层吹灰器故障或气压低	（1）加强吹灰； （2）若是测点问题，联系维护处理压差测点； （3）调整喷氨格栅的节流阀，使氨气流量均匀； （4）检查吹灰器运行是否正常，检查声波吹灰器气源压力是否正常； （5）停机检查催化剂，结构损坏时更换，异物堵塞时清除
脱硝效率低	（1）脱硝效率低于设计值； （2）反应器出口 NO_x 排放浓度高	（1）喷氨量不足，或尿素循环泵转速低； （2）喷氨不均匀； （3）稀释风量不足； （4）脱硝热解计量模块母管堵； （5）反应器入口 NO_x 含量高； （6）喷氨格栅喷嘴堵塞；	（1）加大喷氨量，若是尿素循环泵转速低，则通知维护检查； （2）进行喷氨格栅优化调整； （3）检查稀释风系统，调整稀释风量； （4）若是脱硝热解计量模块母管堵，联系维护处理； （5）调整锅炉燃烧煤质问题时调整煤源；

续表

项目	现象	原　因	措　施
脱硝效率低		(7) 氮氧化物测量误差; (8) 催化剂积灰或催化剂失效	(6) 氮氧化物测点用标气进行标定; (7) 加强吹灰，停炉后对催化剂喷氨格栅喷嘴进行检查
脱硝耗氨量过大	(1) 氨消耗量超过设计值; (2) 供氨调节阀开度增大; (3) 氨逃逸大	(1) 喷氨不均匀; (2) 稀释风量不足; (3) 氨空混合气管道泄漏; (4) 锅炉过量空气系数过大; (5) 煤质差，锅炉出口氮氧化物含量过高; (6) 催化剂积灰或催化剂活性降低	(1) 进行喷氨优化; (2) 检查稀释风系统; (3) 检查氨回路有无泄漏情况，若有泄漏点联系维护处理; (4) 适当降低锅炉总风量，保持合适的氧量; (5) 改善煤质; (6) 加强吹灰，停炉后检查催化剂
氨逃逸增加	(1) 氨逃逸测量值增大; (2) 空预差压增大; (3) 喷氨量增大	(1) 烟气氮氧化物分布不均，喷氨格栅喷氨量不匹配; (2) 氨流量、浓度测量故障; (3) 催化剂积灰或催化剂活性降低	(1) 进行喷氨优化; (2) 定期校验仪表; (3) 加强吹灰，停炉后检查催化剂; (4) 氨逃逸过大时要降低脱硝效率，必要时降负荷运行
催化剂层发生二次燃烧	(1) 空气预热器前后及尾部烟道负压大幅波动; (2) 空气预热器出口风温不正常升高，排烟	(1) 锅炉启动初期油或煤粉未燃尽，在催化剂层沉积过多; (2) 吹灰器运行不正常;	(1) 发现烟道内烟气温度不正常升高时，立即调整燃烧，对受热面蒸汽吹灰; (2) 在确认尾部烟道再燃烧时，达紧停条件时立即紧急停炉，立即停止送、引风机运行并关闭所有烟风挡板，严禁通风; (3) 空气预热器入口烟气温度、排烟温度、热风温度降低到80℃以下，各人孔和

续表

项目	现象	原因	措施
催化剂层发生二次燃烧	温度不正常升高； (3) 再燃烧部位不严密处向外冒烟和火星	(3) 低负荷运行时间过长，造成大量可燃物堆积在催化剂上	检查孔不再有烟气和火星冒出后停止蒸汽吹灰，打开人孔和检查孔检查确认再燃烧熄灭后，开启烟风挡板进行通风冷却； (4) 炉膛经过全面冷却，进入再燃烧处检查确认设备无损坏，受热面积积聚的可燃物彻底清理干净，检查催化剂
热解炉底部及管道结晶	(1) 喷氨流量下降； (2) 喷氨格栅压力降低； (3) 稀释风流量降低	(1) 尿素溶液喷枪喷嘴堵塞； (2) 加热器工作不正常； (3) 喷入热解炉尿素溶液量较大	(1) 机组停运后，通知维护人员对喷嘴进行清理； (2) 加强对尿素溶液系统滤网的清理； (3) 定期对压缩空气系统进行检查，确保压缩空气系统运行正常； (4) 检查加热器； (5) 对喷氨量自动调整进行优化
热解炉电加热跳闸	(1) 热解炉电加热器跳闸声光报警； (2) DCS 上热解炉电加热器电流为 0	(1) 电加热器内部温度大于保护值； (2) 电加热器出口温度大于保护值； (3) 电加热器开关故障	(1) 检查尿素分配计量装置退出运行，尿素喷枪电动门自动关闭，否则立即手动关闭尿素喷枪电动门，退出尿素喷枪运行； (2) 立即派人就地关闭尿素喷枪手动门，避免阀门不严造成热解炉内尿素结晶； (3) 适当开大稀释风至热解炉母管电动调节门； (4) 如果是电加热器开关故障，通知维护处理

续表

项目	现象	原　因	措　施
尿素喷枪堵塞	尿素喷枪流量低，调整门开度与流量不一致	（1）尿素溶液伴热不良； （2）雾化空气品质差； （3）雾化空气流量低报警； （4）尿素溶液压力低导致雾化效果差	（1）检查尿素溶液蒸汽伴热、电伴热正常； （2）检查雾化空气压力正常； （3）关闭尿素喷枪电动门，开启该尿素喷枪除盐水电动门，开大尿素喷枪调节门冲洗； （4）冲洗畅通后，可投入该喷枪运行； （5）冲洗无效果后，通知检修处理；将喷枪抽出前，需要打开检修用压缩空气阀门，保证热解炉内气体不会喷出； （6）检修完毕，对尿素喷枪进行雾化试验，雾化良好后方可投入运行
除盐水中断	（1）相关的尿素溶解罐、废水池液位下降； （2）各相关计量与分配装置冲洗用水中断，冲洗时热解炉及热解炉出口温度不下降	（1）化学除盐水系统故障； （2）误关除盐水供水门	（1）暂时停止尿素溶液的制备和尿素喷枪的冲洗，关闭相应的阀门； （2）查明除盐水中断的原因，及时联系相关人员尽快恢复供水； （3）在处理过程中，密切监视尿素溶解罐温度、液位的变化情况，必要时停止加热汽源； （4）据情况申请降低机组负荷或停止 SCR 系统
蒸发器气氨出口管道结冰	蒸发器气氨出口管道有结冰现象	（1）氨气流速过快，液氨可能进入气氨管道； （2）检查氨耗量是否超过最大设计值； （3）蒸发器水温或水位过低，液氨得不到足够热量蒸发直接进入气氨管道	（1）检查蒸发器水温设定温度是否过低，及时恢复正常值； （2）检查蒸发器水位是否过低，补水使液位高于最低值； （3）氨耗量过大时及时投入备用蒸发器

续表

项目	现象	原 因	措 施
气氨供应压力不足	机组供氨压力低，喷氨调阀开大	（1）液氨储罐已空； （2）环境温度过低； （3）氨区压缩空气失去； （4）氨区CPU故障	（1）切换至其他液氨储罐； （2）启动液氨输送泵； （3）检查压缩空气系统，必要时切至手动调整供氨压力； （4）CPU系统故障，全部就地控制，手动调整供氨压力，机组及时协调负荷
液氨卸料压缩机启动后进出口压差小	液氨卸料压缩机启动后进出口压差小	（1）系统阀门状态不正确； （2）液氨卸料压缩机四通阀位置不正确； （3）气/液分离器液位过高	（1）检查所有阀门位置，确认阀门正确开启； （2）调整四通阀至正确位置； （3）打开底部排放阀释放压力，使液氨气化，重新启动液氨卸料压缩机
气氨供应中断	（1）脱硝效率下降； （2）氨气流量计显示为零	（1）系统阀门状态不正确； （2）氨耗量过大，使进入蒸发器的液氨流量过大导致过流保护动作； （3）蒸发器因水位过低自动关闭； （4）蒸发器因水温过高自动关闭； （5）氨区压缩空气失去； （6）氨区CPU故障	（1）检查所有阀门位置，确认阀门正确开启； （2）重新启动蒸发器或切换至备用蒸发器，并检查流量调节阀是否正常； （3）向蒸发器补水，使液位高于最低值； （4）切换至备用蒸发器，并检查温度控制系统； （5）检查压缩空气系统，必要时切至手动调整供氨压力； （6）CPU系统故障，全部就地控制，手动调整供氨压力，机组及时协调负荷
气氨关断阀频繁开关	氨关断阀频繁开关	（1）气动门仪用空气的压力来回波动； （2）氨空比过大； （3）烟气温度过低或过高；	（1）检查仪用空气的压力是否正常； （2）检查稀释风的流量是否正常，检查喷入氨的流量是否正常；

续表

项目	现象	原　因	措　施
气氨关断阀频繁开关	氨关断阀频繁开关	（4）温度、稀释风流量等有关保护信号故障	（3）检查机组的负荷和省煤器出口处的烟气参数是否正常； （4）通知维护检查测点
液氨储罐安全门动作	液氨储罐安全门动作，有过流声，稀释槽有咕噜咕噜声	安全门整定值过低或储罐压力过高	（1）及时给稀释槽补水，确保从安全阀排出的氨气能够在稀释槽被稀释水及时稀释吸收； （2）打开喷淋降温装置，对储罐进行喷水冷却，降温降压； （3）若安全阀已达到回座压力但不能回座，则手动强制将安全阀回座； （4）对安全阀进行校验
常见NO_x超标处理	（1）DCS发氮氧化物超标声光报警； （2）出口NO_x超出排放限值	（1）机组负荷大幅波动； （2）喷氨调门故障； （3）燃煤品质波动； （4）CEMS故障	（1）申请稳定负荷必要时降低负荷； （2）加大喷氨流量； （3）调整燃煤品质； （4）查找CEMS故障原因，及时恢复； （5）经处理后仍然不能达标排放1h后应立即申请停机

第二节　SCR脱硝系统的事故处理

一、事故处理总则

（1）运行人员在进行事故操作处理时应严格按照规程、应急预案及《安规》的要求正确处理，保证人员和设备的安全，同时不影响机组的安全运行。在达到启动相关应急预案的条件时，应及时上报应急小组，应急小组总指挥启动应急预案。

（2）在事故发生的情况下，运行人员应认真分析，确认是否有保护动作，做好记录，并及时联系维护人员，汇报值长，在维护人员未到场前先按照规程进行处理。

（3）事故处理完毕后，运行人员应将事故发生的时间、现象、所采取的措施进行记录，组织相关人员对事故进行分析、讨论总结经验教训。

二、脱硝系统紧急停运

发生下列情况之一时，脱硝系统自动中断喷氨。

（1）锅炉 MFT 跳闸。

（2）SCR 入口烟气温度小于最低极限值。

（3）SCR 入口烟气温度大于最高极限值。

（4）稀释风流量低于最低风量（有的为一次风或二次风）。

（5）稀释风机全停。

（6）氨空比大于规定值。

（7）反应器出口氨逃逸大于极限值。

（8）发生危及人身、设备安全的因素。

（9）操作员手动跳闸。

（10）自动关闭喷氨关断阀，停止供氨，保持稀释风运行对喷氨管道进行吹扫。如果锅炉仍运行，应尽快查明脱硝跳闸原因并处理正常，然后按正常启动步骤启动脱硝系统；如果锅炉不运行，则按规程规定继续稀释风运行，按正常停机步骤停运脱硝系统。

三、脱硝系统异常停运

发生下列情况之一时，应申请停运脱硝系统。

（1）氨逃逸大于设计值，经调整无效。

（2）供氨系统出现外漏，必须中断供氨处理。

（3）催化剂堵塞严重，经连续吹灰后无法维持正常差压。

（4）其他如压缩空气系统故障、电源中断等短期无法处理正常的情况且不能正常供氨。

（5）经值长同意后，手动或自动关闭喷氨关断阀，停止供氨，停运后按正常停运操作步骤操作。

四、脱硝系统氨泄漏处理

1. 氨泄漏易发生的区域

（1）氨区内液氨储罐、卸料压缩机、蒸发槽、缓冲罐等设备及其管线、阀门、法兰等。

（2）SCR 反应器以及氨区至 SCR 反应器间的设备、管线、阀门、法兰等。

（3）卸氨现场运氨槽车与卸氨系统连接的管路。

2. 氨泄漏的原因及危害程度

（1）氨系统连接阀门、管道及附件损坏、开裂，卸料过程泄漏，泄漏点尚可切断和隔离，会造成环境污染并危及人身安全。

（2）氨系统储罐、管道等设备，遇高温、超压造成罐体根部阀门、法兰或罐体、管道爆裂，致使大量氨泄漏，会造成严重环境污染并危及人身安全，甚至发生爆炸和火灾事故。

（3）因设备损坏、高温、雷击、过量储存或其他不可抗力，造成液氨储罐、槽车罐体或罐体根部连接部大量泄漏，以及氨系统突然着火、爆破，会造成严重环境污染并危及人身安全，甚至发生爆炸和火灾并污染周边环境。

3. 氨泄漏事故处理

（1）氨泄漏预控措施。

1）发生氨泄漏立即向值长汇报泄漏区域及泄漏情况，值长汇报分管生产领导启动应急预案。

2）扑灭氨设备周围的所有的明火和火花。

3）用便携式氨检测器，检查并确认空气中的氨浓度低于100ppm。

（2）氨泄漏现场处理人员防护要求。

1）进入事故处理现场，必须穿戴防化服、防化鞋、防化手套、防毒面罩等必要防护用品，避免皮肤有裸露部位。

2）在氨浓度$>2\%$或者不清楚的情况下，必须佩戴正压式呼吸器方可进行处理。

3）进入处置场所时，必须派一人（或多人）穿戴好防护用具，在外面监护，以防不测。

4）防护用品及正压式呼吸器使用前必须仔细检查合格才能使用。

5）在防护面具不足的情况下，可用湿毛巾捂住口鼻，组织人员尽快逃离。

（3）可控性泄漏处理。

可控性泄漏是指泄漏设备存氨量少，或上游阀门能可靠隔离，残氨外泄量少的可控性泄漏事件。

1）可控性泄漏事件一般由现场发现人员处理。

2）运行人员应首先选择远方关闭泄漏部位上游的阀门，检查消防喷淋水系统动作正常。

3）待氨泄漏检测浓度低于39×10^{-6}后迅速穿戴好防护用具，就地检查泄漏部位、泄漏状况、现场检修及人员情况，并根据情况逐级汇报。

4）如有人员伤亡首先进行现场急救，同时通知医护人员到场。

5）在做好自身防护、辨识风向后沿上风口路线关闭相关阀门进行隔离，通知维护部门消缺。

（4）大量非扩散性泄漏处理。

大量非扩散性泄漏指发生氨系统大量泄漏但扩散范围不大。

1）运行人员应首先检查液氨罐气侧、液侧气动阀门已关闭，同时检查消防喷淋系统动作正常。

2）待氨泄漏检测浓度低于 39×10^{-6} 后迅速穿戴好防护用具，就地检查泄漏部位、泄漏状况、现场检修及人员情况，并根据情况逐级汇报。

3）如有人员伤亡首先进行现场急救，同时通知医护人员到场。

4）配合维护、消防人员在做好自身防护、辨识风向后，沿上风口路线关闭相关阀门进行隔离、消缺。

5）泄漏控制完毕后应接通消防水对泄漏液体进行稀释或中和，以减小泄漏液体的危害。

（5）扩散性液氨泄漏、火灾、爆炸事故处理。

当发生不可控性液氨泄漏或发生扩散性液氨泄漏、火灾、爆炸事故，应立即汇报并启动应急预案。

4. 氨泄漏事故报告流程

（1）值长应立即向应急组织机构汇报氨泄漏事故的基本情况、设备损坏情况以及故障设备隔离情况，立即组织应急处置。

（2）企业在突发环境事件后，1h 内向所在分、子公司，集团公司和所在地县级以上环境保护主管部门报告。

（3）事件报告应准确、完整、清晰，事件报告内容主要包括：事件发生时间、事件发生地点、事故性质、先期处理情况等。

（4）紧急情况下，可以越级上报。

五、脱硝系统火灾处理

氨为可燃气体，爆炸极限为 15.7% ~27.4%，最易引燃浓度为 17%，产生最大爆炸压力时的浓度为 22.5%。当脱硝氨系统发生火灾时应：

（1）按照应急预案，对相关区域进行隔离疏散、转移遇险人员到安全区域，建立 500m 左右警戒区，并设置交通管制，除消防人员及应急处理人员外，其他人禁止进入警戒区。

（2）事故处理人员进入事故区域，必须穿防护服，佩戴正压式空气呼吸器。

（3）初期火情可用 CO_2 灭火器、N_2 灭火器，火势较大时应使用水幕、雾状水进行灭火。

（4）储罐周围发生火灾时，使用消防喷淋和消防水炮，同时对罐体隔离、降温。

（5）一旦罐体安全阀发出声响或变色时应尽快撤离，切勿停留。

六、现场急救处置

任何情况下，抢救人员都应首先判明风向，将伤者移至上风向的安全地带，在确保抢救人员和伤者安全的前提下开始急救处理，并通知医疗小组尽快赶到现场。

（1）对皮肤的处置。立即脱去全部脏衣服，将受损的部位用充足的冷水冲洗10min以上。接着可用2%醋酸或2%硼酸水冲洗。最后再一次用清水洗净受伤部位。注意不能在受伤部位涂软膏之类的药，要用布把伤口盖上，并用硫代硫酸钠饱和溶液擦洗湿润。

（2）液氨冻伤的处理。若有液氨溅到皮肤上，液氨将迅速气化带走热量，引起皮肤冻伤。当液氨溅到皮肤时，应迅速用大量清水连续冲洗冻伤部位30min以上，随后在冻伤部位敷上防冻软膏，情况严重者应送往医院做进一步治疗。

（3）溅入眼部处理。立即用充足的清水洗眼，如果要用硼酸水冲洗，在准备硼酸水的过程中必须不间断地用清水洗眼。

（4）吸入体内处置。如果患者能够饮用饮料，应饮用大量的0.5%柠檬酸溶液或柠檬水。如患者呼吸已变得微弱时，可用2%硼酸水洗鼻腔，促使其咳嗽。如患者已呼吸停止，要马上进行人工呼吸。注意对神志不清的患者，不要从口中喂水或喂食。

提示　本章共两节，全部适用于中级工、高级工。